数量经济学系列丛书

# 贝叶斯统计及其R实现

## （第2版）

黄长全 编著



清華大學出版社
北京

## 内 容 简 介

贝叶斯统计学是现代统计学中非常有特色的内容，应用极其广泛。本书系统地介绍：贝叶斯统计的基本思想及其来龙去脉；先验分布和后验分布的概念以及寻求方法；贝叶斯统计推断；MCMC 计算方法以及统计决策理论；等等。为使初学者更好地理解贝叶斯统计并培养对贝叶斯统计的兴趣，本书引入丰富多彩的案例，涉及经济、管理、天文、医药、生物、体育以及人工智能等领域，也有和日常生活息息相关的例子，制作了一个专用 R 软件包，把书中所有案例数据和主要程序都放入此包，非常方便老师的教与学生的学。本书的取材既有传统的理论也有当代的应用，内容的表述既注重严谨性又注重时代气息，目的是激发初学者对贝叶斯统计的兴趣，使其掌握贝叶斯统计的精髓，为贝叶斯统计的应用打好基础。

本书可作为高等院校统计、数据科学、经济、金融、管理、医药、生物等专业高年级本科生和研究生的贝叶斯统计课程的教材或参考书，也可供要用到贝叶斯统计或对贝叶斯统计感兴趣的有关专业人士参考。



**图书在版编目(CIP)数据**

贝叶斯统计及其 R 实现/黄长全编著. —2 版. —北京：清华大学出版社，2023.4(2024.10 重印)
(数量经济学系列丛书)
ISBN 978-7-302-63161-3

Ⅰ. ①贝…  Ⅱ. ①黄…  Ⅲ. ①贝叶斯统计量－高等学校－教材  Ⅳ. ①O212.8

中国国家版本馆 CIP 数据核字(2023)第 047805 号

**责任编辑**：张 伟
**封面设计**：何凤霞
**责任校对**：王荣静
**责任印制**：刘海龙

**出版发行**：清华大学出版社
**网　　址**：https://www.tup.com.cn，https://www.wqxuetang.com
**地　　址**：北京清华大学学研大厦 A 座　　**邮　　编**：100084
**社 总 机**：010-83470000　　**邮　　购**：010-62786544
**投稿与读者服务**：010-62776969，c-service@tup.tsinghua.edu.cn
**质量反馈**：010-62772015，zhiliang@tup.tsinghua.edu.cn
**课件下载**：https://www.tup.com.cn，010-83470332
**印 装 者**：三河市东方印刷有限公司
**经　　销**：全国新华书店
**开　　本**：185mm×260mm　　**印　张**：10.75　　**字　　数**：269 千字
**版　　次**：2017 年 5 月第 1 版　2023 年 4 月第 2 版　　**印　　次**：2024 年 10 月第2 次印刷
**定　　价**：49.00 元

产品编号：097068-01

# 第2版前言

PREFACE

光阴似箭，自本书出版以来5年时间已经过去了。5年来，承蒙各位读者的青睐，许多院校相关专业选用了本书作为贝叶斯统计课程的教材，也有其他读者购买此书作为自学之用。但我深知本书一定存在许多不足之处，趁着这次出第2版的机会，一方面将发现的现存不足之处一一订正，另一方面增添了一些第1版中欠缺而又重要的知识或动手能力的操练。具体来说，本书对于R语言编程能力的要求有所提高，在正文或练习题中都增加了这方面的内容，因为无论是对统计类专业的学生还是对数据科学类专业的学生，一定的编程能力都是一项基本的专业要求。另外，本书新增了一些贝叶斯方法在人工智能领域的应用。除了这些，整本书的架构没有做大的改动。本书所用的R软件包和数据请扫下方二维码下载。

贝叶斯200多年前的思想方法在21世纪仍然大放异彩，这是发人深思的。学过概率统计基础知识的学生和有关业界人士都应该了解一下贝叶斯统计及其应用。

黄长全

2022年8月于厦门曾厝垵

# 第1版前言

PREFACE

贝叶斯统计学是现代统计学中重要而独特的部分，不但在统计学本身而且在众多其他学科中也有重要应用。近二十多年来，有关贝叶斯统计本身和贝叶斯统计应用的论文频频出现在各类统计以及非统计刊物上，贝叶斯统计解决了大量经典统计难以解决的复杂问题。可以这么说，没有学习过贝叶斯统计，就不能说了解过现代统计学。因此，贝叶斯统计理应成为大学统计类专业的一门必修课。

厦门大学经济学院统计系(原计划统计系)于 2003 年正式开设了贝叶斯统计学课程，从那时起，我就一直担任该课程的主讲教师。光阴荏苒、白驹过隙，十多年的时间一晃就过去了。这十多年来，如何教好这门在统计学中独一无二的课程一直是萦绕在我脑海中挥之不去的一个问题，在此期间，我既有教训，也积累了不少教学经验。因此，在几年前我就萌发了用自己的教学经验和教学观点撰写一本有些许自己风格的贝叶斯统计教科书的念头。

有了撰写教材的想法后，自然而然地就会考虑：如何写出一本有特色的好教材呢？一本好教材的标准又是什么呢？我想就统计教学而言，一本好教材绝不仅仅是教给学生一些统计知识，更重要的是要培养和激发学生对统计学的兴趣与热爱，因为兴趣是最好的老师。那么，怎样培养和激发学生对统计学的兴趣呢？多年的统计学科的教学经历使我认识到，要培养和激发学生对统计学的兴趣，一定要首先培养学生的“数据感”。众所周知，球类运动员要培养“球感”，语言学习者要培养“语感”，这些对他们而言都是极为重要的练习过程。对于统计专业以及任何学习统计的学生来说，在学习过程中培养自身的数据感同样极为重要。有了良好的数据感，才会对统计产生亲切感，从而才能激发起自身对统计的兴趣，这实际上也是专业素质的培养。如果大学本科四年不能培养起学生良好的数据感，就不能说是成功的本科统计教育。基于这种教学认识，本书以培养学生的数据感和激发学生的学习兴趣为写作方向。为了使本书充满统计意味，我们从一开始就介绍贝叶斯统计学的最新有趣应用，同时，全书的案例丰富多彩，涉及经济、管理、天文、医药、生物、体育等领域，也有和日常生活息息相关的例子，使学生觉得贝叶斯统计不再是枯燥无味的，而是既有用又富有生活气息的。本书也专门制作了一个专用 R 软件包，把书中所有案例数据和主要程序都放入此压缩包中，增强了师生之间的互动效果。此外，R 软件的使用贯穿全书，目的就是通过数据和实际案例分析，加深学生对理论的理解并培养学生良好的数据感，强化学生的动手操作能力。

本书共七章内容：第 1 章从一个贝叶斯统计学的真实应用开始，介绍贝叶斯统计的基本概念和公式,概述贝叶斯统计学的历史和发展趋势以及与经典统计学的比较;第2章引入共轭先验和充分统计量等概念,初步讨论后验分布的寻求以及共轭先验下的后验分布特性;第3章介绍先验分布的重要性和一系列先验分布的寻求方法,包括杰弗里斯先验等;第4章研究贝叶斯统计推断理论并介绍了贝叶斯统计在一系列不同领域的应用案例;第5章讨论贝叶斯统计决策理论,引入决策函数等一系列概念;第6章从实用的角度介绍了马尔可夫链蒙特卡罗(MCMC)方法的思想和简史以及马氏链样本的收敛检验问题;第7章则简要讨论统计决策理论,包括贝叶斯风险准则与后验风险准则的等价性等问题。另外,本书附带有R软件包、课件、部分习题参考答案,读者可通过扫描书中的二维码,联系出版社进行下载学习。

本书可作为高等院校统计、经济、金融、管理、医药、生物等专业高年级本科生和研究生的贝叶斯统计课程的教材或参考书。关于教学内容建议:对于本科生而言,讲授前五章的全部,可加选讲第6、7章;对于研究生则应讲授全部七章的内容。

本书得以出版要感谢清华大学出版社。此外,本书的初稿在厦门大学经济学院统计系和王亚南经济研究院双学位课程班讲授过,所以也要感谢各位学习这门课程的同学,是他们的认真学习,触动了我去思考如何教好这门课程。

坦率地说,撰写教材是一件吃力不讨好的工作。但我认为撰写教材是教师的职责之一,当一名教师在某门课程上认真教学了多年,有了教学上的经验与教训,那么就应该把它写出来。最后,本书若能激发读者对贝叶斯统计的兴趣,有助于读者学习贝叶斯统计,那将是对笔者最大的慰藉。当然,由于自身学识所限,本书一定存在许多不足之处,恳望读者朋友指正。

黄长全

2017年1月于厦门大学

目录

CONTENTS

第 1 章　贝叶斯统计基本概念 …… 1

1.1　引言 …… 1

1.2　概率空间与随机事件贝叶斯公式 …… 3

1.3　三种信息与先验分布 …… 6

1.4　一般形式的贝叶斯公式与后验分布 …… 9

本章要点小结 …… 17

思考与练习 …… 18

第 2 章　共轭先验分布与充分统计量 …… 20

2.1　共轭先验分布 …… 20

2.2　多参数先验与后验分布 …… 24

2.3　充分统计量与应用 …… 28

本章要点小结 …… 31

思考与练习 …… 31

第 3 章　先验分布寻求方法 …… 33

3.1　先验分布类型已知时超参数估计 …… 33

3.2　由边际分布确定先验分布 …… 36

3.3　用主观概率作为先验概率 …… 40

3.4　无信息先验分布 …… 43

本章要点小结 …… 52

思考与练习 …… 52

第 4 章　贝叶斯统计推断 …… 54

4.1　贝叶斯估计 …… 54

4.2　泊松分布参数的估计 …… 58

4.3　指数分布参数的估计 …… 59

4.4　正态分布参数的估计 …… 62

4.5　贝叶斯假设检验 …… 66

4.6　模型的比较与选择 …… 74

4.7 贝叶斯统计预测 …… 78
本章要点小结 …… 81
思考与练习 …… 81

**第 5 章 决策概念与贝叶斯决策** …… 84

5.1 决策基本概念 …… 84
5.2 损失函数 …… 89
5.3 贝叶斯决策 …… 93
5.4 抽样的价值 …… 106
本章要点小结 …… 114
思考与练习 …… 114

**第 6 章 贝叶斯统计计算方法** …… 117

6.1 什么是 MCMC 方法 …… 117
6.2 吉布斯抽样 …… 124
6.3 梅切波利斯-哈斯廷斯算法 …… 130
6.4 MCMC 的收敛性问题 …… 133
本章要点小结 …… 139
思考与练习 …… 139

**第 7 章 统计决策概要** …… 141

7.1 风险函数 …… 141
7.2 决策函数的容许性与最小最大准则 …… 144
7.3 贝叶斯风险准则与贝叶斯解 …… 148
本章要点小结 …… 155
思考与练习 …… 155

**参考文献** …… 156

**附录 常用概率分布表** …… 158

第1章

# 贝叶斯统计基本概念

俗话说，万事开头难。为了增强读者的学习兴趣，本章从一个贝叶斯统计的真实应用案例开始，介绍贝叶斯统计的基本概念和贝叶斯公式，概述贝叶斯统计学的历史和发展趋势以及与经典统计学的比较，最后，详细讨论了贝叶斯方法在人工智能领域的一个应用。

## 1.1 引　　言

### 1.1.1 一个美国书呆子的故事

在2012年美国总统大选期间，一个一直都被人称作“书呆子”的美国人纳特·西尔弗（Nate Silver，生于1978年1月13日）用以统计为主要工具的模型准确预测了美国50个州的选举结果。在大选日当天早晨，他的模型最新预测到时任总统巴拉克·奥巴马（Barack Obama）有90.9%的可能获得多数选举人票从而连任，而选举结果确确实实就是奥巴马总统赢得了这次美国总统大选。于是，他凭借自己的模型及其准确的预测打败了所有时事政治记者、政党媒体顾问和政治评论员。“你们知道谁是今晚（大选日当夜）的赢家吗？”美国全国广播公司新闻节目主播自问自答，“是纳特·西尔弗。”其实，早在2008年的美国总统大选期间，西尔弗就准确预测了美国50个州中49个州的选举结果。两次极为准确的预测，让这个“书呆子”扬眉吐气、名声大震，各种荣誉接踵而来，甚至于被至少4所大学授予了荣誉博士学位，当然也让我们统计和数据科学工作者大感骄傲。西尔弗的预测模型有什么神秘之处呢？那就是利用了大数据和我们将要学习的贝叶斯统计理论与方法。

### 1.1.2 贝叶斯统计简史

贝叶斯统计学是以英国人托马斯·贝叶斯（Thomas Bayes，1702—1761）的名字命名的。贝叶斯是一位英国牧师，但他却热衷于概率统计等科学研究，还是英国皇家学会会员。遗憾的是，现在人们对他的生平却知之甚少，甚至没有人知道贝叶斯的相貌如何，现存所有他的画像都是传说，并不能证实是他的真容。贝叶斯统计学起源于贝叶斯逝世后公开发表的一篇论文——《论一个概率理论问题的求解》（*An Essay Towards Solving a Problem in the Doctrine of Chances*）。这篇论文在贝叶斯去世两年之后由他的朋友理查德·普莱斯（Richard Price）介绍到英国皇家学会，引起了该学会的注意和讨论，并于1763年发表在《皇家学会哲学会刊》上。在该论文中，贝叶斯首次提出了贝叶斯统计的基本思想和归纳推理方法。

51 年后,法国数学、概率与统计学、天文学和物理学家拉普拉斯(P. S. Laplace,1749—1827)出版了著作《关于概率的哲学评述》(*A Philosophical Essay on Probabilities*)。在该著作中,他将贝叶斯提出的公式进行了推广并导出了一些很有意义的新结果。然而,之后相当长的一段时间里,虽然有一些理论和应用研究,但由于其理论与经典统计学相比显得另类而且人们对它的理解还不够深刻,在应用上其又计算复杂且计算量巨大,因此贝叶斯统计理论和方法长期未被普遍接受,甚至于被一些经典学者看作一种旁门左道。直到 20 世纪中叶,一批统计学家,如杰弗里斯(Jeffreys,1939,1961)、萨维奇(Savage,1954)、雷法和施莱弗(Raiffa and Schlaifer,1961)以及伯杰(Berger, 1985,1993; 中译本,1998)等才对贝叶斯统计做了更加深入的研究,特别是罗马尼亚(匈牙利)裔美国统计学家瓦尔德(Wald,1939,1950; 中译本,1963)通过将损失函数引入统计学并利用决策概念和思想把经典统计推断纳入决策理论框架而形成了统计决策理论,这样经典统计学和贝叶斯统计学通过决策理论有机地联系到了一起,得到了很有意义的理论结果。从 20 世纪中叶开始,在一批学者的努力下,人们对贝叶斯统计在观点、方法和理论上的认识不断加深。从 20 世纪 90 年代以来,伴随着计算机科学技术的发展和有效的贝叶斯统计计算方法的发明及应用,贝叶斯统计解决了相当一批经典统计难以解决的重要实际问题,从而得到了人们极大的重视。现在,贝叶斯统计理论和方法获得了人们的普遍接受,贝叶斯统计不仅在统计学本身而且在众多学科中都得到了广泛的应用,解决了各个不同学科中大量的复杂问题。贝叶斯统计表现出了勃勃生机和欣欣向荣的景象,在统计学领域牢牢地站稳了一席之地,是现代统计学的重要组成部分。

### 1.1.3 经典统计方法

我们先来回顾一下经典统计学的思想方法,以便与下一小节的贝叶斯统计思想方法进行比较。回忆一下概率统计课程中概率的定义,便容易明白经典统计学思想方法也就是"频率方法",它把概率定义为频率的极限,也就是说随着随机试验重复次数的增多,随机事件发生的频率会稳定在一个常数附近,这个常数就是该随机事件发生的概率。同时,它认为总体的数字特征(如均值、方差等)和别的参数仅仅是未知的常数,可以用样本统计量(即样本的函数)来估计。此外,它又认为样本是随机变量,从而样本统计量也是随机的,因此具有概率分布即它的抽样分布。如果样本统计量的分布可以求出,利用该分布,就可以进行区间估计和假设检验等统计推断。然而,我们知道在经典统计中寻求统计量的概率分布和进行区间估计以及假设检验等都不是容易的事,而且参数的区间估计既不容易理解也不容易解释。

### 1.1.4 贝叶斯统计方法

贝叶斯统计学虽然也认可经典统计学的概率定义,但它同时把概率理解为人对随机事件发生可能性的一种信念(有时被称为"可信度"),当然,这种信念不是信口开河,而是基于学识和经验的审慎度量。此外,贝叶斯统计把任意一个未知量(参数)都看作一个随机变量,可用一个概率分布去描述它。我们认为这种观点是合理的,因为即使是一个确定性的未知量,也可以把它看成随机变量的特殊情形,即服从 0—1 分布的随机变量。所以说,任一个未知量都可用一个适当的概率分布去描述。这个概率分布利用历史数据或其他历史信息或研究人员的经验和学识而确定,称为该未知量(参数)的**先验分布**。而后利用新样本信息(即抽样信息)对先验分布进行更新,更新之后的这个新概率分布称为该未知量的**后验分布**。由此,未知参数的点估计、区间估计和假设检验等统计推断都是基于后验分布来进行,而且参数的区间估计既容易理解也容易解释,假设检验则简单明了。

经典统计学把概率定义为频率的极限,初看起来似乎客观、严谨,但是在现实世界要进行重复试验,要么需要花费大量的人力、物力,要么根本无法进行。例如,我们无法重复昨天的天气和去年的经济活动。因此,用频率的极限来定义概率在实际应用中受到了极大的限制。相反,贝叶斯统计把概率理解为人对随机事件发生可能性的信念则在实际应用中没有任何限制,因为它不需要重复,事件甚至可以一次都没有发生过。而且,在贝叶斯统计中,一旦后验分布建立,所有的统计推断都是基于后验分布来进行的。因此,至少从理论而言,贝叶斯统计推断比经典统计推断要简单明了得多。当然,现代统计学的发展趋势是,根据实际问题的条件和需要挑选经典统计方法或贝叶斯统计方法,有时甚至是综合利用这两种统计理论和方法进行统计推断。所以,不管是经典统计还是贝叶斯统计,能够解决问题的就是"好统计"!

对于经典统计学与贝叶斯统计学的比较,学完本书的内容后才能有更深刻的体会,因此希望读者在研读完本书后,再好好对它们做一个详细的比较分析。

## 1.2　概率空间与随机事件贝叶斯公式

### 1.2.1　柯氏概率论公理体系与贝叶斯公式

我们从概率论知道概率空间是三位一体的一个研究对象$(\Omega,F,P)$,其中,$\Omega$是样本点(基本事件)全体,也称为样本空间;$F$是事件域(简单说就是所要研究的随机事件全体,包含必然事件$\Omega$和不可能事件$\Phi$);$P$是定义在事件域$F$上的概率(测度),满足以下三条公理:

(1) 非负性:对于任意事件$A$,其概率$P(A)\geqslant 0$;

(2) 规范性:必然事件$\Omega$的概率等于1,即$P(\Omega)=1$;

(3) 可列可加性:如$\{A_i\}_{i=1}^{\infty}$是一列事件,满足$A_iA_j=\Phi(i\neq j)$(称为两两互不相容),则

$$P\left(\bigcup_{i=1}^{\infty} A_i\right)=P\left(\sum_{i=1}^{\infty} A_i\right)=\sum_{i=1}^{\infty} P(A_i)$$

这一公理体系称为**柯尔莫哥洛夫概率论公理体系**,是苏联著名数学家柯尔莫哥洛夫于1933年建立的,得到了概率统计学者们的广泛认可,从而为概率论建立了坚实的理论基础。

另外,对于任意两个事件$A$、$B$且$P(A)>0$,定义在$A$发生的情形下,$B$发生的条件概率为

$$P(B\mid A)=\frac{P(AB)}{P(A)}$$

从而,$P(AB)=P(A)P(B|A)$,这就是**乘法公式**。推而广之,设$\{A_k\}_{k=1}^{n}$是任意$n$个随机事件,则有更一般的乘法公式

$$P(A_1A_2\cdots A_n)=P(A_1)P(A_2\mid A_1)P(A_3\mid A_1A_2)\cdots P(A_n\mid A_1A_2\cdots A_{n-1})$$

其成立的证明留作练习。

现设$\{A_i\}_{i=1}^{\infty}$是事件域 $F$ 中的一列事件，若 $\bigcup_{i=1}^{\infty} A_i=\Omega$，且 $A_iA_j=\Phi(i\neq j)$，则称$\{A_i\}_{i=1}^{\infty}$为必然事件$\Omega$的一个划分(也称为$\Omega$的完全事件组，这里事件的个数也可以是有限多个，比如说 $n$ 个，这相当于 $k>n$ 时都有 $A_k=\Phi$)。显然，任一个事件 $A$ 与其补 $\overline{A}$ 就是 $\Omega$ 的一个划分，也是最简单的一个划分。现在设$\{A_i\}_{i=1}^{\infty}$为 $\Omega$ 的一个划分且 $P(A_i)>0$，则对任一个事件 $B\in F$ 有**全概率公式**

$$P(B)=\sum_{i=1}^{\infty}P(A_i)P(B\mid A_i)$$

事实上，由

$$B=B\Big(\bigcup_{i=1}^{\infty}A_i\Big)=\bigcup_{i=1}^{\infty}(A_iB)\text{ 且}(A_iB)\cap(A_jB)=(A_iA_j)B=\Phi,\quad i\neq j$$

利用可列可加性及乘法公式就得

$$P(B)=P\Big(\bigcup_{i=1}^{\infty}A_iB\Big)=\sum_{i=1}^{\infty}P(A_iB)=\sum_{i=1}^{\infty}P(A_i)P(B\mid A_i)$$

现在将全概率公式以及乘法公式应用到条件概率 $P(A_j|B)$的公式就有

$$P(A_j\mid B)=\frac{P(A_jB)}{P(B)}=\frac{P(A_j)P(B\mid A_j)}{\sum_{i=1}^{\infty}P(A_i)P(B\mid A_i)},\quad j=1,2,\cdots,n,\cdots$$

这就是著名的**随机事件贝叶斯公式(定理或法则)**，也称为逆概率公式，这里$\{A_j\}$可以认为是事件 $B$ 发生的所有可能的原因，而贝叶斯公式就是计算在已知事件 $B$ 发生的条件下每个原因的可能性大小(即概率)，也就是说由结果去推测原因，因此叫逆概率公式。此外，在这个贝叶斯公式中，$P(A_j)$称为 $A_j$ 的**先验概率**，因为这个概率相对于事件 $B$ 来说是事件发生之前的，而 $P(A_j|B)$自然称为 $A_j$ 的**后验概率**。

### 1.2.2 两例：她怀孕了吗？"非典"时期病人为何要测量体温？

贝叶斯公式与全概率公式都是概率论中的著名公式，在许多学科中都有重要应用，下面我们来看两个例子。

**例 1.1** (她怀孕了吗?)根据历史资料知道，女性一次性交后怀孕的概率为 15%。假如一个女性某次性交后怀疑自己怀孕了，但又不能确定。于是，她做了个准确率为 90%的验孕测试，即 90%的怀孕案例会给出阳性反应的检验结果，同时知道该测试当未怀孕时阳性反应占 10%。她当然想知道在检验结果为阳性的条件下的怀孕概率。然而，她不懂贝叶斯统计，所以请你帮助她算出该概率。

**解**：已知

$P(\text{怀孕})=0.15,\quad P(\text{检测阳性}\mid\text{怀孕})=0.90,\quad P(\text{检测阳性}\mid\text{未怀孕})=0.10$

由已知得，$P(\text{未怀孕})=0.85$。由贝叶斯公式知在检验结果为阳性的条件下的怀孕概率：

$$\begin{aligned}P(\text{怀孕}\mid\text{检验阳性})&=\frac{P(\text{检验阳性}\mid\text{怀孕})P(\text{怀孕})}{P(\text{检验阳性}\mid\text{怀孕})P(\text{怀孕})+P(\text{检验阳性}\mid\text{未怀孕})P(\text{未怀孕})}\\&=\frac{0.90\times0.15}{0.90\times0.15+0.10\times0.85}=\frac{0.135}{0.135+0.085}=0.614\end{aligned}$$

这里 $P$(怀孕)$=0.15$ 就是怀孕的先验概率，$P$(怀孕|检验阳性)$=0.614$ 就是怀孕的后验概率，它是在观察数据(阳性测试)后怀孕概率的更新，表明如果测验呈阳性，则怀孕的可能性大大提高。

**例 1.2**　(“非典”时期病人为何要测量体温?)“非典(SARS)”(发生在 2003 年)患者的主要病症表现为发热、干咳。根据某地区历史资料，已知人群中既发热又干咳的病人患“非典”的概率为 5%；仅发热的病人患“非典”的概率为 3%；仅干咳的病人患“非典”的概率为 1%；无上述病症而患“非典”的概率为 0.01%。现对该区 25 000 人进行检查，发现其中既发热又干咳的病人为 250 人，仅发热的病人为 500 人，仅干咳的病人为 1 000 人，试求：①该区中某人患“非典”的概率；②“非典”患者是仅发热的病人的概率。

**解**：引入记号

$$A=\{\text{既发热又干咳的病人}\},\quad B=\{\text{仅发热的病人}\},$$
$$C=\{\text{仅干咳的病人}\},\quad D=\{\text{无明显症状的人}\},$$
$$E=\{\text{“非典”患者}\}$$

易知 $A$、$B$、$C$、$D$ 构成了一个划分。根据对该区 25 000 人进行检查的结果，有

$$P(A)=\frac{250}{25\,000},\quad P(B)=\frac{500}{25\,000},\quad P(C)=\frac{1\,000}{25\,000},$$

$$P(D)=\frac{25\,000-(250+500+1\,000)}{25\,000}=\frac{23\,250}{25\,000}$$

由全概率公式得患“非典”的概率：

$$\begin{aligned}P(E)&=P(A)P(E\mid A)+P(B)P(E\mid B)+P(C)P(E\mid C)+P(D)P(E\mid D)\\&=\frac{250}{25\,000}\times 5\%+\frac{500}{25\,000}\times 3\%+\frac{1\,000}{25\,000}\times 1\%+\frac{23\,250}{25\,000}\times 0.01\%=0.001\,593\end{aligned}$$

由贝叶斯公式知，“非典”患者是仅发热的病人的概率：

$$P(B\mid E)=\frac{P(B)P(E\mid B)}{P(E)}=\frac{\frac{500}{25\,000}\times 3\%}{0.001\,593}=0.376\,647\,8$$

同理，可以算出“非典”患者是既发热又干咳、仅干咳、无明显症状的病人的概率分别为

$$P(A\mid E)=\frac{P(A)P(E\mid A)}{P(E)}=\frac{\frac{250}{25\,000}\times 5\%}{0.001\,593}=0.313\,873\,2$$

$$P(C\mid E)=\frac{P(C)P(E\mid C)}{P(E)}=\frac{\frac{1\,000}{25\,000}\times 1\%}{0.001\,593}=0.251\,098\,6$$

$$P(D\mid E)=\frac{P(D)P(E\mid D)}{P(E)}=\frac{\frac{23\,250}{25\,000}\times 0.01\%}{0.001\,593}=0.058\,380\,41$$

不难看出

$$P(A\mid E)+P(B\mid E)+P(C\mid E)+P(D\mid E)=1$$

而一个人患“非典”时最可能的症状是发热。这就是在“非典”时期动不动就要测量病人体温的原因。

### 1.2.3 案例：贝叶斯方法在人工智能领域的应用之一

**案例 1.1** (自动语音识别——神奇的语音输入法)你的手机里安装了讯飞语音输入法或其他语音输入法了吗？是不是觉得它很神奇呢？想不想知道它为什么能够把你说的话转换为文字呢？这个转换过程其实就是自动语音识别。简单地说，自动语音识别是指由机器自动将语音信号转换为文字的方法和过程。人类的语言可以说是各种信息里最复杂和最动态的一种，著名语言学家乔姆斯基(A. N. Chomsky)和信息论的祖师爷香农 (C. Shannon)等学者都关注过自动语音识别问题，然而那时自动语音识别并没有获得很大进展。在这个领域率先取得突破的是捷克裔美国语音和语言处理大师贾里尼克(F. Jelinek)。从 20 世纪 60 年代开始，贾里尼克开创性地将语音识别问题看成一个通信问题，认为语音识别就是根据接收到的信号序列推测说话人实际发出的信号序列(即说的话)和要表达的意思，并且用贝叶斯公式和两个隐马尔可夫模型建立起统计语音识别系统，把对应的一套模型称为声学模型和语言模型，从而极大地改变了这一领域的研究方向。此外，他还与其他合作者提出了数字通信领域最重要的算法之一——BCJR(L. R. Bahl, J. Cocke, F. Jelinek, J. Raviv, 1974)算法。难能可贵的是，这种统计语音识别系统不但能够识别静态的词库里的语音，而且对动态变化的词库语音具有很好的适应性，即对新出现的词汇，只要这个词已经被高频使用，可用于训练的数据量足够多，系统就能通过训练而正确地识别之。这实际上表明贝叶斯公式对新词汇语音信息有非常好的适应能力。由于本书的性质，这里我们不可能对问题展开详细的讨论，有兴趣者可以去研读有关人工智能的文献资料。但我们从已经开发出来的语音输入法产品知道这种统计语音识别系统是非常成功的！这是贝叶斯方法在人工智能领域的一个重要应用。

## 1.3 三种信息与先验分布

在 1.1 节中，我们初步了解到统计学中有两个主要学派：经典统计学派与贝叶斯统计学派。在本节，我们从这两个学派使用的信息种类来讨论它们的异同。首先我们来了解统计推断问题中存在的三种信息。

### 1.3.1 总体与总体信息

我们从已学课程知道统计学中总体就是根据一定的目的和要求所确定的研究对象的全体。例如，如果要统计调查全国大学男生的身高，那么，我们就可以把全国大学男生的集合作为总体，而大学男生身高这个指标就是关于该总体的一个数量，可以用一个符号 $X$ 来标记它。由于在对随机抽出的一个大学男生具体测量之前，并不知道该大学男生的确切身高，而且人的身高是受遗传、营养等随机因素影响而确定的，所以 $X$ 是一个随机变量从而服从某种概率分布。再如，我们要考察一个经济指标 $X$[可以把它设想为某一只股票的收益率或一个国家的 GDP(国内生产总值)]，由于受各种各样的随机因素的影响，$X$ 是一个随机变量，它的所有可能取值就构成了一个总体，并且也服从某一种概率分布。由于一个随机变量的概率分布完全刻画了该随机变量的统计规律性，因此，我们实际上甚至可以抽象地把这个随机变量的概率分布看作总体。**总体信息**就是我们对总体概率分布的了解或知识，一般而言，对总体信息最大的了解是知道总体概率分布所属的分布族。例如，若我们知道总体服从正态分布 $N(\mu,\sigma^2)$，虽然这时两个参数还是未知的，我们也知道它的密度函数是一条关于总体均值对称的钟形曲线，并且它的各阶矩都存在，同时也知道第一个参数 $\mu$ 是该分布的均值，而第二个参数 $\sigma^2$ 是该分布的方差。当然，总体到底服从怎样的概率分布族对一个全新研究问题而言通常不得而知，这正是统计学的一个分支——非参数统计所要研究的。显而易见，要获得总体信息往往必须投入大量的人力、物力。例如，美国军队为了获得某种新的电子元件的寿命分布，购买了上万个此种电子元件，做了大量的寿命实验，获得大量数据后才确认其寿命概率分布是什么。简而言之，总体信息非常重要，获得它虽然不容易但又是必须做的，因为它是统计推断的基础。

## 1.3.2　样本信息

为了对所研究的总体有更多的了解，我们必须从总体抽取(观察或收集)一定的样本 $\boldsymbol{x}=(x_1,x_2,\cdots,x_n)$，这些样本给我们提供的信息就是**样本信息**，也称为抽样信息。样本信息两种最重要的表现形式是样本的联合分布与样本统计量的抽样分布，其次是样本对总体特征的各种估计，如样本均值、样本方差(标准差)等。样本是统计学(无论是频率学派还是贝叶斯学派)的粮食，没有样本就如同巧妇难为无米之炊一样，做不成统计学上的任何事情，也就没有统计学了。

仅仅基于总体信息和样本信息进行统计推断的统计学理论和方法称为**经典统计学**。它的历史悠久，但大发展却是 19 世纪末到 20 世纪上半叶。由于统计学家皮尔逊(K. Pearson 1857—1936)、费雪(R. A. Fisher 1890—1962)和奈曼(J. Neyman 1894—1981)等人的杰出工作，经典统计学理论得到空前的发展，成为当时统计学的主流。20 世纪下半叶，经典统计学在工业、农业、医学、经济、金融、管理、军事等领域获得了广泛的应用，并取得了巨大的成功；同时，在这些领域又不断提出新的统计问题，于是又反过来促进经典统计学的进一步发展。但是，伴随着经典统计学的持续发展与广泛应用，它本身的缺陷与某些方面的矛盾之处也逐渐暴露出来了。另外，也存在一些经典统计学难以解决的重要问题。

## 1.3.3　先验信息与先验分布

**先验信息**是指在抽样之前对所研究的统计问题的了解或知识，一般来说，先验信息主要来源于研究者的知识和经验以及历史资料(数据)，而且常常是零散的，需要提炼加工才可以应用。

先验信息是人们对所研究的统计问题长期观察或研究积累起来的重要历史信息，理应善加利用到统计推断中来，以提高统计推断的质量。从后面的章节我们可以看到，经典统计学由于忽视了先验信息的使用，有时会导致不合理的结论。关于先验信息在帮助人们进行推断的作用，请看下面有趣的例子。

**例 1.3**　统计学家萨维奇(L. J. Savage，1962)曾考察两个统计实验：

(1) 一位常饮奶茶的妇女声称，对于一杯奶茶，她能辨别先倒进杯子里的是茶还是奶。对此做了 10 次试验，她都正确地说出了。

(2) 一位音乐家声称，他能从一页乐谱辨别出是海顿(Haydn)还是莫扎特(Mozart)的作品。在 10 次这样的试验中，他都正确辨别了。

现在的问题是被实验者完全是在猜测吗?假如被实验者完全是在猜测,则每次成功的概率为0.5,那么10次都猜中的概率为$2^{-10}=0.000\ 976\ 6$,这是一个很小的概率,是几乎不可能发生的,所以假设"被实验者完全是在猜测"是不对的,被实验者每次成功的概率要比0.5大得多。换句话说,这不是纯粹的猜测,而是这两位被实验者都有丰富的专业经验,是经验帮助他们作出了正确判断。由此可见,经验(也是一种先验信息)在推断中不可忽视,应善加利用才是正确之举。

**例1.4** (产品质量管理问题)有一句话说得好,"产品质量是企业的生命线"。企业能否生存下去,其产品质量是关键因素之一。我们可以用一个指标来衡量产品质量的高低,那就是不合格品率。为了了解产品的质量,某厂每天都要抽检5件产品,以获得不合格品率$\theta$的估计。经过100个工作日后就积累了大量的数据,通过整理得表1.1。

**表1.1 产品抽查数据**

| 不合格品 | 出现次数 | 频率 |
|---|---|---|
| 0 | 94 | 0.94 |
| 1 | 3 | 0.03 |
| 2 | 2 | 0.02 |
| 3 | 1 | 0.01 |
| 4 | 0 | 0.00 |
| 5 | 0 | 0.00 |

根据这些历史资料(就是一种先验信息),对过去产品的不合格率就可以构造一个概率分布,如表1.2所示。

**表1.2 不合格品率先验概率分布**

| 不合格品率$\theta$ | 0.0 | 0.2 | 0.4 | 0.6 | 0.8 | 1.0 |
|---|---|---|---|---|---|---|
| 先验概率 | 0.94 | 0.03 | 0.02 | 0.01 | 0.00 | 0.00 |

这里就是用频率来近似得到先验概率。从表1.2可以看出,不合格品率$\theta$大于等于0.2的先验概率:

$$P(\theta \geqslant 0.2)=0.03+0.02+0.01=0.06$$

是一个相当小的数。

对先验信息进行提炼加工获得的分布就是先验分布。在这个例子中,先验分布(表1.2)综合了该厂过去产品的质量情况。我们看到这个分布的概率绝大部分集中在$\theta=0$附近。因此,该产品可认为是"信得过产品"。如果以后的多次抽检结果与历史资料提供的先验分布是一致或更好的,质检单位就可以按照要求授予它是"免检产品",或者每月抽检一两次就足够了,这样,就省去了大量的人力、物力。可见先验信息在统计推断及统计应用中是大有用武之地的。当然,如果以后的多次抽检结果与先验分布有较大的区别,那么我们就应该考虑利用新样本对先验分布进行更新,以期获得更符合实际的新分布——后验分布,这正是贝叶斯统计所要做的重要工作。

基于总体信息、样本信息和先验信息进行统计推断的理论与方法被称为**贝叶斯统计学**。从使用信息的角度看,它与经典统计学的差别在于是否利用先验信息。贝叶斯学派重视先验信息的收集、挖掘和提炼，并综合先验信息形成先验分布，将其应用到统计推断中来，以提高统计推断的质量。

## 1.4　一般形式的贝叶斯公式与后验分布

### 1.4.1　知识准备

首先回忆一下在概率论中有关随机向量和条件分布的几个概念。我们以二维情形为例，设$(X,Y)$是二维随机向量且分布密度为$f(x,y)$，则$X$和$Y$的边际密度分别是

$$f_X(x)=\int_{\mathbf{R}} f(x,y)\mathrm{d}y,\quad f_Y(y)=\int_{\mathbf{R}} f(x,y)\mathrm{d}x$$

其中，$\mathbf{R}$表示实数集，而$Y$在$X$已知的条件密度是

$$f(y\mid x)=\frac{f(x,y)}{f_X(x)}=\frac{f(x,y)}{\int_{\mathbf{R}} f(x,y)\mathrm{d}y}$$

从而又有

$$f(x,y)=f(y\mid x)f_X(x)=f(x\mid y)f_Y(y)$$

其次引入高等数学中的两个重要函数：贝塔函数和伽玛函数。它们在贝叶斯统计中经常用到，值得记住。它们分别定义如下：

$$\beta(z,w)=\int_0^1 t^{z-1}(1-t)^{w-1}\mathrm{d}t,\quad \Gamma(z)=\int_0^\infty \mathrm{e}^{-t}t^{z-1}\mathrm{d}t$$

它们有两个重要性质：

$$\Gamma(z+1)=z\Gamma(z),\quad \beta(z,w)=\frac{\Gamma(z)\Gamma(w)}{\Gamma(z+w)}$$

第一个性质表明伽玛函数是阶乘$n!=n\cdot(n-1)!$的推广，第二个性质说明贝塔函数和伽玛函数密切关联。

最后，引入一个在贝叶斯统计中常用的分布族，即贝塔分布族$\mathrm{Beta}(a,b)$，其中$a>0$，$b>0$是两个参数。贝塔分布的密度函数如下：

$$\mathrm{beta}(x\mid a,b)=\frac{1}{\beta(a,b)}x^{a-1}(1-x)^{b-1}=\frac{\Gamma(a+b)}{\Gamma(a)\Gamma(b)}x^{a-1}(1-x)^{b-1},\quad x\in(0,1)$$

（这意味着$x$取其他值情形下密度为零）并且具有性质

$$\mathrm{Mode}(X)=\frac{a-1}{a+b-2},\quad E(X)=\frac{a}{a+b},\quad \mathrm{Var}(X)=\frac{ab}{(a+b)^2(a+b+1)}$$

当$a=b=1$时，贝塔分布的密度函数变成$\mathrm{beta}(x\mid a=1,b=1)=1,x\in(0,1)$，这正是均匀分布$\mathrm{U}(0,1)$的密度，所以均匀分布$\mathrm{U}(0,1)$是一个特殊的贝塔分布。图 1.1 为贝塔分布族在四组参数值下的密度函数曲线，我们看到在不同的参数值下密度函数曲线变化很大。

### 1.4.2　编程语言 R 与其软件包

本书从下一小节开始就要求读者用 R 软件进行统计计算和作图，并把这一要求贯穿全书，目的是通过动手使用软件让读者培养起自己的数据感和体验研读贝叶斯统计的乐趣，从而激发起对贝叶斯统计学的兴趣。

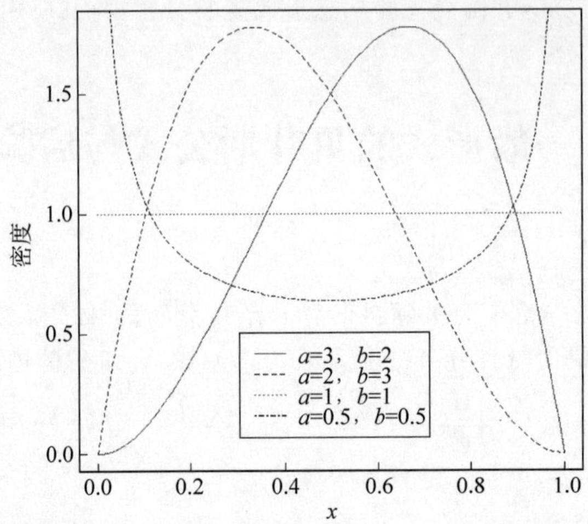


**图 1.1　贝塔分布族在四组参数值下的密度函数曲线**

“R you ready for R?”这是国外高校校园里一句时髦的问句,它表明了 R 语言在国外高校盛行的程度。那么 R 到底是何方神圣而在校园如此盛行呢? R 是著名的贝尔实验室(Bell Laboratories)的编程语言 S 的实现版,最初的两位设计者是当时任教于新西兰奥克兰大学的 Ross Ihaka 教授和 Robert Gentleman 教授。由他们的名字拼写,大家可以看出这套软件系统叫 R 的原因了。现在 R 由其核心团队负责维护和发展,每半年左右会更新一次。R 是用于统计计算和绘图的编程语言与软件环境; R 是一个自由、免费、源代码开放的软件包; R 是一套完整地用于数据处理、统计计算和制图的软件系统。R 的功能还包括: 数据的输入、输出以及存储; 数组运算(其数组种类丰富,向量、矩阵运算功能尤其强大)。由于全球各个领域学者的贡献,R 有成千上万用于不同领域的软件包,但它的基本包为 base,我们可从其官网或官网镜像,如 https://cloud. r-project. org/,下载并安装,本书安装的版本是 R-4. 2. 1-win。由于基本包 base 实际上还包括 stats 和 graphics 等诸多包,所以安装好 base 后,我们不但可以进行各种算术计算,也可以进行通常的统计计算(建模)和绘图了。

为了方便初学者的学习和实践,本书制作了一个专用 R 包——BayesianStat(但进行了压缩),并把书中所有案例数据和主要程序都放入此包,可通过扫描本书后面的二维码进行下载。读者免费下载此包到自己的电脑后,解压就得到文件夹 BayesianStat,然后将此文件夹复制到安装好的基本包 base 所带文件夹 library 中即可应用,library 文件夹的一个路径示例是

C:\Program Files\R\R-4. 2. 1\library

如你用的是苹果 Mac OS 操作系统,如苹果笔记本,同样可以安装与使用这个 R 包。如你已装旧版的,则要先删除,再安装这个新版。从现在开始,我们就要充分利用 R 软件来进行贝叶斯统计的学习了。

在编程和使用计算机软件的时候,要特别注意计算机中绝对值最大的数和绝对值最小的非零数都是有界的。例如,从数学来说,

$$\log(0.01^{180}) \equiv 180 \times \log(0.01)$$

但是,在用 R 软件计算上式左右两边时,我们得到

```
log(0.01^180)
[1] - Inf
180 * log(0.01)
[1] - 828.9306
0.01^180
[1] 0
```

这就是说,上式左边的计算结果是负无穷大,而右边计算结果是−828.930 6,同时不难知道后者才是正确的。左边的计算之所以会出现错误的结果,是因为 0.01^180 的计算结果已经小到计算机把它等同于零了。所以,对这个数学上的恒等式,在计算机上只能用右边的表达式来计算。

另外,第三方 R 包的常用安装法有两种：菜单法和命令法。例如,我们要用菜单法安装 R 包 mvnormtest,那么,在打开 R 的控制台 R console 后,我们可以在左上角看到“程序包”菜单,单击它,进入菜单并看到好几个子菜单,首先单击子菜单“设定 CRAN 镜像”,则会弹出一个小视窗,在里面挑选一个离你最近的镜像网站并单击它,则确定了镜像网站。然后,再次打开“程序包”菜单,单击子菜单“安装程序包”,则同样会弹出一个小视窗,里面有上万的第三方 R 包,找到我们要安装的 R 包 mvnormtest,单击它,那么就会下载安装了。如果用命令法安装,则是在控制台 R console 内、提示符“＞”后,敲入命令并执行(在 R 编程时,应使用英文输入法,否则容易出错)：

```
install.packages("mvnormtest", repos = "https://cloud.r-project.org/")
```

那么就会下载并安装好 mvnormtest。最后,为了检查是否真安装好了,可以敲入命令并执行：

```
library(mvnormtest)          # 将 R 包 mvnormtest 引入控制台 R console
```

如果命令顺利执行不出错,则说明安装成功。这是使用任何一个第三方 R 包都必须首先执行的命令。

### 1.4.3　一般形式的贝叶斯公式

现在我们要对一个总体 $X$ 进行统计推断,假设其分布密度为 $p(x|\theta)$,其中,$\theta$ 是未知参数,之所以写成条件密度的形式是因为在贝叶斯统计中未知参数 $\theta$ 被看成随机变量了。进一步,假设参数 $\theta$ 已经有了先验分布 $\pi(\theta)$,而且从总体 $X$ 那里得到了新样本 $\boldsymbol{x}=(x_1,x_2,\cdots,x_n)$。现在的问题是怎样利用样本对先验分布 $\pi(\theta)$ 进行更新,以期得到更适当的分布。我们知道样本信息综合体现在其联合分布密度 $p(\boldsymbol{x}|\theta)$ 中,而且如果样本是简单随机样本,则

$$p(\boldsymbol{x} \mid \theta)=\prod_{i=1}^{n} p(x_i \mid \theta)$$

现在假设更新后的分布是 $\pi(\theta|\boldsymbol{x})$,即 $\theta$ 的以样本 $\boldsymbol{x}=(x_1,x_2,\cdots,x_n)$ 为已知条件的分布。根据条件密度的公式,$\pi(\theta|\boldsymbol{x})$ 可以写成

$$\pi(\theta \mid \boldsymbol{x})=\frac{h(\boldsymbol{x},\theta)}{m(\boldsymbol{x})}$$

其中,$h(\boldsymbol{x},\theta)$是 $\boldsymbol{x}$ 和参数 $\theta$ 的联合密度,$m(\boldsymbol{x})$是 $\boldsymbol{x}$ 的边际密度,而且

$$m(\boldsymbol{x})=\int_{\Theta}h(\boldsymbol{x},\theta)\mathrm{d}\theta \quad (\Theta\text{ 是参数空间})$$

另外,利用先验分布 $\pi(\theta)$和样本的分布密度 $p(\boldsymbol{x}|\theta)$,我们可得样本 $\boldsymbol{x}$ 和参数 $\theta$ 的联合密度

$$h(\boldsymbol{x},\theta)=p(\boldsymbol{x}\mid\theta)\pi(\theta)$$

于是

$$\pi(\theta\mid\boldsymbol{x})=\frac{h(\boldsymbol{x},\theta)}{m(\boldsymbol{x})}=\frac{p(\boldsymbol{x}\mid\theta)\pi(\theta)}{\int_{\Theta}p(\boldsymbol{x}\mid\theta)\pi(\theta)\mathrm{d}\theta}$$

显而易见,这个公式把总体信息、样本信息和先验信息都综合进去了。这就是**密度函数形式的贝叶斯公式**(定理或法则),其中,$\pi(\theta|\boldsymbol{x})$被称为 $\theta$ 的后验分布,它是集中了总体、样本和先验三种信息后对于先验分布 $\pi(\theta)$的更新,以期得到参数 $\theta$ 更符合实际的分布。贝叶斯公式是整个贝叶斯统计学的奠基石,初看简单,其实复杂,值得在理解的基础上记住!

如果 $\theta$ 是离散参数,其先验分布可用先验分布列$\{\pi(\theta_j)\}$来表示,则后验分布也是离散形式,而且容易得到

$$\pi(\theta_j\mid\boldsymbol{x})=\frac{p(\boldsymbol{x}\mid\theta_j)\pi(\theta_j)}{\sum_i p(\boldsymbol{x}\mid\theta_i)\pi(\theta_i)},\quad j=1,2,\cdots$$

这个公式与事件形式的贝叶斯公式是何其相似!

**注:**

(1) 从贝叶斯公式显而易见,无论是样本分布 $p(\boldsymbol{x}|\theta)$还是先验分布 $\pi(\theta)$,乘以一个非零常数都不会改变后验分布 $\pi(\theta|\boldsymbol{x})$。

(2) 当得到样本观察值 $\boldsymbol{x}$ 后,样本分布密度 $p(\boldsymbol{x}|\theta)$也就是熟知的似然函数,并常常记为 $l(\theta)=l(\theta|\boldsymbol{x})=p(\boldsymbol{x}|\theta)$以表明这是 $\theta$ 的函数。因此,$p(\boldsymbol{x}|\theta)\pi(\theta)=l(\theta|\boldsymbol{x})\pi(\theta)$。

(3) 先验分布 $\pi(\theta)$当然也有参数(如 $\lambda$),但是在这里假定它已知了,所以没有写出来。如果它未知或为了强调而写出来,那就是 $\pi(\theta)=\pi(\theta|\lambda)$,并且我们称先验分布中的参数为**超参数**。

(4) 这里对贝叶斯公式的解释是从经典统计的视角出发的,但是,也可以从其他视角来解释该公式。此处的要点是,一个事件发生了,那么是什么原因促使它发生的。贝叶斯公式给出了计算原因概率大小的一种方法。

### 1.4.4 计算后验分布的例

在本小节,我们通过例子来加深对贝叶斯公式的理解。

**例 1.5** (例 1.4 续)该工厂为了进一步改善产品质量,采用了更先进可行的技术,不合格品率 $\theta$ 因此有可能发生变化。为了对 $\theta$ 的先验分布进行更新,我们来计算 $\theta$ 的后验分布。为此,我们对 $n$ 件产品进行独立检测,不合格品出现的个数记为 $X$,显然,$X$ 服从二项分布 $\mathrm{Bin}(n,\theta)$,即

$$P(X=x\mid\theta)=p(x\mid\theta)=C_n^x\theta^x(1-\theta)^{n-x},\quad x=0,1,\cdots,n$$

再根据贝叶斯公式和 $\theta$ 的先验分布(表 1.2),我们就可以把 $\theta$ 的后验分布算出来,其一般表达式是

$$\pi(\theta_j \mid x)=\frac{p(x \mid \theta_j)\pi(\theta_j)}{\sum_i p(x \mid \theta_i)\pi(\theta_i)}, \quad x=0,1,2,\cdots,n;\ j=1,2,\cdots,6$$

在 R 平台中利用如下命令就可以把以二项分布 $\mathrm{Bin}(n,\theta)$ 为总体、参数 $\theta$ 为离散情形的后验概率分布具体算出来，例如，若 $n=10$，$x=0$，则可以算得相应的后验概率分布表 1.3。从该表可以看出，通过采用新技术，产品质量有了很大的提高。为了理解整个计算过程，请读者手工计算出 $\theta_1=0.0$ 的后验概率。以下就是所用的 R 命令：

```
library(BayesianStat)    #计算后验概率的命令 Bindiscrete 在此包中
theta <- c(0,0.2,0.4,0.6,0.8,1)
prior <- c(0.94,0.03,0.02,0.01,0.00,0.00)
Bindiscrete(x = 0, n = 10, pi = theta, pi.prior = prior, n.pi = 6)
```

**表 1.3　不合格品率后验概率分布表**

| 不合格品率 $\theta$ | 0.0 | 0.2 | 0.4 | 0.6 | 0.8 | 1.0 |
|---|---|---|---|---|---|---|
| 后验概率 | 0.996 5 | 0.003 4 | 0.000 1 | 0.000 0 | 0.000 0 | 0.000 0 |

这里，参变量 $x$ 是样本值；$n$ 是样本量；pi 是不合格品率 $\theta$ 的取值向量；pi. prior 是 $\theta$ 的先验概率向量；n. pi 是 $\theta$ 的取值个数。另外，最后这个命令可以同时得到先验概率与后验概率的比较图(图 1.2)。该图形象地把后验概率相对于先验概率的变化表示出来，从该图可以看出不合格品率 $\theta=0$ 的后验概率比先验概率大，而其他情形的后验概率都不大于先验概率，这就更生动形象地说明了产品质量有了很大的提高。

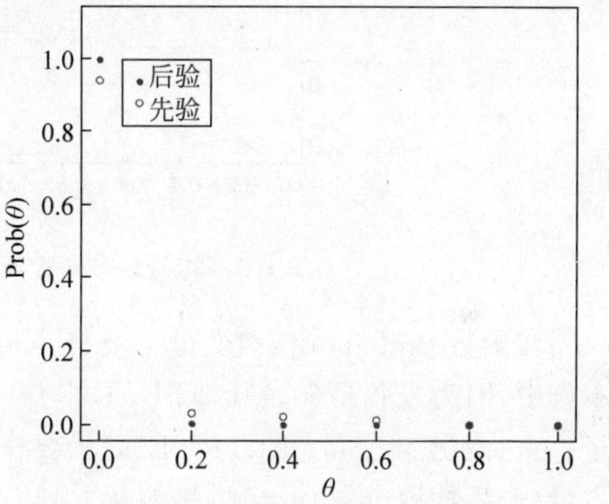

**图 1.2　不合格品率先验与后验概率比较**

现在假设在检测该产品之前我们对不合格品率 $\theta$ 没有任何先验信息(比如，这是新产品)。在这种情况下，贝叶斯建议用区间(0,1)上的均匀分布 U(0,1)作为 $\theta$ 的先验分布，因为该分布在区间(0,1)上机会均等地取到每一点。贝叶斯的这个建议被后人称为**贝叶斯假设**。这时 $\theta$ 的先验分布密度为

$$\pi(\theta)=\begin{cases}1, & 0<\theta<1\\ 0, & \text{其他场合}\end{cases}$$

于是，样本 $X$ 与参数 $\theta$ 的联合分布

$$h(x,\theta)=p(x \mid \theta)\pi(\theta)=C_n^x\theta^x(1-\theta)^{n-x}, \quad x=0,1,\cdots,n;\ 0<\theta<1$$

而 $X$ 的边缘分布

$$m(x)=C_n^x\int_0^1\theta^x(1-\theta)^{n-x}\,\mathrm{d}\theta=C_n^x\ \frac{\Gamma(x+1)\Gamma(n-x+1)}{\Gamma(n+2)}=\frac{1}{n+1}, \quad x=0,1,\cdots,n$$

利用贝叶斯公式，最后可得 $\theta$ 的后验分布

$$\pi(\theta \mid x)=\frac{h(x,\theta)}{m(x)}=\frac{\Gamma(n+2)}{\Gamma(x+1)\Gamma(n-x+1)}\theta^{(x+1)-1}(1-\theta)^{(n-x+1)-1},\quad 0<\theta<1$$

这正是参数为 $x+1$ 和 $n-x+1$ 的贝塔分布 $\text{Beta}(x+1,n-x+1)$。

在R平台中利用如下命令就可以把以二项分布 $\text{Bin}(n,\theta)$ 为总体，参数 $\theta$ 服从贝塔分布的先验密度和后验分布密度图形画出来(图1.3)。

```
library(BayesianStat)
Binbeta(x, n=10, a = 1, b = 1, pi = seq(0.01, 0.999, by = 0.001), plot = TRUE)
```

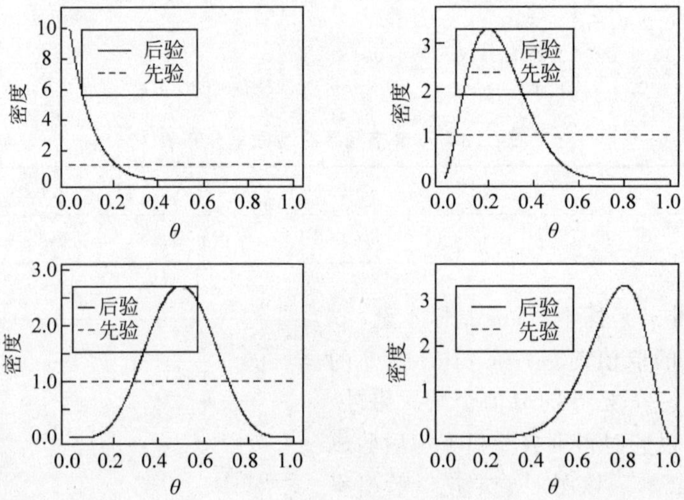


**图1.3 均匀分布先验与二项分布形成的后验分布密度图**

在函数Binbeta中，参变量 $x$ 是样本值；$n$ 是样本量；$a$ 和 $b$ 是贝塔分布的两个参数(在本例中，因为先验是(0,1)区间上的均匀分布，所以 $a=b=1$)；pi是不合格品率 $\theta$ 的取值向量；plot是逻辑变量(取“TRUE”表示要作图；取“FALSE”表示不要作图)。注意：这里样本量(产品抽取个数)$n=10$，按照从左到右、从上到下的顺序各图对应的样本值分别是 $x=0,x=2,x=5,x=8$。从图1.3可以看出，随着样本值的变化，后验密度曲线也发生了重大变化。换句话说，样本对先验分布产生了重大影响，先验被实质性更新了。

## 1.4.5 案例：贝叶斯方法在人工智能领域的应用之二

**案例1.2** (朴素贝叶斯分类器，本案例只要求了解之)无论是在科技领域还是在日常生活中，对事物进行分类都是常做的事。例如，每个使用电子邮件的人都知道在电邮中常常会收到垃圾邮件。如果电邮系统较好，那么收到垃圾邮件的数量就较少，因为垃圾邮件绝大部分都被电邮系统通过分类识别或者说过滤出来而排除了。在分类这个领域有一种分类方法就是**朴素贝叶斯分类器**(Naive Bayes Classifier)。它是基于贝叶斯定理而建立起来的一套统计机器学习分类算法，是一种有监督分类方法(supervised classification)，也是一种虽然简单但很有效的贝叶斯分类方法。

具体而言，设 $Y$ 是一个**类变量**(class variable，对应于经典统计的响应或因变量)，共有 $K$ 个类别为 $y_1,y_2,\cdots,y_K$(在机器学习中，它们被称为标签，$Y$ 在一次观察中取一个标签为值)。例如，对于电邮过滤问题，$Y$ 可以有两个标签(正常邮件，垃圾邮件)。而 $\boldsymbol{X}=(X_1,$

$X_2,\cdots,X_n$)是个**特征或属性向量**(feature or attribute vector),其各个分量从各自的侧面描述或者说解释类变量 $Y$,被称为**特征变量**(对应于经典统计的独立或自变量)。如果我们得到一个 $\boldsymbol{X}$ 的样本 $\boldsymbol{x}=(x_1,x_2,\cdots,x_n)$,那么,由贝叶斯公式,$(Y=y)$的后验概率

$$p(y \mid \boldsymbol{x})=\frac{p(x_1,x_2,\cdots,x_n \mid y)p(y)}{p(x_1,x_2,\cdots,x_n)} \propto p(x_1,x_2,\cdots,x_n \mid y)p(y)$$

其中,符号$\propto$表示正比于,因为在 $\boldsymbol{x}=(x_1,x_2,\cdots,x_n)$给定后边际 $p(x_1,x_2,\cdots,x_n)$是常数(详情可见本书第 2 章)。为了能够较容易地计算出这个后验概率,我们"天真地"(naive)假设在已知类别的条件下,特征向量 $\boldsymbol{X}=(X_1,X_2,\cdots,X_n)$的分量是相互独立的,并称这一性质为**类条件独立性**,于是后验概率

$$p(y \mid \boldsymbol{x}) \propto p(x_1,x_2,\cdots,x_n \mid y)p(y)=p(y)\prod_{i=1}^{n} p(x_i \mid y)$$

如果 $y_{k^*}$ 满足

$$y_{k^*}=\arg\max_{y}\left[p(y)\prod_{i=1}^{n} p(x_i \mid y)\right]$$

即$(Y=y_{k^*})$的后验概率最大,则认为相应的对象(比如说,一封电邮)属于第 $k^*$ 类,或者说,预测结果是第 $k^*$ 类。显然,为了计算后验概率,还要知道 $p(x_i|y)$的概率分布(称为**类条件分布**)。常用的有正态分布 $\mathrm{N}(\mu,\sigma^2)$、伯努利分布 Bernoulli($\theta$)、多项分布 Multinom($n$; $\theta$)(自然包括二项分布)等。另外,为了简化和更精确地计算,往往取对数后再来计算,于是

$$y_{k^*}=\arg\max_{y}\left[\log p(y)+\sum_{i=1}^{n}\log p(x_i \mid y)\right]$$

下面我们来看一个具体的案例。在 R 包 BayesianStat 中有两个文本数据集①,一个为 trainset. csv,另一个为 testset. csv。它们都是一些英文帖子(推文),其中一部分帖子是关于 Data Science 的,其余的与 Data Science 无关。此外,在样本集 trainset. csv 中,一个帖子是不是关于 Data Science 的已经知道,并且当它是关于 Data Science 的时被标记为"1",否则,被标记为"0"。这样,trainset. csv 由三列构成:第一列 Data_Science 是帖子的标签;第二列 Date 是帖子发表的日期;第三列 Tweet 是帖子文本。类似这样的数据集在机器学习中被称为**训练集**(train set),它是用来训练即估计模型的(训练的过程就是学习)。它的前六行可从下面的 R 程序中见到。另一个文本数据集 testset. csv 的第二、三列也分别是帖子发表的日期、帖子文本,但第一列 id 是识别码,也就是序号。类似这样的文本数据集在机器学习中被称为**测试集**(test set),它是用来测试并评估模型的。其最后三行同样可从下面的 R 程序中见到。

本案例分析的过程是,首先训练模型,然后测试评估模型,具体步骤如下:

第一步,安装要用到的 R 程序包;

第二步,引入训练集并清理之,即把不影响判断帖子属性的一些符号、词语片段删除;

第三步,将文本数据转化为数值特征(这一过程被称为**文本数据的向量化**,其实得到的结果是一个 324×1 837 阶稀疏数值矩阵);

第四步,将标签列因子化;

---

① 原始数据来自 https://dx.doi.org/10.6084/m9.figshare.2062551.v1。

第五步,训练(估计)模型,这里选用的是多项分布朴素贝叶斯分类模型;

第六步,引入测试集并清理之;

第七步,将测试集中的文本数据转化为数值特征矩阵;

第八步,测试并评估训练所得模型。

从下面的 R 程序我们看到,模型预测得到测试集的最后六条帖子对应的标签分别是 0,0,1,1,0,1,即倒数第四、三、一条帖子是关于 Data Science 的,而另三条帖子则不是。这里我们感兴趣的是,那事实上到底是不是如此呢?我们将这六条帖子显示出来(在下面 R 程序的最后),然后看看它们的内容并判断一下,我们会毫无争议地得到一样的结论。这就是说,所得模型对帖子的分类能力相当优秀。

```
install.packages('naivebayes', repos = "https://cloud.r-project.org/")
install.packages('mgsub')
install.packages('text2vec')
library(BayesianStat)
pat <- R.home("library/BayesianStat/data/trainset.csv")
train <- read.csv(file = pat, header = TRUE)      # 引入训练集
head(train)
 Data_Science      Date                                           Tweet
1            0  11/04/15              Oh... It is even worse... They are playing …
2            1  11/12/13      … Mavericks Issues Resolved http://t.co/i7qAPuR8EN
3            0  02/03/14          … this stellar artwork http://t.co/IYnxU8FSVS
4            0  25/02/14                     … But I was happy not carrying a tube
5            1  16/12/13          … year in review, 2013 http://t.co/NO7MVgMSpK
6            1  13/11/13      … guide to memory usage in R http://t.co/kxU5kS2sHw
library(mgsub)
# 删除所有类似 http://t.co/i7qAPuR8EN 的片段
train$Tweet <- mgsub(train$Tweet, "http\\S+", "")
head(train)
 Data_Science      Date                                           Tweet
1            0  11/04/15             Oh... It is even worse... They are playing …
2            1  11/12/13                 RStudio OS X Mavericks Issues Resolved
3            0  02/03/14          A Hubble glitch has produced this stellar artwork
4            0  25/02/14                     … But I was happy not carrying a tube
5            1  16/12/13           Data and visualization year in review, 2013
6            1  13/11/13                  A detailed guide to memory usage in R
train$Tweet[319]
[1] "There you go! #AusvArg is on! As much as I would love Argentina to be in the final, I am
supporting #Australia #OfficeSweepstake"
# 删除所有帖子中的#符号
train$Tweet <- mgsub(train$Tweet, "#", "")
train$Tweet[319]
[1] "There you go! AusvArg is on! As much as I would love Argentina to be in the final, I am
supporting Australia OfficeSweepstake"
library(text2vec)
xtrain <- train$Tweet
it <- itoken(xtrain, preprocess_function = tolower, tokenizer = word_tokenizer)
v <- create_vocabulary(it)
vectorizer <- vocab_vectorizer(v)
```

```
xtrain_dtm <- create_dtm(it, vectorizer)
dim(xtrain_dtm)
[1]  324 1837
ytrain <- train$Data_Science
yf <- factor(ytrain)
library(naivebayes)
mnbMod <- multinomial_naive_bayes(x = xtrain_dtm, y = yf)
pat <- R.home("library/BayesianStat/data/testset.csv")
test <- read.csv(file = pat, header = TRUE)       #引入测试集
tail(test,3)
     id       Date                                                   Tweet
161 161   2002/9/14          knitr in a knutshell tutorial http://t.co/ixSQOifbBK
162 162  2011/12/13     … to get data, a music video parody http://t.co/sILKbdfB2H
163 163   2021/2/14          … with R, from Graham Williams http://t.co/x3683TyF9q
test$Tweet <- mgsub(test$Tweet, "http\\S+", "")
test$Tweet <- mgsub(test$Tweet, "#", "")
xtest <- test$Tweet
itest <- itoken(xtest, preprocess_function = tolower, tokenizer = word_tokenizer)
xtest_dtm <- create_dtm(itest, vectorizer)
mnbPredClas <- predict(mnbMod, newdata = xtest_dtm, type = "class")
mnbPredProb <- predict(mnbMod, newdata = xtest_dtm, type = "prob")
tail(mnbPredClas)
[1] 0 0 1 1 0 1
Levels: 0 1
test$Tweet[158:163]                                    #测试集的最后六条帖子
[1] "The Martian Is Hands Down The Best Thriller Of The Year, the book is great "
[2] "Halfpenny ruled out of World Cup rugby  "
[3] "CRAN now has 5000 R packages "
[4] "knitr in a knutshell tutorial "
[5] "Up all night to get data, a music video parody "
[6] "A survival guide to Data Science with R, from Graham Williams "
```

类条件独立性这一假设确实是天真的，因为在实际应用中的大多数场合，这个假设其实并不成立。然而，令人惊喜的是，在类条件独立性假设下，不但计算大大化简，而且朴素贝叶斯分类器得到的分类结果在许多场合是相当好。此外，朴素贝叶斯分类器还有一大优点，就是与其他更复杂的方法相比，朴素贝叶斯分类器计算速度非常快，这对于分类大规模的文本等数据是必需的。正因为有这些优势，朴素贝叶斯分类器已被广泛应用于许多领域。

# 本章要点小结

本章简要介绍了贝叶斯统计学的历史、现状以及思想方法，并将它与经典统计学进行了初步的比较，同时也分析了贝叶斯方法在人工智能领域应用的两个案例。重点是如下三种形式的贝叶斯公式(定理)及其含义：

$$P(A_j \mid B)=\frac{P(A_jB)}{P(B)}=\frac{P(A_j)P(B \mid A_j)}{\sum_{i=1}^{\infty} P(A_i)P(B \mid A_i)} \quad j=1,2,\cdots,n,\cdots$$

$$\pi(\theta_j \mid \boldsymbol{x})=\frac{p(\boldsymbol{x} \mid \theta_j)\pi(\theta_j)}{\sum_i p(\boldsymbol{x} \mid \theta_i)\pi(\theta_i)}, \quad j=1,2,\cdots$$

$$\pi(\theta \mid \boldsymbol{x})=\frac{h(\boldsymbol{x},\theta)}{m(\boldsymbol{x})}=\frac{p(\boldsymbol{x} \mid \theta)\pi(\theta)}{\int_\Theta p(\boldsymbol{x} \mid \theta)\pi(\theta)\mathrm{d}\theta}$$

它们是整个贝叶斯统计学的基础和重中之重。

# 思考与练习

**1.1** 统计推断可能用到哪三种信息？如何界定经典统计和贝叶斯统计？

**1.2** 简要陈述贝叶斯统计的思想和历史。

**1.3** 一些著作把贝叶斯的开山之作“*An Essay Towards Solving a Problem in the Doctrine of Chances*”中的术语 chances 翻译为“机遇”而不是“概率”。你认为是否正确并说出你的依据(提示：从互联网上下载此论文并浏览一下)。

**1.4** 设$\{A_k\}_{k=1}^n$是任意 $n$ 个随机事件,证明更一般的乘法公式

$$P(A_1A_2\cdots A_n)=P(A_1)P(A_2 \mid A_1)P(A_3 \mid A_1A_2)\cdots P(A_n \mid A_1A_2\cdots A_{n-1})$$

**1.5** 用自己的语言总结各种形式的贝叶斯公式。

**1.6** 试分别定义先验分布和后验分布。

**1.7** 有一种前列腺癌标记(prostate cancer marker，PSA)检测法的特性如下：如果成年男性犯了前列腺癌,则检测结果呈阳性的概率高达 90%,同时,如果成年男性未犯前列腺癌,则检测结果呈阳性的概率为 5%。现在某大学男生进行前列腺癌标记检测,结果呈阳性。虽然他根据自己的了解知道大学男生犯前列腺癌的概率只有 0.001%,但还是非常害怕,很想知道他确实犯前列腺癌的概率,遗憾的是他没有学好贝叶斯统计学,所以请你赶快帮助他算出这个概率。另外,根据计算出的概率,你对该大学男生有什么建议？

**1.8** 为研究产品质量,我们从一批产品中抽取 8 个产品进行检验,结果发现 3 个不合格品。现设 $\theta$ 是这批产品的不合格率,并且先验分布有两种情形为

$$\theta \sim \mathrm{U}(0,1)$$

$$\theta \sim \pi(\theta)=\begin{cases}2(1-\theta), & \theta \in (0,1)\\ 0, & \theta \notin (0,1)\end{cases}$$

试分别求 $\theta$ 的后验分布。

**1.9** 手工计算例 1.5 中当 $n=10, x=0$ 时,$\theta_1=0.0$ 的后验概率。

**1.10** 用 R 命令计算例 1.5 中当 $n=10, x=1$ 且先验概率为表 1.2 时的后验概率并说明结果的意义。

**1.11** 用 R 命令做出例 1.5 中当 $n=10$ 且先验为均匀分布 U(0,1)时的先验密度和后验密度图并加以解释($x$ 分别取 1,3,4,6,9,10)。

**1.12** 为了提高某产品的质量,公司经理考虑改进生产设备,预计需投资 90 万元,但从投资效果看,下属部门有两种意见：

(1) $\theta_1$：改进生产设备后,高质量产品可占 90%。

(2) $\theta_2$：改进生产设备后，高质量产品可占 70%。

但经理根据过去的经验认为，$\theta_1$ 的可信程度只有 40%，$\theta_2$ 的可信程度是 60%，即

$$\pi(\theta_1)=0.4,\quad \pi(\theta_2)=0.6$$

经理不想仅仅用过去的经验来做决策，因此通过小规模试验观其结果再定夺，为此做了一项试验，试验结果如下：

$$A=\{\text{试制 5 个产品，全是高质量的产品}\}$$

经理对这次试验结果很高兴，希望用此试验结果来修改他原先对 $\theta_1$ 和 $\theta_2$ 的看法，即要去求后验概率 $\pi(\theta_1|A)$ 与 $\pi(\theta_2|A)$。如今已有先验概率 $\pi(\theta_1)$ 和 $\pi(\theta_2)$，还需要两个条件概率 $P(A|\theta_1)$ 与 $P(A|\theta_2)$，这可用二项分布算得

$$P(A\mid\theta_1)=0.9^5=0.590,\quad P(A\mid\theta_2)=0.7^5=0.168$$

由于经理没有学过贝叶斯统计，请你帮助将后验概率 $\pi(\theta_1|A)$ 与 $\pi(\theta_2|A)$ 算出来(虽然其下属已经帮助计算过)。

经过实验 $A$ 后，更新的概率使经理对增加投资以改进质量的兴趣增大，但是为了慎重起见，他还想再做一次小规模的试验，观其结果再做决策。此次试验结果如下：

$$B=\{\text{试制 10 个产品，9 个是高质量产品}\}$$

经理希望用此试验结果对 $\theta_1$ 与 $\theta_2$ 再做一次更新，为此把上次试验的后验概率看作这次的先验概率，即

$$\pi(\theta_1)=0.7,\quad \pi(\theta_2)=0.3$$

用与上次试验同样的方法，请你再帮助经理把新的后验概率算出来。观察新后验概率后，你会向经理提什么建议？最后你对贝叶斯方法有什么新的认识？

# 第2章 共轭先验分布与充分统计量

在第1章,我们引入贝叶斯公式,知道它把总体信息、先验信息以及样本信息综合利用起来,目的是在有了新样本的条件下,对先验分布进行更新调整,以期得到更加符合实际的后验分布。显然,这里的一个关键问题是如何把后验分布算出来,在实际应用中这是相当困难的事,因此也成为贝叶斯统计的核心问题。本章将引入共轭先验分布和充分统计量等概念,对该问题做一个较为初步的讨论。

## 2.1 共轭先验分布

### 2.1.1 后验分布的核

在第1章,我们了解到在给定先验分布 $\pi(\theta)$ 和样本分布 $p(\boldsymbol{x}|\theta)$ 后,可用贝叶斯公式计算 $\theta$ 的后验分布

$$\pi(\theta \mid \boldsymbol{x})=\frac{h(\boldsymbol{x},\theta)}{m(\boldsymbol{x})}=\frac{p(\boldsymbol{x} \mid \theta)\pi(\theta)}{m(\boldsymbol{x})},m(\boldsymbol{x})=\int_{\Theta}p(\boldsymbol{x} \mid \theta)\pi(\theta)\mathrm{d}\theta$$

容易看出

$$\int_{\Theta}\pi(\theta \mid \boldsymbol{x})\mathrm{d}\theta=\frac{\int_{\Theta}p(\boldsymbol{x} \mid \theta)\pi(\theta)\mathrm{d}\theta}{m(\boldsymbol{x})}=\frac{m(\boldsymbol{x})}{m(\boldsymbol{x})}=1$$

这就是说,边际分布 $m(\boldsymbol{x})$ 不依赖于 $\theta$,在计算 $\theta$ 的后验分布公式中其实是一个常数,只起到保证后验分布 $\pi(\theta|\boldsymbol{x})$ 是正常概率分布的作用。因此,可以把 $m(\boldsymbol{x})$ 省略不写,而把贝叶斯公式改写为如下形式:

$$\pi(\theta \mid \boldsymbol{x}) \propto p(\boldsymbol{x} \mid \theta)\pi(\theta)$$

其中,符号"$\propto$"表示左边正比于右边或者说两边仅差一个不依赖于 $\theta$ 的常数因子。虽然 $p(\boldsymbol{x}|\theta)\pi(\theta)$ 不是正常的密度函数,但它是后验分布 $\pi(\theta|\boldsymbol{x})$ 的最主要部分,被称为**后验分布的核**,通过它一般可以判断出后验分布是什么分布。如果 $p(\boldsymbol{x}|\theta)\pi(\theta)$ 还有常数因子,则可以进一步略去不写。这样,在计算后验分布时就可以不计算 $m(\boldsymbol{x})$ 和别的常数因子,从而大大简化了计算。例如,对于第1章的例1.5中后验分布[取先验为 $\mathrm{U}(0,1)$],我们有

$$\pi(\theta \mid x) \propto p(x \mid \theta)\pi(\theta)=C_n^x\theta^x(1-\theta)^{n-x} \propto \theta^x(1-\theta)^{n-x}=\theta^{(x+1)-1}(1-\theta)^{(n-x+1)-1}$$

显而易见这正是参数为 $x+1$ 和 $n-x+1$ 的贝塔分布的核,这样也就得出了后验分布为贝塔分布 $\mathrm{Beta}(x+1,n-x+1)$ 的结论。

其实,任何一个概率分布都有一个核,假设 $f(\boldsymbol{x})$ 是一个概率分布并且可以写成

$$f(\boldsymbol{x}) = cf_1(\boldsymbol{x}) \propto f_1(\boldsymbol{x})$$

其中，$c$ 是不依赖于 $\boldsymbol{x}$ 的常数，则 $f_1(\boldsymbol{x})$就是分布 $f(\boldsymbol{x})$的一个核。

## 2.1.2　共轭先验分布

在第 1 章的例 1.5 后一部分，我们看到一个有趣的现象，如果二项分布的参数 $\theta$ 的先验分布取为均匀分布 U(0,1)，也就是贝塔分布 Beta(1,1)，那么我们得到其后验分布是另一个贝塔分布 Beta($x+1, n-x+1$)。换言之，该例中先验分布与后验分布同属于贝塔分布族，只是参数不同而已。这种先验分布被称为参数 $\theta$ 的共轭先验分布，由雷法和施莱弗(1961)首先提出，它能够起到化简后验分布计算以及合理解释先验特征量和样本特征量与后验特征量之间的关系的作用。现在我们给出一个正式的定义。

**定义 2.1**　设样本 $\boldsymbol{x}=(x_1,\cdots,x_n)$来自总体 $p(x|\theta)$，其中 $\theta$ 是参数(向量)，$\pi(\theta)$是 $\theta$ 的先验密度函数，$p(\boldsymbol{x}|\theta)$是似然函数(即样本密度函数)。如果后验密度函数 $\pi(\theta|\boldsymbol{x})$与先验密度函数 $\pi(\theta)$属于同一个分布族(即有相同的函数形式)，则称 $\pi(\theta)$共轭于似然函数 $p(\boldsymbol{x}|\theta)$，同时也称 $\pi(\theta)$是**参数 $\boldsymbol{\theta}$ 的共轭先验分布**。

**例 2.1**　证明如果正态总体 N($\theta,\sigma^2$)(方差已知)的均值 $\theta$ 用另一个正态分布为先验，则其是 $\theta$ 的共轭先验。

**证明**：设 $\boldsymbol{x}=(x_1,\cdots,x_n)$是来自正态分布 N($\theta,\sigma^2$)的一个样本。此样本的联合密度为

$$p(\boldsymbol{x} \mid \theta) = \left(\frac{1}{\sqrt{2\pi}\sigma}\right)^n \exp\left\{-\frac{1}{2\sigma^2}\sum_{i=1}^n (x_i-\theta)^2\right\}$$

现取另一个正态分布 N($\mu,\tau^2$)作为 $\theta$ 的先验分布，即

$$\pi(\theta) = \left(\frac{1}{\sqrt{2\pi}\tau}\right)\exp\left\{-\frac{(\theta-\mu)^2}{2\tau^2}\right\}$$

其中，参数 $\mu$ 与 $\tau^2$ 为已知。这样，样本 $\boldsymbol{x}$ 与参数 $\theta$ 的联合密度函数

$$h(\boldsymbol{x},\theta) = k_1 \exp\left\{-\frac{1}{2}\left[\frac{n\theta^2 - 2n\theta\bar{x} + \sum_{i=1}^n x_i^2}{\sigma^2} + \frac{\theta^2 - 2\mu\theta + \mu^2}{\tau^2}\right]\right\}$$

其中，$k_1=(2\pi)^{-(n+1)/2}\tau^{-1}\sigma^{-n}$，$\bar{x}=\frac{1}{n}\sum_{i=1}^n x_i$，再引入记号

$$\sigma_0^2 = \frac{\sigma^2}{n},\quad A = \frac{1}{\sigma_0^2} + \frac{1}{\tau^2},\quad B = \frac{\bar{x}}{\sigma_0^2} + \frac{\mu}{\tau^2},\quad C = \frac{1}{\sigma^2}\sum_{i=1}^n x_i^2 + \frac{\mu^2}{\tau^2}$$

则样本 $\boldsymbol{x}$ 与参数 $\theta$ 的联合密度函数

$$h(\boldsymbol{x},\theta) = k_1 \exp\left\{-\frac{1}{2}[A\theta^2 - 2\theta B + C]\right\} = k_2 \exp\left\{-\frac{(\theta - B/A)^2}{2/A}\right\}$$

其中，$k_2 = k_1 \exp\left\{-\frac{1}{2}(C-B^2/A)\right\}$。由此易得样本 $\boldsymbol{x}$ 的边际分布

$$m(\boldsymbol{x}) = \int_{-\infty}^{\infty} h(\boldsymbol{x},\theta)\,\mathrm{d}\theta = k_2\left(\frac{2\pi}{A}\right)^{\frac{1}{2}}$$

于是 $\theta$ 的后验分布

$$\pi(\theta \mid \boldsymbol{x})=\frac{h(\boldsymbol{x},\theta)}{m(\boldsymbol{x})}=\left(\frac{A}{2\pi}\right)^{\frac{1}{2}}\exp\left\{-\frac{(\theta-B/A)^2}{2/A}\right\}$$

这显然也是一个正态分布 $\mathrm{N}(\mu_1,\tau_1^2)$,其均值 $\mu_1$ 与方差 $\tau_1^2$ 分别满足

$$\mu_1=\frac{B}{A}=\frac{\bar{x}\sigma_0^{-2}+\mu\tau^{-2}}{\sigma_0^{-2}+\tau^{-2}},\quad \frac{1}{\tau_1^2}=\frac{1}{\sigma_0^2}+\frac{1}{\tau^2}$$

因此证明了正态分布 $\mathrm{N}(\mu,\tau^2)$是均值参数 $\theta$(方差已知)的共轭先验分布。

**注**:

(1) 在证明过程中,如果我们利用正比符号"$\propto$"进行推导,则可以大大化简计算过程如下:

$$\begin{aligned}\pi(\theta \mid \boldsymbol{x}) &\propto p(\boldsymbol{x} \mid \theta)\pi(\theta) \propto \exp\left\{-\frac{1}{2}\left[\frac{\sum_{i=1}^{n}(x_i-\theta)^2}{\sigma^2}+\frac{(\theta-\mu)^2}{\tau^2}\right]\right\}\\ &\propto \exp\left\{-\frac{1}{2}[A\theta^2-2B\theta]\right\}\\ &\propto \exp\left\{-\frac{A}{2}(\theta-B/A)^2\right\}\end{aligned}$$

(2) 后验分布的均值 $\mu_1$ 可以改写为

$$\mu_1=\frac{\sigma_0^{-2}}{\sigma_0^{-2}+\tau^{-2}}\bar{x}+\frac{\tau^{-2}}{\sigma_0^{-2}+\tau^{-2}}\mu=\gamma\bar{x}+(1-\gamma)\mu$$

其中,$\gamma=\sigma_0^{-2}/(\sigma_0^{-2}+\tau^{-2})$是用方差倒数组成的权数,即后验均值 $\mu_1$ 是样本均值 $\bar{x}$ 与先验均值$\mu$ 的加权平均,并且样本均值 $\bar{x}$ 的方差 $\sigma^2/n=\sigma_0^2$ 越小,其在后验均值中的份额就越大,同时由于两权数之和等于 1,从而先验均值 $\mu$ 在后验均值的份额就越小;反之亦然。这表明后验均值是样本均值与先验均值之间的一种均衡。

(3) 随机变量的方差的倒数可以看成某种取值的精度。在正态均值的共轭先验分布的证明过程中,我们看到后验方差 $\tau_1^2$ 的倒数为

$$\frac{1}{\tau_1^2}=\frac{1}{\sigma_0^2}+\frac{1}{\tau^2}=\frac{n}{\sigma^2}+\frac{1}{\tau^2}$$

这就是说,后验分布的精度是样本均值分布的精度与先验分布的精度之和,换句话说,后验分布的精度比样本均值分布的精度或先验分布的精度都更大,因此用后验分布做统计推断结果就更好。另外,增加样本量 $n$ 或减小先验分布的方差都有利于提高后验分布的精度($\sigma^2$ 已知)。

**例 2.2** 寻找正态总体 $\mathrm{N}(\theta,\sigma^2)$(均值 $\theta$ 已知)的方差 $\sigma^2$ 的共轭先验。

**解**:设 $\boldsymbol{x}=(x_1,\cdots,x_n)$是来自正态分布 $\mathrm{N}(\theta,\sigma^2)$的样本。此样本的联合密度为

$$\begin{aligned}p(\boldsymbol{x} \mid \sigma^2)&=(\sqrt{2\pi}\sigma)^{-n}\exp\left\{-\frac{1}{2\sigma^2}\sum_{i=1}^{n}(x_i-\theta)^2\right\}\\ &\propto\left(\frac{1}{\sigma^2}\right)^{n/2}\exp\left\{-\frac{1}{2\sigma^2}\sum_{i=1}^{n}(x_i-\theta)^2\right\}\end{aligned}$$

在这里,上述密度当然可以看成似然函数,其中,$\sigma^2$ 的因式将决定 $\sigma^2$ 的共轭先验分布

的形式。换句话说,如果有分布的核也具有这个似然函数的形式,那么这个分布与似然函数的乘积也就有同样的形式,因而这个分布是共轭先验。

现在设随机变量 $X$ 服从伽玛分布 Gamma$(\alpha,\lambda)$,其中,$\alpha>0$ 被称为形状参数,$\lambda>0$ 为尺度参数,其密度函数为

$$p(x\mid\alpha,\lambda)=\frac{\lambda^{\alpha}}{\Gamma(\alpha)}x^{\alpha-1}\mathrm{e}^{-\lambda x},\quad x>0$$

再令 $Y=X^{-1}$,由概率论知识,不难求得 $Y$ 的密度函数

$$p(y\mid\alpha,\lambda)=\frac{\lambda^{\alpha}}{\Gamma(\alpha)}\left(\frac{1}{y}\right)^{\alpha+1}\exp\left(\frac{-\lambda}{y}\right),\quad y>0$$

这个分布称为**逆(或倒)伽玛分布**,并记为 IGamma$(\alpha,\lambda)$,它的形式与上述似然函数形式相似。假如取这个逆伽玛分布为 $\sigma^2$ 的先验分布,则其密度函数为(这里 $\sigma^2$ 要看成一个变量)

$$\pi(\sigma^2)=\frac{\lambda^{\alpha}}{\Gamma(\alpha)}\left(\frac{1}{\sigma^2}\right)^{\alpha+1}\exp\left(-\frac{\lambda}{\sigma^2}\right)$$

于是 $\sigma^2$ 的后验分布为

$$\pi(\sigma^2\mid\boldsymbol{x})\propto p(\boldsymbol{x}\mid\sigma^2)\pi(\sigma^2)\propto\left(\frac{1}{\sigma^2}\right)^{\alpha+\frac{n}{2}+1}\exp\left\{-\frac{1}{\sigma^2}\left[\lambda+\frac{1}{2}\sum_{i=1}^{n}(x_i-\theta)^2\right]\right\}$$

显然,这仍是逆伽玛分布并具有如下形式:

$$\mathrm{IGamma}\left(\alpha+\frac{n}{2},\lambda+\frac{1}{2}\sum_{i=1}^{n}(x_i-\theta)^2\right)$$

因此逆伽玛分布 IGamma$(\alpha,\lambda)$是正态方差 $\sigma^2$(均值 $\theta$ 已知)的共轭先验分布。

**例 2.3**　证明伽玛分布 Gamma$(\alpha,\beta)$是泊松分布 Poisson$(\lambda)$的均值 $\lambda$ 的共轭先验分布。

**证明**:泊松分布 Poisson$(\lambda)$的分布列是

$$p(x\mid\lambda)=\frac{\lambda^{x}}{x!}\mathrm{e}^{-\lambda},\quad x=0,1,2,\cdots$$

设 $\boldsymbol{x}=(x_1,\cdots,x_n)$是来自泊松分布 Poisson$(\lambda)$的样本,则此样本的联合概率为

$$p(\boldsymbol{x}\mid\lambda)=\frac{\lambda^{\sum_{i=1}^{n}x_i}}{x_1!\ x_2!\ \cdots x_n!}\mathrm{e}^{-n\lambda},\quad x_1,\cdots,x_n=0,1,2,\cdots$$

现取伽玛分布 Gamma$(\alpha,\beta)$作为泊松分布均值 $\lambda$ 的先验分布,即

$$\pi(\lambda)=\frac{\beta^{\alpha}}{\Gamma(\alpha)}\lambda^{\alpha-1}\mathrm{e}^{-\beta\lambda},\quad \lambda>0$$

于是均值 $\lambda$ 的后验分布为

$$\pi(\lambda\mid\boldsymbol{x})\propto p(\boldsymbol{x}\mid\lambda)\pi(\lambda)\propto\lambda^{\sum_{i=1}^{n}x_i+\alpha-1}\mathrm{e}^{-(\beta+n)\lambda}$$

这实质上就是伽玛分布 Gamma$\left(\sum_{i=1}^{n}x_i+\alpha,\beta+n\right)$。所以,伽玛分布是泊松分布的均值 $\lambda$ 的共轭先验分布。

根据伽玛分布的性质,$\lambda$ 的后验均值为

$$E(\lambda \mid \boldsymbol{x})=\frac{\sum_{i=1}^{n} x_i+\alpha}{\beta+n}=\frac{n}{\beta+n}\times\bar{x}+\frac{\beta}{\beta+n}\times\frac{\alpha}{\beta}$$

由此可见,与前面例2.1相类似,后验均值仍是样本均值与先验均值之间的一种均衡。

**例2.4** 设一种布料上的断线点个数服从泊松分布Poisson($\lambda$),现在通过检查得到样本$\boldsymbol{x}=(3,4,3,2,1)$,取Gamma($\alpha,\beta$)分布为均值参数$\lambda$的共轭先验分布。用R命令分别做出$(\alpha,\beta)=(1,0)$、$(\alpha,\beta)=(1,2)$时的后验密度曲线图。

**解**:R命令如下:

```
library(BayesianStat)
x<-c(3,4,3,2,1)
Poisgamma(x,1,0)
Poisgamma(x,1,2)
```

从图2.1可以看出,超参数$(\alpha,\beta)=(1,0)$的情形相当于取均匀分布为先验分布,而后验分布相对于先验都有很大的改变,即先验被实质性更新了。

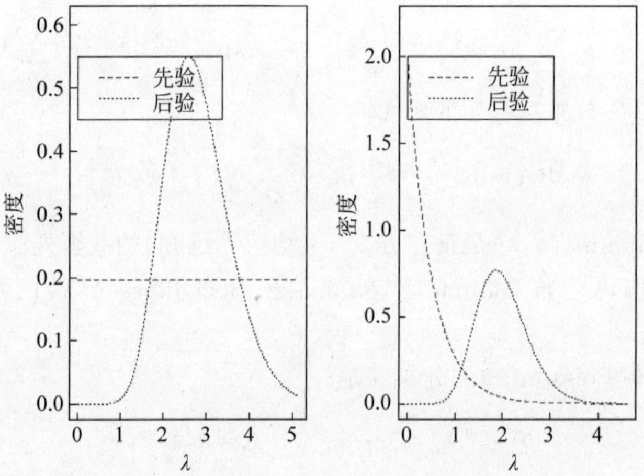


**图2.1 泊松分布均值的先验与后验密度曲线**

**注**:

(1) 寻找到了共轭先验$\pi(\theta|\lambda)$并没有万事大吉,因为共轭先验的超参数$\lambda$实际上还是未知的。

(2) 不能为了寻找共轭先验而寻找共轭先验。(共轭)先验分布首先得符合所研究问题的实际,也就是与先验信息要一致,计算上的方便与合理性相比应该是第二位的。能找到合理同时又共轭于似然函数的先验当然是最理想的。如果做不到,则要去寻求其他先验,本书后面将进一步讨论。

## 2.2 多参数先验与后验分布

### 2.2.1 联合先(后)验密度函数

在前面章节中寻求正态总体N($\mu,\sigma^2$)的参数的后验分布时,我们是假设一个参数已知而去求另一个参数的后验分布。可是对实际问题来说，正态总体 $N(\mu,\sigma^2)$ 的两个参数 $\mu$、$\sigma^2$ 都是未知的，需要同时进行估计等统计推断，从而需要寻找它们的联合先(后)验密度函数。至于多元正态分布 $N(\boldsymbol{\mu},\boldsymbol{\Sigma})$，则同时含有更多未知参数。

多个参数的联合后验密度函数的寻求与单参数情形是相似的，即先根据先验信息提炼出参数的联合先验分布，然后按贝叶斯公式算出联合后验分布。我们以两个参数的情形为例，设总体密度 $p(x|\theta)$ 只含两个参数 $\theta=(\theta_1,\theta_2)$，并给出了联合先验密度 $\pi(\theta_1,\theta_2)$。若有来自该总体的样本 $\boldsymbol{x}=(x_1,\cdots,x_n)$，而样本分布密度为 $p(\boldsymbol{x}|\theta)=p(\boldsymbol{x}|\theta_1,\theta_2)$，则参数向量 $(\theta_1,\theta_2)$ 的联合后验密度

$$\pi(\theta_1,\theta_2 \mid \boldsymbol{x}) \propto p(\boldsymbol{x} \mid \theta_1,\theta_2)\pi(\theta_1,\theta_2)$$

剩下的问题就是怎样把它具体算出来了。此外，如果我们只关心第一个参数 $\theta_1$，那么我们可由

$$\pi(\theta_2)=\int \pi(\theta_1,\theta_2)\mathrm{d}\theta_1$$

得到第二个参数 $\theta_2$ 的分布密度或者由其他信息获得 $\theta_2$ 更好的分布密度，然后，由

$$\pi(\theta_1 \mid \boldsymbol{x})=\int \pi(\theta_1,\theta_2 \mid \boldsymbol{x})\pi(\theta_2)\mathrm{d}\theta_2$$

就得到了第一个参数 $\theta_1$ 的**边际后验分布密度**。

### 2.2.2 多参数共轭先验的例

在本小节中，我们考虑寻求联合共轭先验密度函数的两个例子，并分析一个实际的案例。

**例 2.5**　寻求正态总体 $N(\mu,\sigma^2)$ 的两参数均值与方差 $(\mu,\sigma^2)$ 的联合共轭先验分布。

**解**：设 $\boldsymbol{x}=(x_1,\cdots,x_n)$ 是来自正态分布 $N(\mu,\sigma^2)$ 的样本，则该样本的联合密度函数(即似然函数)为

$$\begin{aligned} p(\boldsymbol{x} \mid \mu,\sigma^2) &\propto \sigma^{-n}\exp\left\{-\frac{1}{2\sigma^2}\sum_{i=1}^{n}(x_i-\mu)^2\right\} \\ &=\sigma^{-n}\exp\left\{-\frac{1}{2\sigma^2}\sum_{i=1}^{n}[(x_i-\bar{x})+(\bar{x}-\mu)]^2\right\} \\ &=\sigma^{-n}\exp\left\{-\frac{1}{2\sigma^2}[(n-1)s_{n-1}^2+n(\bar{x}-\mu)^2]\right\} \end{aligned}$$

其中，$\bar{x}=\frac{1}{n}\sum_{i=1}^{n}x_i$，$s_{n-1}^2=\frac{1}{n-1}\sum_{i=1}^{n}(x_i-\bar{x})^2$。

在前面章节我们了解到，当 $\sigma^2$ 已知时，正态分布是 $\mu$ 的共轭先验，而当 $\mu$ 已知时，逆伽玛分布是 $\sigma^2$ 的共轭先验，再考虑到 $\mu$ 与 $\sigma^2$ 在样本联合密度函数 $p(\boldsymbol{x}|\mu,\sigma^2)$ 中的位置以及 $p(\boldsymbol{x}|\mu,\sigma^2)$ 本身的形式，我们尝试先把 $\sigma^2$ 当作已知，取 $\pi(\mu|\sigma^2)$ 为正态分布，而 $\pi(\sigma^2)$ 为逆伽玛分布，然后利用乘法公式

$$\pi(\mu,\sigma^2)=\pi(\mu \mid \sigma^2)\pi(\sigma^2)$$

来求得先验分布，其中，

$$\mu \mid \sigma^2 \sim N(\mu_0,\sigma^2/\kappa_0),\quad \sigma^2 \sim \mathrm{IGamma}(\upsilon_0/2,\upsilon_0\sigma_0^2/2)$$

其中,$\mu_0$、$\kappa_0$、$\upsilon_0$、$\sigma_0^2$ 是超参数并且 $\mu_0$ 是先验均值而 $\kappa_0$ 相当于先验样本量,而逆伽玛分布中参数形式是为了下面处理方便。由此就可以写出$(\mu,\sigma^2)$的联合先验密度函数

$$\begin{aligned}\pi(\mu,\sigma^2)&=\pi(\mu\mid\sigma^2)\pi(\sigma^2)\\&\propto(\sigma^2)^{-[(\upsilon_0+1)/2+1]}\exp\left\{-\frac{1}{2\sigma^2}[\upsilon_0\sigma_0^2+\kappa_0(\mu-\mu_0)^2]\right\}\end{aligned}$$

这种形式的分布被称为正态-逆伽玛分布,并常常记为 $\text{N-IGamma}(\mu_0,\kappa_0,\upsilon_0,\sigma_0^2)$。将$(\mu,\sigma^2)$的联合先验密度乘以样本联合密度,就得后验密度的核:

$$\begin{aligned}&\pi(\mu,\sigma^2\mid\boldsymbol{x})\propto p(\boldsymbol{x}\mid\mu,\sigma^2)\pi(\mu,\sigma^2)\\&\propto(\sigma^2)^{-[(\upsilon_0+n+1)/2+1]}\exp\left\{-\frac{1}{2\sigma^2}[\upsilon_0\sigma_0^2+\kappa_0(\mu-\mu_0)^2+(n-1)s_{n-1}^2+n(\bar{x}-\mu)^2]\right\}\end{aligned}$$

引入记号

$$\mu_n=\frac{\kappa_0}{\kappa_0+n}\mu_0+\frac{n}{\kappa_0+n}\bar{x},\quad \kappa_n=\kappa_0+n,\quad \upsilon_n=\upsilon_0+n$$

$$\upsilon_n\sigma_n^2=\upsilon_0\sigma_0^2+(n-1)s_{n-1}^2+\frac{\kappa_0 n}{\kappa_0+n}(\mu_0-\bar{x})^2$$

并注意到

$$\begin{aligned}\kappa_0(\mu-\mu_0)^2+n(\bar{x}-\mu)^2&=(\kappa_0+n)\mu^2-2\mu(\kappa_0\mu_0+n\bar{x})+\kappa_0\mu_0^2+n\bar{x}\\&=(\kappa_0+n)\left(\mu-\frac{\kappa_0\mu_0+n\bar{x}}{\kappa_0+n}\right)^2-\frac{(\kappa_0\mu_0+n\bar{x})^2}{\kappa_0+n}+\kappa_0\mu_0^2+n\bar{x}^2\\&=(\kappa_0+n)\left(\mu-\frac{\kappa_0\mu_0+n\bar{x}}{\kappa_0+n}\right)^2+\frac{n\kappa_0(\mu_0-\bar{x})^2}{\kappa_0+n}\\&=\kappa_n(\mu-\mu_n)^2+\frac{n\kappa_0(\mu_0-\bar{x})^2}{\kappa_0+n}\end{aligned}$$

则$(\mu,\sigma^2)$的联合后验密度的核可化为

$$\pi(\mu,\sigma^2\mid\boldsymbol{x})\propto(\sigma^2)^{-[(\upsilon_n+1)/2+1]}\exp\left\{-\frac{1}{2\sigma^2}[\upsilon_n\sigma_n^2+\kappa_n(\mu-\mu_n)^2]\right\}$$

这显然是正态-逆伽玛分布 $\text{N-IGamma}(\mu_n,\kappa_n,\upsilon_n,\sigma_n^2)$的核,因此,正态-逆伽玛分布是正态均值与方差$(\mu,\sigma^2)$的(联合)共轭先验分布。

**案例 2.1** 为了研究摇蚊的翼长,研究人员收集了一个种类的 9 只摇蚊的翼长数据(1.64,1.70,1.72,1.74,1.82,1.82,1.82,1.90,2.08)(按上升方式排列,单位:毫米)。我们可以假设摇蚊的翼长服从正态分布 $N(\mu,\sigma^2)$,但其中两个参数都未知。根据以往对别的摇蚊种类的研究,摇蚊翼长均值约为 1.9,方差约为 0.01,即可取超参数 $\mu_0=1.9$,$\sigma_0^2=0.01$。此外,为了不让先验均值和方差影响过大取 $\kappa_0=\upsilon_0=1$。根据例 2.5 的公式,在 R 平台上,通过以下 R 命令就可以求出各个后验参数值。

```
mu0 <- 1.9; k0 <- 1; s20 <- .010; nu0 <- 1
y <- c( 1.64 , 1.70 , 1.72 , 1.74 , 1.82 , 1.82 , 1.82 , 1.90 , 2.08 )
n <- length(y); ybar <- mean(y); s2 <- var(y)
kn <- k0 + n; nun <- nu0 + n
mun <- (k0 * mu0  +  n * ybar)/kn
s2n <- (nu0 * s20 + (n - 1) * s2 + k0 * n * (ybar - mu0)^2/(kn))/(nun)
```

后验参数值如下：

$$\mu_n = 1.814,\quad \sigma_n^2 = 0.015,\quad \kappa_n = \upsilon_n = 10$$

于是，得到具体的后验正态-逆伽玛分布

$$\text{N-IGamma}(1.814, 10, 10, 0.015)$$

这样，以后就可以利用这个后验分布进行统计推断了。

另外，我们还可以用 R 软件把这个后验正态-逆伽玛分布的密度曲面示意图(图 2.2)画出来。可以观察到对于 $\mu = \text{mu}$ 取一个固定值而言，密度曲面在截面大致呈一条钟形曲线。

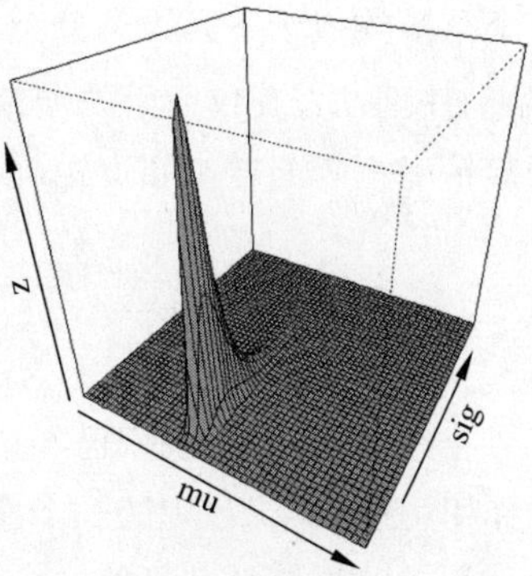


**图 2.2　后验正态-逆伽玛分布的密度曲面示意图**

画图 2.2 的 R 代码如下：

```
 mu <- seq(1,3, length = 50)
 sig <- seq(0.001,0.09, length = 50)
 nun = kn = 10
 mun = 1.814
 sn = 0.015
 (nun + 1)/2 + 1
[1] 6.5
 nun * sn
[1] 0.15
 f <- function(mu,sig){sig^(-6.5) * exp(-0.5 * (0.15 + kn * (mu - mun)^2)/sig)}
 z <- outer(mu,sig,f)
 persp(mu,sig,z,theta = 30,phi = 30,col = "lightblue")
```

**例 2.6**　设 $d$ 元随机向量 $\boldsymbol{X} = (X_1, \cdots, X_d)'$ 服从 $d$ 维正态分布 $\mathrm{N}_d(\boldsymbol{\mu}, \boldsymbol{\Sigma})$，这里 $\boldsymbol{\mu} = (\mu_1, \cdots, \mu_d)'$ 是 $d$ 维均值向量，$\boldsymbol{\Sigma}$ 为 $d$ 阶方差-协方差矩阵，其联合密度函数为

$$p(\boldsymbol{x} \mid \boldsymbol{\mu}, \boldsymbol{\Sigma}) \propto |\boldsymbol{\Sigma}|^{-1/2} \exp\left\{-\frac{1}{2}(\boldsymbol{x} - \boldsymbol{\mu})' \boldsymbol{\Sigma}^{-1} (\boldsymbol{x} - \boldsymbol{\mu})\right\}$$

其中，$\boldsymbol{x} = (x_1, \cdots, x_d)'$。若从该分布中随机抽取一样本 $\boldsymbol{y} = (\boldsymbol{y}_1, \cdots, \boldsymbol{y}_n)$，则此样本的联合密度函数为

$$p(\boldsymbol{y}_1, \cdots, \boldsymbol{y}_n \mid \boldsymbol{\mu}, \boldsymbol{\Sigma}) \propto |\boldsymbol{\Sigma}|^{-n/2} \exp\left\{-\frac{1}{2}\sum_{i=1}^{n}(\boldsymbol{y}_i - \boldsymbol{\mu})' \boldsymbol{\Sigma}^{-1} (\boldsymbol{y}_i - \boldsymbol{\mu})\right\}$$

现在假设 $\boldsymbol{\Sigma}$ 已知，要来寻求均值向量 $\boldsymbol{\mu}$ 的共轭先验分布。在 2.1 节，我们知道当 $d=1$ 时正态分布是 $\boldsymbol{\mu}$ 的共轭先验。由于上述联合密度函数的对数是 $\boldsymbol{\mu}$ 的二次型，故 $d$ 元正态分布应该是 $\boldsymbol{\mu}$ 的共轭先验分布，即可设 $\boldsymbol{\mu}$ 的先验分布为 $\mathrm{N}_d(\boldsymbol{\mu}_0, \boldsymbol{\Lambda}_0)$，其中，均值向量 $\boldsymbol{\mu}_0$ 与方差-协方差阵 $\boldsymbol{\Lambda}_0$ 都假设已给定，于是 $\boldsymbol{\mu}$ 的后验密度有如下形式：

$$\pi(\boldsymbol{\mu} \mid \boldsymbol{y}) \propto \exp\left\{-\frac{1}{2}\left[(\boldsymbol{\mu} - \boldsymbol{\mu}_0)' \boldsymbol{\Lambda}_0^{-1} (\boldsymbol{\mu} - \boldsymbol{\mu}_0) + \sum_{i=1}^{n}(\boldsymbol{y}_i - \boldsymbol{\mu})' \boldsymbol{\Sigma}^{-1} (\boldsymbol{y}_i - \boldsymbol{\mu})\right]\right\}$$

进一步

$$\begin{aligned}
\pi(\boldsymbol{\mu} \mid \boldsymbol{y}) &\propto \exp\left\{-\frac{1}{2}\left[\boldsymbol{\mu}' \boldsymbol{\Lambda}_0^{-1} \boldsymbol{\mu} - 2\boldsymbol{\mu}' \boldsymbol{\Lambda}_0^{-1} \boldsymbol{\mu}_0 + n\boldsymbol{\mu}' \boldsymbol{\Sigma}^{-1} \boldsymbol{\mu} - 2n\boldsymbol{\mu}' \boldsymbol{\Sigma}^{-1} \bar{\boldsymbol{y}}\right]\right\} \\
&\propto \exp\left\{-\frac{1}{2}\left[\boldsymbol{\mu}'(\boldsymbol{\Lambda}_0^{-1} + n\boldsymbol{\Sigma}^{-1})\boldsymbol{\mu} - 2\boldsymbol{\mu}'(\boldsymbol{\Lambda}_0^{-1}\boldsymbol{\mu}_0 + n\Sigma^{-1}\bar{\boldsymbol{y}})\right]\right\} \\
&\propto \exp\left\{-\frac{1}{2}(\boldsymbol{\mu} - \boldsymbol{\mu}_d)' \boldsymbol{\Lambda}_d^{-1} (\boldsymbol{\mu} - \boldsymbol{\mu}_d)\right\}
\end{aligned}$$

这表明$\boldsymbol{\mu}$ 的后验密度确实仍然是 $d$ 元正态分布,其均值向量$\boldsymbol{\mu}_d$ 与方差－协方差矩阵$\boldsymbol{\Lambda}_d$ 分别为

$$\boldsymbol{\mu}_d = (\boldsymbol{\Lambda}_0^{-1} + n\boldsymbol{\Sigma}^{-1})^{-1}(\boldsymbol{\Lambda}_0^{-1}\boldsymbol{\mu}_0 + n\,\boldsymbol{\Sigma}^{-1}\bar{\boldsymbol{y}})$$

$$\boldsymbol{\Lambda}_d^{-1} = \boldsymbol{\Lambda}_0^{-1} + n\boldsymbol{\Sigma}^{-1}$$

这个结果类似于一元正态分布的结果,其后验均值向量是先验均值向量$\boldsymbol{\mu}_0$ 与样本均值向量 $\bar{\boldsymbol{y}}$ 的加权平均,其权数由先验精度矩阵$\boldsymbol{\Lambda}_0^{-1}$ 与样本精度矩阵 $n\boldsymbol{\Sigma}^{-1}$ 决定,而后验精度矩阵是先验精度矩阵与样本精度矩阵之和。

## 2.3 充分统计量与应用

在经典统计中,我们已经了解充分统计量的概念,它在统计推断中起着简化问题和计算的作用,是经典统计中的一个重要概念。这个概念可以平移到贝叶斯统计中,从而成为经典统计和贝叶斯统计共享的一个概念。

### 2.3.1 充分统计量的定义与判别

现在回忆一下经典统计中充分统计量的定义:设 $\boldsymbol{x}=(x_1,\cdots,x_n)$是来自分布 $F(x|\theta)$的一个样本,$T=T(\boldsymbol{x})$是一个统计量。如果在给定 $T(\boldsymbol{x})=t$ 的条件下,样本 $\boldsymbol{x}$ 的条件分布与$\theta$ 无关,即

$$p(\boldsymbol{x} \mid \theta, T(\boldsymbol{x})=t) = p(\boldsymbol{x} \mid T(\boldsymbol{x})=t)$$

则称该统计量为参数 $\theta$ 的充分统计量。

一个参数的充分统计量 $T=T(\boldsymbol{x})$包含了样本 $\boldsymbol{x}$ 所包含的有关该参数的全部信息,因此在利用样本 $\boldsymbol{x}$ 进行该参数的统计推断时,就可以利用该参数的充分统计量代替样本来进行。另外,须注意充分统计量是针对具体的参数而言的。要直接利用上述定义验证一个统计量是充分统计量一般是很困难的,因为需要计算条件分布。幸运的是有一个判别充分统计量的好方法,那就是著名的因子分解定理。

**定理 2.1** (费雪-奈曼因子分解定理) 一个统计量 $T(\boldsymbol{x})$是参数 $\theta$ 的充分统计量的充要条件是:存在一个 $t$ 与$\theta$ 的函数 $g(t,\theta)$和另一个不含 $\theta$ 的函数 $h(\boldsymbol{x})$,使对任一样本 $\boldsymbol{x}$ 和任意$\theta$,样本的联合密度 $p(\boldsymbol{x}|\theta)$可表示为它们的乘积,即

$$p(\boldsymbol{x} \mid \theta) = g(T(\boldsymbol{x}),\theta)h(\boldsymbol{x})$$

上述公式就是说,样本的联合密度可以用一个单纯的样本函数与一个统计量和参数的函数的乘积来表示。在许多情形下,这种表示不难找到。

有趣的是,在贝叶斯统计中,对于经典统计中的充分统计量这个概念,也有一个使统计量成为充分统计量的充要条件。

**定理 2.2** 设 $\boldsymbol{x}=(x_1,\cdots,x_n)$是来自分布密度函数 $p(x|\theta)$的样本,$T=T(\boldsymbol{x})$是统计量且密度函数为 $p_T(t|\theta)$,又设 $\Pi=\{\pi_s(\theta);\ s\in S\}$是参数 $\theta$ 的某个先验分布族。则 $T(\boldsymbol{x})$为 $\theta$ 的充分统计量的充要条件是对于 $\Pi$ 中的任一先验分布 $\pi_s(\theta)$,有

$$\pi_s(\theta \mid T(\boldsymbol{x})) = \pi_s(\theta \mid \boldsymbol{x})$$

即用统计量 $T(\boldsymbol{x})$的分布算得的后验分布与样本分布 $p(\boldsymbol{x}|\theta)$算得的后验分布是相同的。

**注**：

(1) 定理 2.2 中的条件是充分必要条件，因此可作为充分统计量的另一个定义，我们称之为充分统计量的贝叶斯定义，它当然与经典定义等价。

(2) 如果已知一个统计量 $T(\boldsymbol{x})$ 是充分的，那么按定理 2.2，后验分布可用该统计量的分布代替样本分布算得，从而简化了后验分布的计算。因此充分统计量可以看成样本不减信息量的综合压缩。

(3) 如果参数是多维情形，则统计量也应是相应维数的。以二维为例，设参数 $\theta=(\theta_1,\theta_2)$ 是二维的，则统计量 $T(\boldsymbol{x})=(T_1(\boldsymbol{x}),T_2(\boldsymbol{x}))$。

## 2.3.2 充分统计量的例

**例 2.7**　设 $\boldsymbol{x}=(x_1,\cdots,x_n)$ 是来自指数分布 $\mathrm{Exp}(\theta)$ 的样本。证明统计量 $T(\boldsymbol{x})=\sum_{i=1}^{n}x_i$ 或样本均值 $\bar{x}$ 是参数 $\theta$ 的充分统计量。

**证明**：指数分布 $\mathrm{Exp}(\theta)$ 的分布密度是

$$f(x\mid\theta)=\theta\mathrm{e}^{-\theta x}=\theta\exp(-\theta x),\quad x\geqslant 0$$

于是样本的联合密度

$$f(\boldsymbol{x}\mid\theta)=\theta^n\exp\left(-\theta\sum_{i=1}^{n}x_i\right)$$

我们取

$$g(t,\theta)=\theta^n\exp(-\theta t),\quad h(\boldsymbol{x})=1$$

显而易见

$$f(\boldsymbol{x}\mid\theta)=g(T(\boldsymbol{x}),\theta)h(\boldsymbol{x})$$

因此，根据因子分解定理，$T(\boldsymbol{x})=\sum_{i=1}^{n}x_i$ 是参数 $\theta$ 的充分统计量，而 $\bar{x}=T(\boldsymbol{x})/n$ 自然也是 $\theta$ 的充分统计量。

**例 2.8**　设 $\boldsymbol{x}=(x_1,\cdots,x_n)$ 是来自正态总体 $\mathrm{N}(\mu,\sigma^2)$ 的样本。

(1) 证明二维统计量 $T=(\bar{x},Q)$ 是参数 $(\mu,\sigma^2)$ 的充分统计量，其中，

$$\bar{x}=\frac{1}{n}\sum_{i=1}^{n}x_i,\quad Q=\sum_{i=1}^{n}(x_i-\bar{x})^2$$

(2) 直接验证 $\pi(\mu,\sigma^2\mid\bar{x},Q)=\pi(\mu,\sigma^2\mid\boldsymbol{x})$

**解**：(1) 样本的联合密度函数为

$$\begin{aligned}p(\boldsymbol{x}\mid\mu,\sigma^2)&=(2\pi)^{-\frac{n}{2}}\sigma^{-n}\exp\left\{-\frac{1}{2\sigma^2}\sum_{i=1}^{n}(x_i-\mu)^2\right\}\\&=(2\pi)^{-\frac{n}{2}}\sigma^{-n}\exp\left\{-\frac{1}{2\sigma^2}[Q+n(\bar{x}-\mu)^2]\right\}\end{aligned}$$

我们取

$$g((s,t),\mu,\sigma^2)=\sigma^{-n}\exp\left\{-\frac{1}{2\sigma^2}[t+n(s-\mu)^2]\right\},\quad h(\boldsymbol{x})=(2\pi)^{-\frac{n}{2}}$$

则显然

$$p(\boldsymbol{x} \mid \mu,\sigma^2)=g((\bar{x},Q),\mu,\sigma^2)h(\boldsymbol{x})$$

于是根据因子分解定理,二维统计量 $T=(\bar{x},Q)$是参数向量$(\mu,\sigma^2)$的充分统计量。

(2) 现在设 $\pi(\mu,\sigma^2)$是$(\mu,\sigma^2)$的任意一个先验,则根据贝叶斯公式,易知$(\mu,\sigma^2)$的后验密度为

$$\pi(\mu,\sigma^2 \mid \boldsymbol{x})=\frac{\sigma^{-n}\pi(\mu,\sigma^2)\exp\left\{-\frac{1}{2\sigma^2}[Q+n(\bar{x}-\mu)^2]\right\}}{\int_0^{\infty}\int_{-\infty}^{\infty}\sigma^{-n}\exp\left\{-\frac{1}{2\sigma^2}[Q+n(\bar{x}-\mu)^2]\right\}\pi(\mu,\sigma^2)\mathrm{d}\mu\mathrm{d}\sigma^2} \tag{2.1}$$

另外,根据经典统计知识,$\bar{x}\sim \mathrm{N}(\mu,\sigma^2/n)$,$Q/\sigma^2\sim\chi^2(n-1)$,即 $\bar{x}$ 与 $Q$ 的分布密度分别为

$$p(\bar{x} \mid \mu,\sigma^2)=\frac{\sqrt{n}}{\sqrt{2\pi}\sigma}\exp\left\{-\frac{n}{2\sigma^2}(\bar{x}-\mu)^2\right\}$$

$$p(Q \mid \mu,\sigma^2)=\frac{1}{\Gamma\left(\frac{n-1}{2}\right)(2\sigma^2)^{\frac{n-1}{2}}}Q^{\frac{n-3}{2}}\exp(-Q/2\sigma^2)$$

同样由经典统计的定理知,$\bar{x}$ 与 $Q$ 独立,所以 $\bar{x}$ 与 $Q$ 的联合密度是各自密度之积

$$p(\bar{x},Q \mid \mu,\sigma^2)=\frac{\frac{\sqrt{n}}{\sqrt{2\pi}\sigma}}{\Gamma\left(\frac{n-1}{2}\right)(2\sigma^2)^{\frac{n-1}{2}}}Q^{\frac{n-3}{2}}\exp\left\{-\frac{1}{2\sigma^2}[Q+n(\bar{x}-\mu)^2]\right\}$$

利用与前面相同的先验分布 $\pi(\mu,\sigma^2)$,我们得出在给定 $\bar{x}$ 与 $Q$ 下的后验分布

$$\pi(\mu,\sigma^2 \mid \bar{x},Q)=\frac{\sigma^{-n}\pi(\mu,\sigma^2)\exp\left\{-\frac{1}{2\sigma^2}[Q+n(\bar{x}-\mu)^2]\right\}}{\int_0^{\infty}\int_{-\infty}^{\infty}\sigma^{-n}\exp\left\{-\frac{1}{2\sigma^2}[Q+n(\bar{x}-\mu)^2]\right\}\pi(\mu,\sigma^2)\mathrm{d}\mu\mathrm{d}\sigma^2}$$

容易看出这个后验分布与前面得到的后验分布(2.1)相等,即

$$\pi(\mu,\sigma^2 \mid \bar{x},Q)=\pi(\mu,\sigma^2 \mid \boldsymbol{x})$$

由此可见,用充分统计量$(\bar{x},Q)$的分布算得的后验分布与用样本分布算得的后验分布是完全相同的。

**例 2.9** 设样本 $\boldsymbol{x}=(x_1,\cdots,x_n)$来自泊松分布 Poisson$(\lambda)$,其分布列

$$p(x \mid \lambda)=\frac{\lambda^x}{x!}\mathrm{e}^{-\lambda},\quad x=0,1,2,\cdots$$

用贝叶斯公式验证统计量 $T(\boldsymbol{x})=\sum_{i=1}^{n}x_i$ 是参数 $\lambda$ 的充分统计量。

**解**:由概率论知识我们知道泊松分布具有可加性,即统计量 $T(\boldsymbol{x})=\sum_{i=1}^{n}x_i$ 服从泊松分布 Poisson$(n\lambda)$,其分布列

$$P(T(\boldsymbol{x})=t \mid \lambda)=p_T(t \mid \lambda)=\frac{(n\lambda)^t}{t!}\mathrm{e}^{-n\lambda},\quad t=0,1,2,\cdots$$

现在设先验分布族为$\{\pi_s(\lambda);\ s\in S\}$,则对任意先验 $\pi_s(\lambda)$,由贝叶斯公式,对应的后验

分布

$$\pi(\lambda \mid \boldsymbol{x}) \propto p(\boldsymbol{x} \mid \lambda)\pi_s(\lambda) \propto \lambda^{\sum_{i=1}^{n} x_i} \mathrm{e}^{-n\lambda}\pi_s(\lambda) \tag{2.2}$$

另外，当统计量 $T(\boldsymbol{x})=\sum_{i=1}^{n} x_i = t$ 已知时，由其分布计算的后验分布为

$$\pi(\lambda \mid T(\boldsymbol{x})) \propto p_T(t \mid \lambda)\pi_s(\lambda) \propto (n\lambda)^t \mathrm{e}^{-n\lambda}\pi_s(\lambda) \propto \lambda^{\sum_{i=1}^{n} x_i} \mathrm{e}^{-n\lambda}\pi_s(\lambda) \tag{2.3}$$

比较式(2.2)与式(2.3)，我们看到两个后验的核是相同的，从而有 $\pi(\lambda \mid T(\boldsymbol{x}))=\pi(\lambda \mid \boldsymbol{x})$，这样，根据定理 2.2，统计量 $T(\boldsymbol{x})=\sum_{i=1}^{n} x_i$ 是参数 $\lambda$ 的充分统计量。

## 本章要点小结

本章着重介绍了两个主题——共轭先验分布与充分统计量。要理解共轭先验分布的概念并能寻求或判断常见总体参数的共轭先验。要正确理解一个参数的充分统计量概念、它的判别方法以及它的作用。要能利用充分统计量来寻求后验分布。

## 思考与练习

**2.1**　(1) 怎样的先验密度函数才能称为总体分布参数 $\theta$ 的共轭先验?

(2) 共轭先验密度函数有什么优点?

(3) 在贝叶斯推断中是否任何时候都应该寻求参数 $\theta$ 的共轭先验?

**2.2**　如何理解后验分布的核这个概念?

**2.3**　(1) 证明贝塔分布 $\mathrm{Beta}(a,b)$ 是二项分布 $\mathrm{Bin}(n,\theta)$ 中的成功概率 $\theta$ 的共轭先验分布。

(2) 求后验均值并考察后验均值与先验均值和样本均值的关系。

**2.4**　某人每天早上在轮渡等候去鼓浪屿的小客轮的时间(单位：分钟)服从均匀分布 $\mathrm{U}(0,\theta)$，假如 $\theta$ 的先验分布为

$$\pi(\theta)=\begin{cases} 192/\theta^4, & \theta \geqslant 4 \\ 0, & \theta < 4 \end{cases}$$

而且此人在 3 个早上等船时间分别为 5、8、8 分钟，试求 $\theta$ 的后验分布。

**2.5**　设 $\boldsymbol{x}=(x_1,\cdots,x_n)$ 是来自均匀分布 $\mathrm{U}(0,\theta)$ 的一个样本，参数 $\theta$ 的先验分布为帕累托(Pareto)分布，其密度函数为

$$\pi(\theta)=\begin{cases} \alpha\theta_0^{\alpha}/\theta^{\alpha+1}, & \theta > \theta_0 \\ 0, & \theta \leqslant \theta_0 \end{cases}$$

其中，$\theta_0>0$，$\alpha>1$，证明：$\theta$ 的后验分布仍为帕累托分布，即帕累托分布是参数 $\theta$ 的共轭先验分布。

**2.6**　我们知道贝塔分布 $\mathrm{Beta}(a,b)$ 是二项分布 $\mathrm{Bin}(n,\theta)$ 中的成功概率 $\theta$ 的共轭先验

分布。现在请用 R 程序作出超参数 $a=2.5$、$b=3.5$ 时,(先)后验密度曲线,这里假设实验次数和成功次数有四种情形,分别为 $(n,x)=(5,3)$、$(n,x)=(20,12)$、$(n,x)=(100,60)$ 以及 $(n,x)=(1\,000,600)$。另外,考察 $n$ 和 $x$ 成比例增加时后验密度曲线的变化,你能得出什么结论(提示:R 命令为 Binbeta)?

**2.7** 某空域的流星数量可用泊松分布 Poisson($\mu$)来描述。现在根据历史资料知道参数 $\mu$ 只有 4 个可能取值,分别为(1.2,3.1,2.0,4.2),其对应的先验概率为(0.2,0.3,0.4,0.1)。如今观察到样本 $y=2$(即在该空域看到了两颗流星)。

(1) 手工求后验概率 $P(\mu=1.2|y=2)$;

(2) 用 $R$ 函数求后验概率分布列并画出先验概率与后验概率的对比图(提示:用函数 Poisdiscrete)。

**2.8** 扼要阐述充分统计量的意义及其在统计推断中的作用。

**2.9** 设 $\boldsymbol{x}=(x_1,\cdots,x_n)$ 是来自 Gamma($\alpha,\beta$)分布的样本。证明统计量

$$T(\boldsymbol{x})=\left(\prod_{i=1}^{n}x_i,\sum_{i=1}^{n}x_i\right)$$

是($\alpha,\beta$)的充分统计量。

**2.10** 假设样本 $\boldsymbol{x}=(x_1,\cdots,x_n)$ 来自正态分布总体 $N(\theta,1)$。

(1) 验证样本均值 $\bar{x}=\frac{1}{n}\sum_{i=1}^{n}x_i$ 是 $\theta$ 的充分统计量。

(2) 若 $\theta$ 的先验分布为正态分布 $N(0,\tau^2)$($\tau^2$ 已知),用 $\bar{x}$ 的分布计算 $\theta$ 的后验分布。

# 第3章 先验分布寻求方法

从贝叶斯公式可以看出，要具体求出后验分布(后验概率)，首先要寻找出适当的先验分布(先验概率)。总体而言，如果能够收集到先验信息，则我们应当充分利用先验信息来确定先验分布；如果无法取得先验信息(如所研究的是全新的问题或者得到先验信息太过昂贵)，则我们可以尝试寻求无信息先验分布。在第2章，我们讨论了共轭先验问题，从本质来讲，它其实是要求先验密度函数与样本联合密度函数的形式具有某种相似性(共轭)，但是，即使我们得到了共轭先验，其超参数实际上仍然是未知的，即先验分布并没有完全确定下来，还是要去求解超参数。本章的任务就是讨论如何寻找和确定一个被关注参数的适当先验分布，我们从先验信息最充分的情形开始讨论。

## 3.1 先验分布类型已知时超参数估计

我们知道先验分布所含的未知参数是超参数，而先验信息最充分的情形就是先验分布所属的分布族已知并且拥有超参数的某些信息。例如，已知二项分布中成功概率 $\theta$ 的先验分布属于贝塔分布 $\mathrm{Beta}(\alpha,\beta)$ 族(一般地，如果已知共轭先验，先验分布所属的分布族当然也已知)，这时，只要把超参数估计出来就可以确定先验分布了。估计超参数其实也就是经典统计中的参数估计，因此，可以充分利用经典统计中的各种方法。我们通过一些例子来说明此种情形下先验分布的确定。

**例 3.1** (利用先验矩确定先验分布)某学生报的编辑打算做一个对当前学生会主席的支持率的调查，她需要确定学生会主席的支持率 $\theta$ 的先验分布。根据以往的经验，她相信可取均值是0.5，标准差是0.15的贝塔分布 $\mathrm{Beta}(\alpha,\beta)$ 作为先验，但她是文科生，没有学过贝叶斯统计，请你帮助她确定符合其先验信念的先验分布。

**解**：由贝塔分布的性质和题目所给条件，可以得到超参数的联立方程组

$$\frac{\alpha}{\alpha+\beta}=0.5,\quad \frac{\alpha\beta}{(\alpha+\beta)^2(\alpha+\beta+1)}=0.15^2$$

解之得 $\alpha=\beta=5.05$，即先验分布为贝塔分布 $\mathrm{Beta}(5.05,5.05)$。

**注**：

(1) 如根据历史数据整理、加工可获得支持率(成功率或比率等)$\theta$ 的若干相当于样本的估计值 $\theta_1,\theta_2,\cdots,\theta_k$，则可算得先验均值 $\bar{\theta}$ 和先验方差 $S_{k-1}^2$，其中，

$$\bar{\theta}=\frac{1}{k}\sum_{i=1}^{k}\theta_i,\quad S_{k-1}^2=\frac{1}{k-1}\sum_{i=1}^{k}(\theta_i-\bar{\theta})^2$$

然后令其分别等于贝塔分布 Beta($\alpha,\beta$)的期望与方差，即

$$\frac{\alpha}{\alpha+\beta}=\bar{\theta},\quad \frac{\alpha\beta}{(\alpha+\beta)^2(\alpha+\beta+1)}=S_{k-1}^2$$

解这个联立方程组，即可得超参数 $\alpha$ 与 $\beta$ 的先验矩估计值

$$\hat{\alpha}=\bar{\theta}\left(\frac{(1-\bar{\theta})\bar{\theta}}{S_{k-1}^2}-1\right),\quad \hat{\beta}=(1-\bar{\theta})\left[\frac{(1-\bar{\theta})\bar{\theta}}{S_{k-1}^2}-1\right]$$

对于有类似先验信息的其他先验分布族可以类似处理。

(2) 如果根据历史资料可以整理出总体未知参数 $\theta$ 的若干相当于样本的估计值 $\theta_1$，$\theta_2,\cdots,\theta_k$，但是不知道先验分布的类型，我们则可以利用经典统计中的直方图法或经验分布函数法以及别的非参数统计方法来确定先验分布，有兴趣的读者可以参考有关非参数统计著作。

**例 3.2** (利用先验分位数确定先验分布)设某总体分布的参数 $\theta$ 的先验信息根据历史资料知：先验中位数为 0；先验分布的 0.25 分位数和 0.75 分位数分别为 −1 和 1。

(1) 如果先验分布为正态分布 N($\mu,\tau^2$)，试求出具体先验分布。

(2) 如果先验分布为柯西分布 Cauchy($\alpha,\beta$)，具体的先验分布又是什么？

**解**：(1) 因为 $\theta\sim N(\mu,\tau^2)$，所以估计出超参数 $\mu$ 和 $\tau^2$ 即可。由于正态分布是对称的，故均值和中位数相等，从而 $\mu=0$。另外由 0.75 分位数为 1 这个已知条件，可列出方程：

$$P(\theta<1)=0.75\quad 即\quad P(\theta/\tau<1/\tau)=0.75$$

而且 $\theta/\tau\sim N(0,1)$，用求分位数的 R 命令 qnorm(0.75)可求得

$$1/\tau=0.6745\quad 即\quad \tau=1.48$$

这样就得到先验分布为 N($0,1.48^2$)。

(2) 设 $\theta$ 的先验分布为柯西分布 Cauchy($\alpha,\beta$)，则其密度函数为

$$\pi(\theta\mid\alpha,\beta)=\frac{\beta}{\pi[\beta^2+(\theta-\alpha)^2]},\quad -\infty<\theta<\infty$$

由于柯西密度函数是关于 $\alpha$ 的对称函数，其中位数是 $\alpha$。由已知条件得 $\alpha=0$。另外，由 0.25 分位数为 −1，可得方程

$$\int_{-\infty}^{-1}\frac{\beta}{\pi(\beta^2+\theta^2)}\mathrm{d}\theta=\frac{1}{\pi}\arctan\left(-\frac{1}{\beta}\right)+0.5=0.25$$

由此可解得 $\beta=1$，即 $\theta$ 的先验分布为标准柯西分布 Cauchy(0,1)。

**注**：

(1) 本例中，问题(1)似乎没用上先验信息“0.25 分位数为 −1”，而问题(2)似乎没用上先验信息“0.75 分位数为 1”，这是由于正态分布和柯西分布都是关于中位数对称的而且这里先验中位数为 0，所以没用上的先验信息在问题(1)和(2)中都自然地被各自的先验分布满足了。

(2) 这样一来，相同的先验信息有两个先验分布可供选择，那么到底选择哪一个呢？一般而言，假如两个先验分布差异不大，那么对于同样的总体及样本，由贝叶斯公式算出的后验分布差别也不大，因此可任选一个做先验。假如两个先验分布差异大，我们则应慎重选择，因为不同的选择对后验分布的影响可能很大。在本例中，虽然柯西分布 Cauchy(0,1)因为厚尾连数学期望都不存在，但是它与正态分布 N($0,1.48^2$)在形状上还是很相似的，都是

关于中位数对称的钟形曲线(图 3.1),在用同样的总体及其样本进行更新后所得后验密度差别不大(图 3.2)。所以,除非还有另外的先验信息,否则,两个先验可以任选一个。作为比较,现在取均匀分布 U(1,3)为先验,总体及其样本不变,这时更新所得后验密度就与本例完全不同(图 3.3),这是因为这时的先验与本例的先验完全不同。

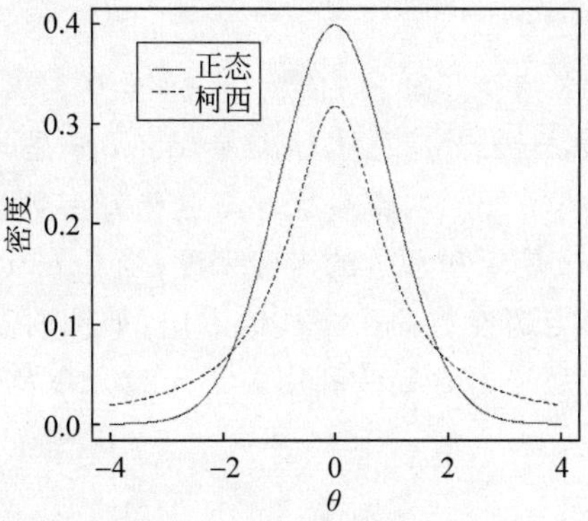


**图 3.1　正态分布密度曲线与柯西分布密度曲线比较**

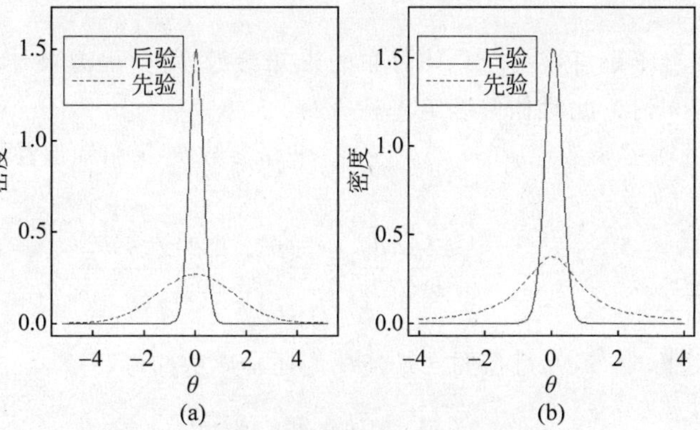


**图 3.2　正态先验与柯西先验更新的后验比较**

(a) 正态先验;(b) 柯西先验

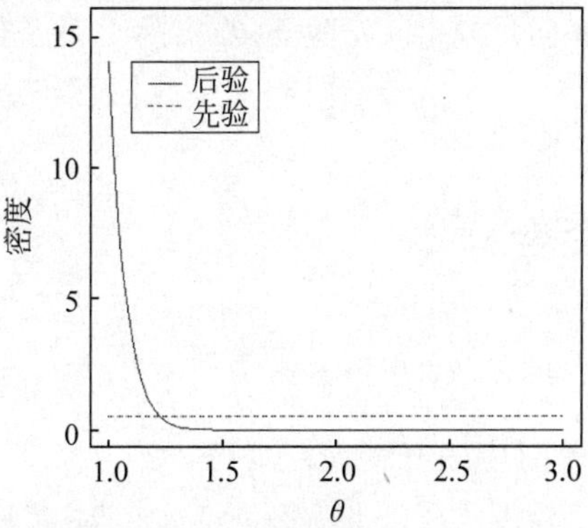


**图 3.3　均匀分布先验更新的后验分布**

(3) 上面所做的分析是一种**先验敏感性分析**,它属于**稳健贝叶斯分析**(robust Bayesian analysis)范畴。感兴趣者可以参考有关文献,如 Berger 等(2000)的文献。

最后,图 3.2 和图 3.3 所用 R 程序如下(读者应动手做一下):

```
library(BayesianStat)
x <- rnorm(500,0,6)
Normgd(x, sigma.x = 6, density = "normal" , params = c(0,1.48), n.mu = 100)
prior.dens <- dcauchy(seq( - 4,4, by = 0.1),0,1)
Normgd(x,sigma.x = 6,density = "user",mu = seq( - 4,4,by = 0.1),mu.prior = prior.dens)
Normgd(x, sigma.x = 6, density = "uniform" , params = c(1,3), n.mu = 100)
```

这里,命令二是模拟样本量为 500、均值为 0、标准差为 6 的正态简单随机样本。在 Normgd 命令中,x 是样本,sigma. x 是总体标准差,density 是先验密度函数,可取正态、均匀以及用者自定义("user"),params 是超参数,mu 是未知参数的可能取值,n. mu 是未知参数的可能取值个数,mu. prior 是未知参数的先验密度(当 density="user"时用)。

还有利用先验信息去确定超参数的一些其他方法,如同时利用先验矩和先验分位数去确定超参数等,简而言之,就是尽力收集并利用关于先验分布及其参数的先验信息而把超参数确定下来。

## 3.2 由边际分布确定先验分布

另一种先验信息不是直接关于总体分布的未知参数 $\theta$ 的,而是关于贝叶斯公式中边际(缘)分布的。我们来讨论此时如何确定先验分布。

如果总体 $X$ 的密度函数为 $p(x|\theta)$,它含有未知参数 $\theta$,我们知道在贝叶斯公式(这里样本量为 1)

$$\pi(\theta \mid x)=\frac{h(x,\theta)}{m(x)}=\frac{p(x \mid \theta)\pi(\theta)}{\int_{\Theta}p(x \mid \theta)\pi(\theta)\mathrm{d}\theta}$$

中,$m(x)$是 $X$ 的边际分布,并且按照 $\theta$ 是连续的还是离散的可写成

$$m(x)=\begin{cases}\int_{\Theta}p(x \mid \theta)\pi(\theta)\mathrm{d}\theta \\ \sum_{\theta_i\in\Theta}p(x \mid \theta_i)\pi(\theta_i)\end{cases} \tag{3.1}$$

当先验分布含有未知超参数(向量)$\lambda$ 时,先验 $\pi(\theta)$实际上是条件分布 $\pi(\theta|\lambda)$,从而边际分布 $m(x)$也依赖于 $\lambda$,故应记为 $m(x|\lambda)$。这样,如果我们有与边际分布有关的先验信息,就有可能把先验 $\pi(\theta|\lambda)$确定下来。

### 3.2.1 混合分布与混合样本

设 $q_k>0(k=1,2,\cdots K)$ 且 $\sum_{k=1}^{K}q_k=1$,又设 $F(x \mid \theta_k)(k=1,2,\cdots,K)$ 是 $K$ 个分布而 $p(x \mid \theta_k)(k=1,2,\cdots,K)$ 是对应的密度,令

$$F(x)=\sum_{k=1}^{K}q_kF(x \mid \theta_k),\quad p(x)=\sum_{k=1}^{K}q_kp(x \mid \theta_k)$$

则不难看出 $F(x)$也是一个分布,并被称为 $F(x|\theta_k)(k=1,2,\cdots,K)$的**混合分布**,而 $p(x)$则是对应的**混合密度**。如果我们定义一个取值为$\{\theta_k;k=1,2,\cdots,K\}$的随机变量 $\theta$ 的分布 $\pi(\theta)$为

$$\pi(\theta_k)=P(\theta=\theta_k)=q_k,\quad k=1,2,\cdots,K$$

则

$$F(x)=\sum_{k=1}^{K}\pi(\theta_k)F(x\mid\theta_k),\quad p(x)=\sum_{k=1}^{K}\pi(\theta_k)p(x\mid\theta_k)$$

所以从混合分布 $F(x)$ 中抽取一个样本 $x_1$，相当于如下两步抽样：

第一步，从 $\pi(\theta)$ 抽取一个 $\theta$；

第二步，若 $\theta=\theta_k$，则从 $F(x|\theta_k)$ 再抽一个样本 $x_1$。

如此反复进行下去，我们就可以从混合分布 $F(x)$ 抽取一个容量为 $n$ 的样本 $\boldsymbol{x}=(x_1,x_2,\cdots,x_n)$，这样的样本被称为**混合样本**，显然其中约有 $[n\pi(\theta_k)]$（表示方括号里那个数的整数部分）个样本点来自分布 $F(x|\theta_k)$。

从贝叶斯公式中的边际分布 $m(x)$ 的公式可以看出，它实际上是混合分布的推广。当 $\theta$ 为离散随机变量时，$m(x)$ 是由有限个或可数无限个密度函数混合而成；当 $\theta$ 为连续随机变量时，$m(x)$ 是由不可数无限个密度函数混合而成。若从 $\pi(\theta)$ 抽取一个 $\hat{\theta}$，然后再从 $p(x|\hat{\theta})$ 抽取一个 $x_1$，这个 $x_1$ 就可以看作从 $m(x)$ 抽取的样本点。按此过程抽取 $n$ 次就可以获得容量为 $n$ 的混合样本 $\boldsymbol{x}=(x_1,x_2,\cdots,x_n)$，即来自边际分布 $m(x)$ 的样本。

**例 3.3**　列举混合样本的两个例子。

**解**：(1) 一批产品来自 3 位工人之手，但产品充分混合在一起了，并且 3 位工人产品占比分别为 30%、40%、30%。现在设 $\theta$ 是随机变量，可能取值为 1、2、3（分别代表 3 位工人）而且概率分布为

$$\pi(1)=P(\theta=1)=0.3,\quad \pi(2)=P(\theta=2)=0.4,\quad \pi(3)=P(\theta=3)=0.3$$

又设 3 位工人生产的产品长度分别服从分布 $p(x|i)$。现在随机抽取 $n$ 件产品并测得长度分别为 $x_1,x_2,\cdots,x_n$，则样本 $x_1,x_2,\cdots,x_n$ 就可以看作一个混合样本，来自混合分布

$$p(x)=\sum_{i=1}^{3}p(x\mid i)\pi(i)$$

(2) 设一个大学生的贝叶斯统计课程的考试成绩服从分布 $p(x|\theta)$，其中 $\theta$ 是其考试能力参数。依据贝叶斯统计的思想，我们可以假设 $\theta$ 服从某个分布 $\pi(\theta)$。现在假设有 $n$ 位同学参加某次贝叶斯统计课程的考试，他们的考试能力当然是不同的，假设分别是 $\theta_1,\theta_2,\cdots,\theta_n$，那么，$\theta_1,\theta_2,\cdots,\theta_n$ 就可看成来自分布 $\pi(\theta)$ 的样本，$p(x|\theta_k)$ 就是第 $k$ 位同学的成绩分布密度。最后，假设这些同学考完的成绩是 $x_1,x_2,\cdots,x_n$，那么，$x_i$ 就可看成是从 $p(x|\theta_i)$ 抽取的样本。这样一来，整个样本 $x_1,x_2,\cdots,x_n$ 就可看作一个混合样本。

### 3.2.2　寻求先验密度的Ⅱ型最大似然法

在边际分布 $m(x)$ 的式(3.1)中，除了密度 $p(x|\theta)$ 外，就是先验 $\pi(\theta)$，如果 $p(x|\theta)$ 已知，则 $m(x)$ 就依赖于先验 $\pi(\theta)$，因而可记 $m(x)=m(x|\pi)$。现在假设所有可能的先验密度函数的集合为 $\Psi=\{\pi;\ \pi$ 为 $\theta$ 的先验$\}$（简称为“先验族”），而且混合样本 $\boldsymbol{x}=(x_1,x_2,\cdots,x_n)$ 已知，则类似于经典统计中最大似然估计的思想方法，可以把 $m(\boldsymbol{x}|\pi)$ 看作先验 $\pi$ 的似然函数，如果对两个不同的先验 $\pi_1\in\Psi,\pi_2\in\Psi$ 有

$$m(\boldsymbol{x}\mid\pi_1)>m(\boldsymbol{x}\mid\pi_2)$$

则可认为当先验取 $\pi_1$ 时，样本 $\boldsymbol{x}$ 出现的可能性比先验取 $\pi_2$ 时大，于是，我们就是要去求解那个使 $m(\boldsymbol{x}|\pi)$ 最大的 $\pi$。这种思想方法称为**Ⅱ型最大似然法**（ML-Ⅱ法），所求出的先验称

为**Ⅱ型最大似然先验**(ML-Ⅱ先验)。也就是说,Ⅱ型最大似然先验 $\hat{\pi}$ 是以下方程的解:

$$m(\boldsymbol{x} \mid \hat{\pi}) = \sup_{\pi \in \Psi}\{m(\boldsymbol{x} \mid \pi)\}$$

如果先验族 $\Psi$ 的先验密度函数的形式已知,未知的仅是其中的超参数,即先验密度函数族可以表示如下:

$$\Psi = \{\pi(\theta \mid \lambda);\ \lambda \in \Lambda\}$$

其中,$\Lambda$ 是超参数集,这时寻求 ML-Ⅱ先验就是寻求这样的超参数 $\hat{\lambda}$ 使得

$$m(\boldsymbol{x} \mid \hat{\lambda}) = \sup_{\lambda \in \Lambda}\{m(\boldsymbol{x} \mid \lambda)\}$$

从而Ⅱ型最大似然先验是 $\pi(\theta|\hat{\lambda})$。

**注**:一般而言,混合样本 $\boldsymbol{x}=(x_1,x_2,\cdots,x_n)$ 是简单随机样本,故有

$$m(\boldsymbol{x} \mid \hat{\lambda}) = \sup_{\lambda \in \Lambda}\{m(\boldsymbol{x} \mid \lambda)\} = \sup_{\lambda \in \Lambda}\left\{\prod_{i=1}^{n} m(x_i \mid \lambda)\right\} \tag{3.2}$$

但是,因为

$$m(\boldsymbol{x} \mid \lambda) = \int_{\Theta} p(\boldsymbol{x} \mid \theta)\pi(\theta \mid \lambda)\mathrm{d}\theta, \quad m(x_i \mid \lambda) = \int_{\Theta} p(x_i \mid \theta)\pi(\theta \mid \lambda)\mathrm{d}\theta$$

所以,式(3.2)最右部分不一定更简单。

**例 3.4** 设 $X \sim \mathrm{N}(\theta,\sigma^2)$,其中 $\sigma^2$ 已知,又设均值参数 $\theta \sim \mathrm{N}(\mu_\pi,\sigma_\pi^2)$,其中,$\boldsymbol{\lambda}=(\mu_\pi,\sigma_\pi^2)$ 为未知超参数向量,而 $\boldsymbol{x}=(x_1,x_2,\cdots,x_n)$ 是来自边际分布 $m(x|\boldsymbol{\lambda})$ 的混合样本。试求超参数 $\boldsymbol{\lambda}=(\mu_\pi,\sigma_\pi^2)$。

**解**:计算知 $m(x|\boldsymbol{\lambda})=m(x|\mu_\pi,\sigma_\pi^2)$ 是正态分布 $\mathrm{N}(\mu_\pi,\sigma_\pi^2+\sigma^2)$(这作为练习)。所以当样本 $\boldsymbol{x}=(x_1,x_2,\cdots,x_n)$ 已知时,超参数 $\boldsymbol{\lambda}=(\mu_\pi,\sigma_\pi^2)$ 的似然函数为

$$\begin{aligned} m(\boldsymbol{x} \mid \boldsymbol{\lambda}) &= m(\boldsymbol{x} \mid \mu_\pi,\sigma_\pi^2) = [2\pi(\sigma_\pi^2+\sigma^2)]^{-\frac{n}{2}}\exp\left\{-\frac{\sum(x_i-\mu_\pi)^2}{2(\sigma_\pi^2+\sigma^2)}\right\} \\ &= [2\pi(\sigma_\pi^2+\sigma^2)]^{-\frac{n}{2}}\exp\left\{\frac{-ns_n^2}{2(\sigma_\pi^2+\sigma^2)}\right\}\exp\left\{-\frac{n(\bar{x}-\mu_\pi)^2}{2(\sigma_\pi^2+\sigma^2)}\right\} \end{aligned}$$

其中,

$$\bar{x} = \frac{1}{n}\sum_{i=1}^{n} x_i, \quad s_n^2 = \frac{1}{n}\sum_{i=1}^{n}(x_i-\bar{x})^2$$

于是,对数似然函数为

$$\begin{aligned} l(\mu_\pi,\sigma_\pi^2 \mid \boldsymbol{x}) &= \ln[m(\boldsymbol{x} \mid \mu_\pi,\sigma_\pi^2)] \\ &= -\frac{n}{2}\ln[2\pi(\sigma_\pi^2+\sigma^2)] - \frac{ns_n^2}{2(\sigma_\pi^2+\sigma^2)} - \frac{n(\bar{x}-\mu_\pi)^2}{2(\sigma_\pi^2+\sigma^2)} \end{aligned}$$

将对数似然函数求偏导数并令其为零,得似然方程

$$\begin{cases} \dfrac{\partial l}{\partial \mu_\pi} = \dfrac{n(\bar{x}-\mu_\pi)}{(\sigma_\pi^2+\sigma^2)} = 0 \\[2ex] \dfrac{\partial l}{\partial \sigma_\pi^2} = -\dfrac{n\sigma_\pi}{(\sigma_\pi^2+\sigma^2)} + \dfrac{ns_n^2\sigma_\pi}{(\sigma_\pi^2+\sigma^2)^2} + \dfrac{n(\bar{x}-\mu_\pi)^2\sigma_\pi}{(\sigma_\pi^2+\sigma^2)^2} = 0 \end{cases}$$

解此似然方程，可得超参数

$$\begin{cases}\mu_\pi = \bar{x} \\ \sigma_\pi^2 = s_n^2 - \sigma^2\end{cases}$$

从而所求的 ML-Ⅱ 先验为正态分布 $N(\bar{x}, s_n^2-\sigma^2)$。

**注**：混合样本 $\boldsymbol{x}=(x_1,x_2,\cdots,x_n)$ 来自正态分布 $N(\mu_\pi,\sigma_\pi^2+\sigma^2)$，因此样本方差 $s_n^2$ 约等于 $\sigma_\pi^2+\sigma^2$，不合理的情形 $s_n^2<\sigma^2$ 舍去。

### 3.2.3　寻求先验密度的边际矩法

如果来自边际分布 $m(x|\lambda)$ 的混合样本 $\boldsymbol{x}=(x_1,x_2,\cdots,x_n)$ 给定，那么当先验分布 $\pi(\theta|\lambda)$ 的形式已知时，我们还可利用先验矩与边际分布矩之间的关系寻求超参数 $\lambda$ 的估计 $\hat{\lambda}$，从而获得先验分布 $\pi(\theta|\hat{\lambda})$。这个方法的要点是：首先将边际分布的矩表示成超参数的函数，得到一个方程或方程组，然后将边际分布的矩用相应的混合样本矩代替，这样就得到以超参数为未知量的方程或方程组，解之就得到超参数的估计值 $\hat{\lambda}$，从而获得先验分布 $\pi(\theta|\hat{\lambda})$。其具体的三个步骤如下。

(1) 计算总体分布 $p(x|\theta)$ 的期望 $\mu(\theta)$ 和方差 $\sigma^2(\theta)$，即

$$\mu(\theta)=E^{x|\theta}(X)=\int_\chi xp(x\mid\theta)\mathrm{d}x,\quad \sigma^2(\theta)=E^{x|\theta}[X-\mu(\theta)]^2$$

这里，符号 $E^{x|\theta}$ 表示对条件分布 $p(x|\theta)$ 求期望(以下类似符号解释类推)。

(2) 计算边际密度 $m(x|\lambda)$ 的期望 $\mu_m(\lambda)$ 和方差 $\sigma_m^2(\lambda)$。首先，

$$\begin{aligned}\mu_m(\lambda)&=E^{x|\lambda}(X)=\int_\chi xm(x\mid\lambda)\mathrm{d}x=\int_\chi x\int_\Theta p(x\mid\theta)\pi(\theta\mid\lambda)\mathrm{d}\theta\mathrm{d}x\\&=\int_\Theta\int_\chi xp(x\mid\theta)\mathrm{d}x\pi(\theta\mid\lambda)\mathrm{d}\theta=\int_\Theta\mu(\theta)\pi(\theta\mid\lambda)\mathrm{d}\theta\\&=E^{\theta|\lambda}[\mu(\theta)]\end{aligned}$$

其次，因为

$$\begin{aligned}E^{x|\theta}[X-\mu_m(\lambda)]^2&=E^{x|\theta}[X-\mu(\theta)+\mu(\theta)-\mu_m(\lambda)]^2\\&=E^{x|\theta}[X-\mu(\theta)]^2+E^{x|\theta}[\mu(\theta)-\mu_m(\lambda)]^2\\&=\sigma^2(\theta)+[\mu(\theta)-\mu_m(\lambda)]^2\end{aligned}$$

所以

$$\begin{aligned}\sigma_m^2(\lambda)&=E^{x|\lambda}[X-\mu_m(\lambda)]^2=\int_\chi[x-\mu_m(\lambda)]^2m(x\mid\lambda)\mathrm{d}x\\&=\int_\chi[x-\mu_m(\lambda)]^2\int_\Theta p(x\mid\theta)\pi(\theta\mid\lambda)\mathrm{d}\theta\mathrm{d}x\\&=\int_\Theta\left\{\int_\chi[x-\mu_m(\lambda)]^2p(x\mid\theta)\mathrm{d}x\right\}\pi(\theta\mid\lambda)\mathrm{d}\theta\\&=\int_\Theta E^{x|\theta}[X-\mu_m(\lambda)]^2\pi(\theta\mid\lambda)\mathrm{d}\theta\\&=\int_\Theta\sigma^2(\theta)\pi(\theta\mid\lambda)\mathrm{d}\theta+\int_\Theta[\mu(\theta)-\mu_m(\lambda)]^2\pi(\theta\mid\lambda)\mathrm{d}\theta\end{aligned}$$

$$=E^{\theta|\lambda}[\sigma^2(\theta)]+E^{\theta|\lambda}[\mu(\theta)-\mu_m(\lambda)]^2$$

这样,我们就把边际分布 $m(x|\lambda)$的期望 $\mu_m(\lambda)$和方差 $\sigma_m^2(\lambda)$表示成了超参数 $\lambda$ 的函数。

(3) 当先验分布只含有两个超参数,即 $\lambda=(\lambda_1,\lambda_2)$时,可用混合样本 $\boldsymbol{x}=(x_1,x_2,\cdots,x_n)$得样本均值和样本方差分别为

$$\hat{\mu}_m=\bar{x}=\frac{1}{n}\sum_{i=1}^{n}x_i,\quad \hat{\sigma}_m^2=\frac{1}{n-1}\sum_{i=1}^{n}(x_i-\bar{x})^2$$

再用样本矩代替边际分布矩,得到如下方程组:

$$\begin{cases}\hat{\mu}_m=E^{\theta|\lambda}[\mu(\theta)]\\ \hat{\sigma}_m^2=E^{\theta|\lambda}[\sigma^2(\theta)]+E^{\theta|\lambda}[\mu(\theta)-\mu_m(\lambda)]^2\end{cases}$$

解这个方程组,就可得超参数 $\lambda=(\lambda_1,\lambda_2)$的估计 $\hat{\lambda}=(\hat{\lambda}_1,\hat{\lambda}_2)$,从而获得先验分布 $\pi(\theta|\hat{\lambda})$。

**例 3.5** 设总体 $X$ 服从正态分布 $\mathrm{N}(\theta,1)$,参数 $\theta$ 的先验分布取为共轭先验 $\mathrm{N}(\mu_\pi,\sigma_\pi^2)$,其中,超参数 $\lambda=(\mu_\pi,\sigma_\pi^2)$未知。现在设由边际分布 $m(x|\lambda)$的样本算得其样本均值和方差分别为 $\hat{\mu}_m=10,\hat{\sigma}_m^2=3$。试确定参数 $\theta$ 的先验分布。

**解**:由题目所给条件,总体均值 $\mu(\theta)=\theta$,而总体方差 $\sigma^2(\theta)=1$ 为常数。由步骤(2)算出边际分布 $m(x|\lambda)$的均值与方差:

$$\mu_m(\lambda)=E^{\theta|\lambda}[\mu(\theta)]=\mu_\pi$$

$$\sigma_m^2=E^{\theta|\lambda}[\sigma^2(\theta)]+E^{-\theta|\lambda}[\theta-\mu_m(\lambda)]^2=1+E^{\theta|\lambda}[\theta-\mu_\pi]^2=1+\sigma_\pi^2$$

将样本均值 $\hat{\mu}_m=10$ 和方差 $\hat{\sigma}_m^2=3$ 代入上两式的左边,我们得方程组

$$\mu_\pi=10,\quad 1+\sigma_\pi^2=3$$

解之得 $\hat{\mu}_\pi=10,\hat{\sigma}_\pi^2=2$,从而参数 $\theta$ 的先验分布为 $\mathrm{N}(10,2)$。

## 3.3 用主观概率作为先验概率

在第 1 章,我们提到贝叶斯统计不反对经典统计中概率概念的频率定义(常被称为客观概率),但同时认为概率也是个体对事件发生可能性的一种信念,这种信念越强,则事件发生的概率越大;反之亦然。这种测度信念的概率我们称为主观概率(有时也称为可信度)。历史上第一次正式提出主观概率概念的是英国天才哲学家(同时是数学家和经济学家)拉姆齐(Ramsey,1926),他在《真理与概率》(*Truth and Probability*)等文章中详细讨论了主观概率这个概念。贝叶斯统计不同于经典统计的一个重要方面,就是它认可主观概率并把主观概率作为先验概率来使用。本节就是讨论为什么需要主观概率以及如何确定主观概率。一旦主观概率确定下来了,则先验概率也就确定了。

### 3.3.1 为什么需要主观概率

众所周知,在经典统计中利用频率的稳定性来定义概率,这就有一个非常重要的前提,那就是研究对象必须能在相同的环境下大量重复。由于不能重复的研究对象无法用频率的方法去确定有关事件的概率,而且由于时间的单向性或人力物力的限制,大量自然和社会现

象都是无法重复的,这就大大地限制了经典统计学的应用和研究范围。另外,虽然大量自然和社会现象无法重复,我们却也经常听到电视台上气象专家这样的说法:“未来某日(如 2022 年 12 月 25 日)下雨的概率是 0.78。”这里的概率不能作出频率解释,因为 2022 年 12 月 25 日只有一次,无法重复。但是,气象专家根据专业知识和经验给出的“未来某日下雨的概率是 0.78”这一说法反映了气象专家对未来某日下雨可能性的一种信念。由于气象专家具有专业知识和经验,人们也会认可这一说法并理解其意义,那就是未来某日下雨的可能性比较大。这种基于专业知识和经验总结出的事件发生可能性的个人信念就是主观概率,而且它的数量测度与客观概率一样,都是用区间[0, 1]上的实数来表示主观概率的大小。

贝叶斯统计学既认同客观概率也认同主观概率。这样一来,大量无法重复的随机现象也就可以谈及概率了,于是贝叶斯统计学的应用和研究范围相较于经典统计学大大地扩展。

**例 3.6** 主观概率的例子:

(1) 某企业家认为一项新产品在未来市场上畅销的概率是 0.87;

(2) 某投资者认为购买某只股票能获得高收益的概率是 0.76;

(3) 某脑外科医生认为某病人手术成功的概率是 0.89;

(4) 某学生认为教贝叶斯统计的老师年龄在 40 左右的概率是 0.9;

(5) 某研究员相信明年的失业率小于 8%的概率是 0.88。

这些概率都是主观概率,是相关个体利用专业知识和(工作或生活)经验总结出的对事件发生可能性的信念,而个体的专业知识和(工作或生活)经验其实就是一种先验信息,主观概率也是先验信息加工提炼得来的。

需要注意的是,虽然主观概率是个体确定下来的,但它不是信口开河,而是要求当事人对所研究的随机事件有较透彻的了解,并根据过去的经验与知识来确定,特别是它必须与所采用的概率公理体系相一致、不产生矛盾。就本书而言,主观概率就是要满足 1.2 节的柯尔莫哥洛夫概率论公理体系。

## 3.3.2 确定主观概率的方法

在实践中有各种确定主观概率的方法,也可以根据实际情况和掌握的先验信息创造出新方法。以下是一些常用的方法。

### 1. 利用对立事件的概率比来确定主观概率

**例 3.7** 现在我国的出版社大多数都改制为企业了,因此利润是出版商必须考虑的大事。这样,要出一本新书,出版商首先就想知道这本新书畅销的概率是多少,以决定是否与作者签订出版合同。在了解这本新书的内容后,出版商根据自己多年出书的经验认为该书畅销的可能性较大,并且畅销(记为 $A$)比不畅销($\bar{A}$)的可能性要高出 1 倍,有 $P(A)=2P(\bar{A})$,再根据概率的性质 $P(A)+P(\bar{A})=1$ 就可以推得 $P(A)=2/3$,即该书畅销的主观概率是 2/3。

### 2. 咨询专业人员和专家

当决策者对某事件了解甚少或拿不定主意时,就可去咨询专业人员和专家的意见。这里有两个关键点:一是向专家提出的问题要设计科学,既要使专家容易明白,又要使专家的回答不会模棱两可,这样才能从专家那里得到真实的信息。二是对专家本人较为了解,以便作出修正,形成决策者自己的主观概率。如果可以咨询多位专业人员和专家,再将他们的意见综合与平衡起来,最后得到自己的主观概率,当然是很好的做法。

**例 3.8** 某公司在决定是否生产某种新产品时,要进行预测分析,估计该产品在未来市场畅销的概率。为此,公司经理召集设计、财会、销售和质量管理等方面人员开座谈会,仔细分析影响新产品销路的各种因素,大家认为此新产品设计新颖而且质量好,只要定价合理,畅销可能性很大,而影响销路的主要因素是市场竞争。据了解,外面还有一家工厂(以下简称"外厂")也有生产此种新产品的想法,而且该厂技术和设备都比本公司好。经理在听取大家的分析后,向与会人员提出两个问题:

(1) 如果外厂不生产此新产品,本公司的新产品畅销的概率有多大?

(2) 如果外厂要生产此新产品,本公司的新产品畅销的概率又有多大?

与会人员根据自己的经验和了解的信息对两个问题各写了一个概率,经理在计算每个问题的概率的平均值后,略加修改,提出自己的观点:"对于上述两个问题,本公司新产品畅销的概率各为0.9和0.4。"就在此时,公司情报部门报告,外厂正忙于另一项新产品的开发,很可能无暇顾及此新产品的生产和销售。经理据此认为,外厂生产此新产品的概率为0.3,不生产此新产品的概率为0.7。但是,如何得到最后的本公司此新产品畅销的概率呢?经理百思不得其解,于是命令统计专业毕业的秘书利用上面4个主观概率把本公司此新产品畅销的概率算出来。秘书暗暗叫苦,悔不该当年没有好好学习,但静下心来一想,这不就是要用全概率公式吗?于是,立马计算出了本公司此新产品畅销的主观概率为

$$0.9\times 0.7+0.4\times 0.3=0.75$$

当秘书把答案告诉经理并向经理解释了如何得到这个答案后,经理很开心,并当众表扬了秘书。

为了得到合理的主观概率,本题既综合了专业人员和专家的意见,也包含了决策者的看法,还利用了概率论知识,是一种值得推荐的好做法。

还有两种较细致的专家咨询法,分别叫作定分度法和变分度法。它们能够得到各种主观概率,还可以整理出累积概率分布等,感兴趣的读者可参见有关著作。

**3. 借鉴可类比的历史资料**

有的历史资料虽然不是直接关于所研究对象的,但相关的对象与研究对象可以类比,那么我们可以借鉴那些历史资料。

**例 3.9** 某公司经营儿童玩具多年,产销了几十种玩具,留下了不少有用的资料。现今该公司又设计了一款新式玩具,在投入生产之前要进行市场研究以决定是否生产。但是,公司并没有关于该玩具的直接资料。经理查阅了公司过去37种类似新式玩具的销售记录,得知销售状态为畅销($A$)、一般($B$)、滞销($C$)分别有29、6、2种,于是估算得到类似新式玩具的三种销售状态的概率分别为

$$P(A)=29/37=0.784,\quad P(B)=6/37=0.162,\quad P(C)=2/37=0.054$$

考虑到这次设计的玩具在开发儿童智力上有显著效果而且定价适中,经理认为此种新玩具会更畅销一些,故对上述概率做了修改,提出了自己的主观概率

$$P(A)=0.85,\quad P(B)=0.14,\quad P(C)=0.01$$

**注**：这里必须有 $P(A)+P(B)+P(C)=1$。不然，就要修改上述主观概率以满足要求。

# 3.4　无信息先验分布

在 3.1 节至 3.3 节，用来确定先验分布的先验信息，要么信息量越来越少，要么信息本身越来越模糊，从而导致先验分布的确定越来越困难。但是，在实际应用的研究中，往往还会出现无先验信息可用的情形。例如，所研究的是一个全新的问题或者获得先验信息的代价昂贵，此时如何去寻求先验分布呢？其实，从贝叶斯统计诞生之日起就伴随着"无先验信息可用，如何确定先验分布？"的问题。200 多年来，一代又一代统计学家经过努力，已经提出了多种无信息先验分布的寻求方法。本节就是要对有关的内容做一个简要的介绍，因专业知识的限制，我们略去了许多证明和细节。

## 3.4.1　非正常先验与贝叶斯假设

在贝叶斯统计中，为了获得后验分布，常常要借助非正常先验分布，那么，什么是非正常先验分布呢？我们先来看一个例子。

**例 3.10**　设 $\boldsymbol{x}=(x_1,x_2,\cdots,x_n)$ 是来自正态总体 $\mathrm{N}(\theta,1)$ 的样本，如果参数 $\theta$ 的先验取为 $\pi(\theta)=C$（大于 0 的常数），$-\infty<\theta<\infty$，试求后验分布。

**解**：样本密度为

$$p(\boldsymbol{x}\mid\theta)=\left(\frac{1}{\sqrt{2\pi}}\right)^n\exp\left\{-\frac{1}{2}\sum_{i=1}^{n}(x_i-\theta)^2\right\}$$

根据贝叶斯公式，后验密度

$$\begin{aligned}
\pi(\theta\mid\boldsymbol{x})&=\frac{p(\boldsymbol{x}\mid\theta)\pi(\theta)}{\int_{-\infty}^{\infty}p(\boldsymbol{x}\mid\theta)\pi(\theta)\,\mathrm{d}\theta}\\
&=\frac{C\left(\frac{1}{\sqrt{2\pi}}\right)^n\exp\left\{-\frac{1}{2}\sum_{i=1}^{n}(x_i-\theta)^2\right\}}{\int_{-\infty}^{\infty}C\left(\frac{1}{\sqrt{2\pi}}\right)^n\exp\left\{-\frac{1}{2}\sum_{i=1}^{n}(x_i-\theta)^2\right\}\mathrm{d}\theta}\\
&=\frac{\exp\left\{-\frac{1}{2}\sum_{i=1}^{n}[(x_i-\bar{x})+(\bar{x}-\theta)]^2\right\}}{\int_{-\infty}^{\infty}\exp\left\{-\frac{1}{2}\sum_{i=1}^{n}[(x_i-\bar{x})+(\bar{x}-\theta)]^2\right\}\mathrm{d}\theta}\\
&=\frac{\exp\left\{-\frac{1}{2}\sum_{i=1}^{n}(x_i-\bar{x})^2\right\}\exp\left\{-\frac{1}{2}\sum_{i=1}^{n}(\bar{x}-\theta)^2\right\}}{\int_{-\infty}^{\infty}\exp\left\{-\frac{1}{2}\sum_{i=1}^{n}(x_i-\bar{x})^2\right\}\exp\left\{-\frac{1}{2}\sum_{i=1}^{n}(\bar{x}-\theta)^2\right\}\mathrm{d}\theta}
\end{aligned}$$

$$=\frac{\exp\left\{-\frac{1}{2}\sum_{i=1}^{n}(x_i-\bar{x})^2\right\}\exp\left\{-\frac{n}{2}(\bar{x}-\theta)^2\right\}}{\int_{-\infty}^{\infty}\exp\left\{-\frac{1}{2}\sum_{i=1}^{n}(x_i-\bar{x})^2\right\}\exp\left\{-\frac{n}{2}(\bar{x}-\theta)^2\right\}\mathrm{d}\theta}$$

$$=\frac{\exp\left\{-\frac{n}{2}(\theta-\bar{x})^2\right\}}{\int_{-\infty}^{\infty}\exp\left\{-\frac{n}{2}(\theta-\bar{x})^2\right\}\mathrm{d}\theta}=\sqrt{\frac{n}{2\pi}}\exp\left\{-\frac{n}{2}(\theta-\bar{x})^2\right\}$$

其中,$\bar{x}=\frac{1}{n}\sum_{i=1}^{n}x_i$ 是样本均值。这就是说后验分布是正态分布 $\mathrm{N}(\bar{x},1/n)$。

**注**:(1) 先验 $\pi(\theta)=C$ 中的常数 $C$ 显然可以取任意正值而且都对后验的确定没有影响,所以今后我们常取 $\pi(\theta)=1$。另外,从 3.4.2 小节知道,这个先验其实就是参数 $\theta$ 的无信息先验。

(2) 在本例中,$\theta$ 是正态分布的均值参数,可取任何一个实数,即参数空间 $\Theta=(-\infty,+\infty)$。而给定的先验 $\pi(\theta)=C,-\infty<\theta<\infty$ 显然不是一个正常的分布密度,不过,由它和样本密度按贝叶斯公式决定的后验却是正常的分布,即正态分布 $\mathrm{N}(\bar{x},1/n)$。这样的先验在贝叶斯统计中经常用到,被称为非正常先验。

(3) 我们还看到这里后验均值就等于样本均值,所以,如果我们用后验均值作为参数 $\theta$ 的估计,那么它和经典统计中的估计是一模一样的,这是很奇妙的事!但它却不是孤立的事情,后面我们会一再看到这种现象。这说明经典统计学中好些估计量可以看作使用贝叶斯统计中适当的无信息先验的结果。

下面我们给出非正常先验的正式定义。

**定义 3.1** 设样本 $\boldsymbol{x}=(x_1,x_2,\cdots,x_n)$ 来自总体 $p(x|\theta)$,而 $\theta\in\Theta$ 为参数。若 $\theta$ 的函数 $\pi(\theta)$ 满足下列条件:① $\pi(\theta)\geqslant 0$ 且 $\int_{\Theta}\pi(\theta)\mathrm{d}\theta=+\infty$;②由贝叶斯公式确定的后验密度 $\pi(\theta|\boldsymbol{x})$ 是正常的密度函数,则称 $\pi(\theta)$ 为 $\theta$ 的**非正常(或广义)先验(分布)密度函数**。

从这个定义可知,非正常(或广义)先验起正常的作用,因为它与样本密度一起通过贝叶斯公式确定了一个正常的后验密度。例 3.10 中给出的 $\pi(\theta)=1$ 就是一个非正常先验密度,并常被称为直线上的均匀密度。另外,非正常先验 $\pi(\theta)$ 乘以任意一个给定的正数仍然是非正常先验。有时在参数空间可积的非负函数,只要它的积分值不等于 1,我们也称之为非正常(或广义)先验密度。

**定义 3.2** 设总体分布为 $p(x|\theta)$,则参数 $\theta$ 的无信息先验分布是指在仅知 $\theta$ 的变动范围(即定义域)$\Theta$ 和 $\theta$ 在总体分布中的地位这两条信息下寻求到的先验分布。

**注**:这里不是有意不用其他先验信息而是无法或很难获得它们。

无关于 $\theta$ 的任何其他信息就意味着对 $\theta$ 的任何可能取值都是同样无知的,因此很自然地把 $\theta$ 的定义域的每个点同等看待,或者说每个点有一样的机会被抽取到,而要做到这点就得取 $\Theta$ 上的均匀分布作为 $\theta$ 的无信息先验分布,这就是**贝叶斯假设**。

按照定义域 $\Theta$ 的具体情形分类,我们有:

(1) 定义域 $\Theta$ 只含有有限个可能取值,即 $\Theta=\{\theta_i,i=1,\cdots,n\}$。这时无信息先验就是均匀分布列 $\pi(\theta_i)=1/n,i=1,\cdots,n$。

(2) 定义域 $\Theta$ 是有界的，这时无信息均匀先验是

$$\pi(\theta)=\begin{cases}C, & \theta \in \Theta \\ 0, & \theta \notin \Theta\end{cases}$$

其中，$C$ 是一个常数。例如，当 $\Theta=(a,b)$ 时，则 $\pi(\theta)=1/(b-a)$，$\theta\in\Theta$。（“$\theta\notin\Theta$ 时 $\pi(\theta)=0$”没有写出来是习惯约定，以后都按这个约定做。）

(3) 定义域 $\Theta$ 是无界的，这时无信息均匀先验是

$$\pi(\theta)=1,\quad \theta\in\Theta$$

这是一个非正常先验密度，法国数学家拉普拉斯(1812)也研究和应用过这个无信息均匀先验，所以它也叫作拉普拉斯(无信息)先验。

当把非正常先验密度也作为无信息先验后，似乎在任何情况下寻找先验分布的问题都解决了，因为上述三种参数定义域把各种可能的情形都考虑进去了。但是，进一步研究发现事情没有这么简单。下面我们来看一个例子。

**例 3.11** 考虑正态分布 $N(0,\sigma^2)$ 的未知标准差参数 $\sigma$，它的参数空间显然是 $\Theta=(0,\infty)$。现在没有 $\sigma$ 的任何其他信息，那么按照贝叶斯假设，$\sigma$ 的无信息先验应为 $\pi(\sigma)=1$，$\sigma\in\Theta$。现在定义 $\eta=\sigma^2$，则 $\eta$ 是正态方差。在区间 $(0,\infty)$ 上，$\eta$ 与 $\sigma$ 是一一对应的，不会损失什么信息。因此，如果 $\sigma$ 是无信息参数，那么 $\eta$ 也是无信息参数，且它们的参数空间都是区间 $(0,\infty)$。按照贝叶斯假设，它们的无信息先验分布应都为常数，也就是说 $\eta$ 的无信息先验应为 $\pi_\eta(\eta)=1$，$\eta\in\Theta$。另外，由于 $\eta=\sigma^2$，即 $\sigma=f(\eta)=\sqrt{\eta}$，则按概率论中分布密度的运算法则，$\eta$ 的密度函数

$$\pi_\eta(\eta)=\pi(\sqrt{\eta})\left|\frac{\mathrm{d}f}{\mathrm{d}\eta}\right|=\frac{1}{2\sqrt{\eta}}\pi(\sqrt{\eta})$$

但已知 $\sigma$ 的无信息先验为 $\pi(\sigma)=1$、$\sigma\in\Theta$，这样，$\pi(\sqrt{\eta})=1$，从而 $\eta$ 的无信息先验 $\pi_\eta(\eta)=(1/2)\eta^{-1/2}$，这与 $\pi_\eta(\eta)=1$、$\eta\in\Theta$ 产生矛盾。

从这个例子可看出，即使无有关参数的任何信息，也不能随意使用贝叶斯假设、取非正常均匀分布为先验分布。那么，什么情形下可以使用贝叶斯假设呢？或者，什么情形下不能使用贝叶斯假设？如果不能使用贝叶斯假设，无信息先验又该如何确定？200 多年来，许多统计学家对这些问题进行了深入的研究，得到了重要的成果，下面几小节我们来逐一介绍。

### 3.4.2 位置参数的无信息先验

设总体分布为 $p(x|\theta)$，则在考虑其参数 $\theta$ 的无信息先验分布时，我们首先要知道该参数 $\theta$ 的定义域和在总体分布的地位(作用)，也就是说用到了总体分布的信息。本小节讨论参数 $\theta$ 为位置参数时其无信息先验分布的确定。

**定义 3.3** 设总体 $X$ 的密度函数 $p_X(x|\theta)$ 具有形式 $p(x-\theta)$，参数空间 $\Theta$ 为实数集 $\mathbf{R}$。那么，密度函数的集合 $\{p(x-\theta);\ \theta\in\Theta\}$ 称为一个**位置参数族**，参数 $\theta$ 称为**位置参数**，而 $p(x)$ 称为这个位置参数族的标准分布密度函数。

**例 3.12** 位置参数族的两个例子：

(1) 正态分布族 $\{N(\theta,\sigma^2);\ -\infty<\theta<\infty\}$ 当方差 $\sigma^2$ 已知时是一个位置参数族，均值 $\theta$ 为位置参数，分布 $N(0,\sigma^2)$ 的密度为这个位置参数族的标准(分布)密度函数。

(2) 分布族$\{p(x-\theta)=e^{-(x-\theta)}, x\geqslant\theta;\ \theta\in\Theta\}$是另一个位置参数族的例子，称为位置指数分布族，其中，$p(x)=e^{-x}, x\geqslant 0$ 是它的标准密度。

对于同一个位置参数族中的所有密度函数来说，它们的图形一模一样，只是位置不同而已，图 3.4 就是位置参数族 $N(\theta,1)$中的 3 条密度函数曲线，(从左到右)位置参数 $\theta$ 分别为 −1、0、1。从该图容易看出，位置参数决定了密度曲线图的位置，而图形本身只是平移，没有任何变化。

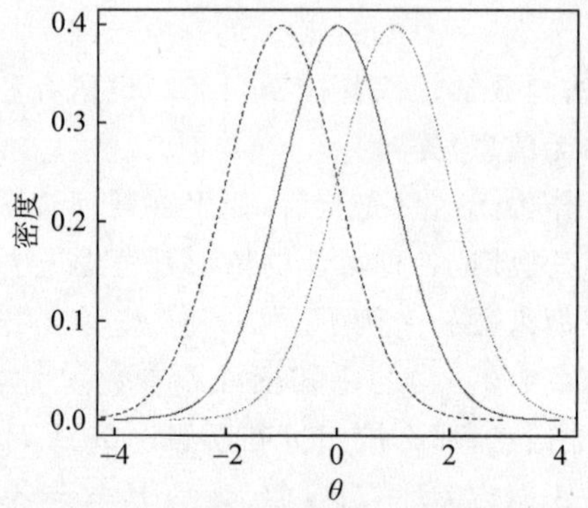


**图 3.4 同一个位置参数族中的 3 条密度曲线**

现在讨论位置参数 $\theta$ 的无信息先验分布问题。对 $X$ 做平移变换，得到 $Y=X+c$，让参数 $\theta$ 也做同样的平移变换得到 $\eta=\theta+c$，那么 $Y$ 有密度 $p(y-\eta)$。事实上，设 $Y$ 的密度为 $p_Y(y|\eta)$，则

$$p_Y(y\mid\eta)=\frac{\mathrm{d}P(Y<y)}{\mathrm{d}y}=\frac{\mathrm{d}P(X<y-c)}{\mathrm{d}y}=\frac{\mathrm{d}F_X(y-c)}{\mathrm{d}y}$$
$$=p_X(y-c\mid\theta)=p(y-c-\theta)=p(y-\eta)$$

其中，$F_X(\cdot)$是 $X$ 的分布函数。显然，$Y$ 的密度 $p(y-\eta)$仍是该位置参数族的成员，$\eta$ 也是一个位置参数，研究对象$(X,\theta)$与$(Y,\eta)$的统计结构(或者说，统计规律)完全相同，因此 $\theta$ 与 $\eta$ 应有相同的无信息先验分布，即

$$\pi_\theta(t)=\pi_\eta(t)$$

另外，由变换 $\eta=\theta+c$(即 $\theta=\eta-c$)及概率论中分布密度的运算法则，可以算得 $\eta$ 的先验分布密度又等于

$$\pi_\eta(\eta)=\pi_\theta(\eta-c)\left|\frac{\mathrm{d}\theta}{\mathrm{d}\eta}\right|=\pi_\theta(\eta-c)$$

于是

$$\pi_\theta(\eta)=\pi_\eta(\eta)=\pi_\theta(\eta-c)$$

特别地，取 $\eta=c$，则有 $\pi_\theta(c)=\pi_\theta(0)$。由 $c$ 的任意性，得知先验 $\pi(\theta)$为常数，故得 $\theta$ 的无信息先验分布密度为$\pi(\theta)=1$(你可用任意常数)。这就说明当 $\theta$ 是位置参数时，可用贝叶斯假设确定它的无信息先验分布。

**例 3.13** 样本 $\boldsymbol{x}=(x_1,x_2,\cdots,x_n)$来自指数分布 $p(x|\theta)=e^{-(x-\theta)}, x\geqslant\theta$，参数 $\theta\in(-\infty,\infty)$但无先验信息。求后验分布并判断它是否为正常分布。

**解**：我们已知指数分布 $p(x|\theta)=e^{-(x-\theta)}, \theta\in(-\infty,\infty)$全体构成一个位置参数族(位

置指数分布族)，所以，可取 $\pi(\theta)=1$ 为无信息先验。此外，样本密度

$$p(\boldsymbol{x}\mid\theta)=\exp\left\{-\left(\sum_{i=1}^{n}x_i-n\theta\right)\right\}=\exp\{-n(\bar{x}-\theta)\}$$

注意每个样本点必须满足 $x_i\geqslant\theta$，令 $x_0=\min(x_i;\ 1\leqslant i\leqslant n)$，由贝叶斯公式，后验密度

$$\pi(\theta\mid\boldsymbol{x})=\frac{p(\boldsymbol{x}\mid\theta)\pi(\theta)}{\int_R p(\boldsymbol{x}\mid\theta)\pi(\theta)\mathrm{d}\theta}=\frac{\exp\{-n(\bar{x}-\theta)\}}{\int_{-\infty}^{x_0}\exp\{-n(\bar{x}-\theta)\}\mathrm{d}\theta}$$

$$=\frac{\exp(n\theta)}{\int_{-\infty}^{x_0}\exp(n\theta)\mathrm{d}\theta}=n\mathrm{e}^{n(\theta-x_0)}$$

注意到 $\theta\leqslant x_0$，容易看出后验密度是正常的指数分布。

### 3.4.3　尺度参数的无信息先验

本小节讨论参数为尺度参数时其无信息先验分布的确定。我们首先定义什么是一个尺度参数族。

**定义 3.4**　设总体 $X$ 的密度函数 $p_X(x|\sigma)$ 具有形式 $\sigma^{-1}p(x/\sigma)$，参数空间为 $(0,\infty)$。那么，密度函数的集合 $\{\sigma^{-1}p(x/\sigma);\ \sigma\in(0,\infty)\}$ 称为一个**尺度参数族**，参数 $\sigma$ 称为**尺度参数**，而 $p(x)$ 则称为这个尺度参数族的标准分布密度函数。

**例 3.14**　尺度参数族的两个例子：

(1) 正态分布族 $\{\mathrm{N}(0,\sigma^2);\ \sigma>0\}$ 是一个尺度参数族，标准差 $\sigma$ 为尺度参数，正态分布 $\mathrm{N}(0,1)$ 的密度为这个尺度参数族的标准(分布)密度函数。

(2) 伽玛分布族 $\mathrm{Gamma}(\alpha,\lambda)$，$\lambda>0$，当形状参数 $\alpha$ 已知时，是一个尺度参数族，参数 $\lambda>0$ 为尺度参数。事实上，伽玛分布族的密度函数

$$p(x\mid\alpha,\lambda)=\frac{\lambda^{-\alpha}}{\Gamma(\alpha)}x^{\alpha-1}\mathrm{e}^{-x/\lambda}=\lambda^{-1}\left[\frac{1}{\Gamma(\alpha)}\left(\frac{x}{\lambda}\right)^{\alpha-1}\mathrm{e}^{-x/\lambda}\right],\quad x>0$$

具有形式 $\lambda^{-1}p(x/\lambda)$。这个尺度参数族的标准(分布)密度函数则为

$$p(x\mid\alpha,\lambda=1)=\frac{1}{\Gamma(\alpha)}x^{\alpha-1}\mathrm{e}^{-x},\quad x>0$$

对于同一个尺度参数族中的密度函数来说，它们的图形的形状与这个尺度参数族的标准(分布)密度函数的图形基本相同，只不过对其进行了伸张或收缩。图 3.5 就是尺度参数族 $\mathrm{N}(0,\sigma^2)$ 中的 3 条密度曲线，(从上到下)尺度参数 $\sigma$ 分别为 1、1.2、2，其中 $\sigma=1$ 时对应的密度函数曲线就是标准密度函数的图形(图 3.5 中粗实线)。

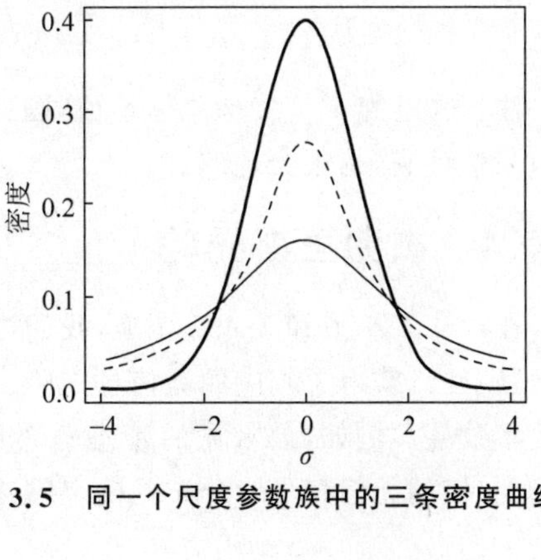

**图 3.5　同一个尺度参数族中的三条密度曲线**

现在讨论尺度参数 $\sigma$ 的无信息先验问题。对 $X$ 做伸缩变换，得到 $Y=cX$，让参数 $\sigma$ 也做同样的变换而得到 $\eta=c\sigma$，其中，变换系数 $c>0$。可以证明 $Y$ 有密度 $\frac{1}{\eta}p\left(\frac{y}{\eta}\right)$(作为练习)，显然这个密度函数仍属于给定的尺度参数族，$\eta$

也是一个尺度参数,$\sigma$ 的参数空间与 $\eta$ 的参数空间都为$(0,\infty)$,可见研究对象$(X,\sigma)$与$(Y,\eta)$的统计结构完全相同,所以 $\sigma$ 的无信息先验 $\pi_\sigma(\sigma)$与 $\eta$ 的无信息先验 $\pi_\eta(\eta)$应该相同,即 $\pi_\sigma(t)=\pi_\eta(t)$。另外,由变换 $\eta=c\sigma$(即 $\sigma=\eta/c$)及概率论中分布密度的运算法则,可以得到 $\eta$ 的无信息先验

$$\pi_\eta(\eta)=\pi_\sigma(\eta/c)\left|\frac{\mathrm{d}\sigma}{\mathrm{d}\eta}\right|=\frac{1}{c}\pi_\sigma\left(\frac{\eta}{c}\right)$$

从而可得

$$\pi_\sigma(\eta)=\pi_\eta(\eta)=\frac{1}{c}\pi_\sigma\left(\frac{\eta}{c}\right)$$

取 $\eta=c$,则有

$$\pi_\sigma(c)=\frac{1}{c}\pi_\sigma(1)$$

由 $c>0$ 的任意性,得 $\sigma$ 的无信息先验 $\pi_\sigma(\sigma)=\frac{1}{\sigma}\pi_\sigma(1)$。再由贝叶斯公式知可令常数 $\pi_\sigma(1)=1$(任何一个非零常数乘以先验都不影响后验分布的确定),最后得出尺度参数 $\sigma$ 的无信息先验密度为

$$\pi(\sigma)=\sigma^{-1},\quad \sigma>0$$

这是一个非正常(或广义)无信息先验。

**例 3.15** 样本 $\boldsymbol{x}=(x_1,x_2,\cdots,x_n)$来自指数分布

$$p(x\mid\sigma)=\sigma^{-1}\exp\{-x/\sigma\},\quad \sigma>0,x>0$$

但无参数 $\sigma$ 的先验信息。试求后验分布及后验均值。

**解**:所给指数分布全体显然构成了一个尺度参数族,而且 $\sigma$ 是尺度参数,又无参数 $\sigma$ 的先验信息,因此 $\sigma$ 的先验取无信息先验 $\pi(\sigma)=\sigma^{-1}$,$\sigma>0$。在样本 $\boldsymbol{x}=(x_1,x_2,\cdots,x_n)$给定下,$\sigma$ 的后验密度函数

$$\begin{aligned}\pi(\sigma\mid\boldsymbol{x})&\propto p(\boldsymbol{x}\mid\sigma)\pi(\sigma)\\&=\sigma^{-(n+1)}\prod_{i=1}^{n}\exp\left\{-\frac{x_i}{\sigma}\right\}=\sigma^{-(n+1)}\exp\left\{-\frac{1}{\sigma}\sum_{i=1}^{n}x_i\right\},\quad \sigma>0\end{aligned}$$

显然这是逆伽玛分布 $\mathrm{IGamma}\left(n,\sum_{i=1}^{n}x_i\right)$,它的后验均值

$$E(\sigma\mid\boldsymbol{x})=\frac{1}{n-1}\sum_{i=1}^{n}x_i$$

**注**:这里的 $\sigma$ 其实是总体均值,因此,如果用后验均值作为它的估计,即相当于用样本均值来估计它,是很合理的。

### 3.4.4 杰弗里斯先验

在 3.4.2 小节和 3.4.3 小节,我们讨论了位置参数族和尺度参数族的无信息先验的确定问题,并且获得了相应的无信息先验。但是,有许多概率分布族既不是位置参数族也不是尺度参数族。例如,最常见的正态分布族$\{\mathrm{N}(\theta,\sigma^2)\}$,当两个参数都未知时就是如此。所以,对它们的无信息先验分布的确定仍然是一个问题。统计学家杰弗里斯(1961)对此问题

做了深入研究，提出了一般情形下确定无信息先验的方法。

设分布族$\{f(x|\boldsymbol{\theta});\boldsymbol{\theta}\in\Theta\}$满足 Cramer-Rao 正则条件，其中，$\boldsymbol{\theta}=(\theta_1,\cdots,\theta_p)$是 $p$ 维参数向量。该正则条件共五条，感兴趣的读者可参考相关高等数理统计的著作，可以安心的是大部分常见的分布族满足该条件。在$\boldsymbol{\theta}$ 无先验信息可利用时，杰弗里斯证明了可用以下步骤来确定$\boldsymbol{\theta}$ 的无信息先验，这样的无信息先验被后人称为**杰弗里斯先验**。

(1) 写出总体密度(概率函数)$f(x|\boldsymbol{\theta})$的自然对数并记为

$$l(\boldsymbol{\theta},x)=l(\boldsymbol{\theta})=\ln[f(x\mid\boldsymbol{\theta})]$$

(2) 求总体的费雪信息阵(量)

$$I(\boldsymbol{\theta})=[I_{ij}(\boldsymbol{\theta})]_{p\times p},\quad I_{ij}(\boldsymbol{\theta})=E^{x|\boldsymbol{\theta}}\left(\frac{\partial l}{\partial\theta_i}\times\frac{\partial l}{\partial\theta_j}\right)\quad(i,j=1,\cdots,p)$$

这里，$E^{x|\boldsymbol{\theta}}$ 表示对总体密度 $f(x|\boldsymbol{\theta})$求期望，例如，在参数为单参数($p=1$)情形下

$$I(\theta)=E^{x|\theta}\left(\frac{\mathrm{d}l}{\mathrm{d}\theta}\right)^2=\begin{cases}\int(\mathrm{d}l/\mathrm{d}\theta)^2f(x\mid\theta)\mathrm{d}x, & \text{连续情形}\\ \sum_i(\mathrm{d}l/\mathrm{d}\theta)^2P(X=x_i\mid\theta), & \text{离散情形}\end{cases}$$

(3) 参数向量$\boldsymbol{\theta}$ 的无信息先验密度为

$$\pi(\boldsymbol{\theta})=\sqrt{\det[I(\boldsymbol{\theta})]}$$

其中，$\det[I(\boldsymbol{\theta})]$表示 $p\times p$ 阶矩阵 $I(\boldsymbol{\theta})$的行列式。特别地，在单参数情形下

$$\pi(\theta)=[I(\theta)]^{1/2}$$

**注：**

(1) 如果总体 $f(x|\boldsymbol{\theta})$关于参数向量$\boldsymbol{\theta}$ 的各个二阶导数存在，则有简化公式

$$I_{ij}(\boldsymbol{\theta})=E^{x|\boldsymbol{\theta}}\left(\frac{\partial l}{\partial\theta_i}\times\frac{\partial l}{\partial\theta_j}\right)=E^{x|\boldsymbol{\theta}}\left(-\frac{\partial^2 l}{\partial\theta_i\partial\theta_j}\right)\quad(i,j=1,\cdots,p)$$

特别地，在单参数情形下

$$I(\theta)=E^{x|\theta}\left(\frac{\mathrm{d}l}{\mathrm{d}\theta}\right)^2=E^{x|\theta}\left(-\frac{\mathrm{d}^2 l}{\mathrm{d}\theta^2}\right)$$

(2) 特别要注意，这里想寻求的是先验密度，并不牵涉对总体的抽样，所以，有的著作把 $l(\boldsymbol{\theta},x)=\ln[f(x|\boldsymbol{\theta})]$看成对数似然函数是不妥的。

(3) 虽然杰弗里斯先验(以及位置参数和尺度参数先验)是无信息先验，但从某个角度讲，却是客观先验分布而不是主观先验分布，因为其主要是利用概率统计的内在逻辑和运算规则确定下来的。

**例 3.16**　总体 $X$ 服从泊松分布 Poisson($\lambda$)，其分布列是

$$p(x\mid\lambda)=\frac{\lambda^x}{x!}\mathrm{e}^{-\lambda},\quad x=0,1,2,\cdots$$

但参数 $\lambda$ 无先验信息。求总体的费雪信息量及参数 $\lambda$ 的无信息先验。

**解：**总体概率函数的对数为

$$l(\lambda,x)=\ln[p(x\mid\lambda)]=x\ln\lambda-\lambda-\ln(x!)$$

从而

$$\frac{\mathrm{d}l}{\mathrm{d}\lambda}=\frac{x}{\lambda}-1,\quad\frac{\mathrm{d}^2 l}{\mathrm{d}\lambda^2}=-\frac{x}{\lambda^2}$$

再由 $E(X)=\lambda$,所以参数 $\lambda$ 的费雪信息量

$$I(\lambda)=-E\left[\frac{\mathrm{d}^2 l}{\mathrm{d}\lambda^2}\right]=E\left(\frac{X}{\lambda^2}\right)=\frac{1}{\lambda}$$

参数 $\lambda$ 的无信息先验 $\pi(\lambda)=\lambda^{-1/2}$。

**注**：参数 $\lambda$ 的这个无信息先验相当于其共轭先验 $\mathrm{Gamma}(\alpha,\beta)$ 当 $\alpha=1/2$、$\beta=0$ 时的情形 $\mathrm{Gamma}(1/2,0)$。

**例 3.17** 总体 $X$ 服从正态分布 $\mathrm{N}(\mu,\sigma^2)$,但无参数向量$(\mu,\sigma)$的任何先验信息,试求参数向量$(\mu,\sigma)$的杰弗里斯先验。

**解**：容易写出总体密度的对数

$$l(\mu,\sigma)=-\frac{1}{2}\ln(2\pi)-\ln\sigma-\frac{1}{2\sigma^2}(x-\mu)^2$$

它的各个二阶偏导数

$$\frac{\partial^2 l}{\partial\mu^2}=-\sigma^{-2},\quad \frac{\partial^2 l}{\partial\mu\partial\sigma}=\frac{\partial^2 l}{\partial\sigma\partial\mu}=-2(x-\mu)\sigma^{-3},\quad \frac{\partial^2 l}{\partial\sigma^2}=\sigma^{-2}-3(x-\mu)^2\sigma^{-4}$$

由于 $E(X)=\mu$,$E(X-\mu)^2=\sigma^2$,故总体的费雪信息阵

$$\boldsymbol{I}(\mu,\sigma)=\begin{bmatrix}E\left(-\dfrac{\partial^2 l}{\partial\mu^2}\right) & E\left(-\dfrac{\partial^2 l}{\partial\mu\partial\sigma}\right)\\ E\left(-\dfrac{\partial^2 l}{\partial\mu\partial\sigma}\right) & E\left(-\dfrac{\partial^2 l}{\partial\sigma^2}\right)\end{bmatrix}=\begin{bmatrix}\dfrac{1}{\sigma^2} & 0\\ 0 & \dfrac{2}{\sigma^2}\end{bmatrix}$$

从而 $\det[I(\mu,\sigma)]=2\sigma^{-4}$,所以$(\mu,\sigma)$的杰弗里斯先验为 $\pi(\mu,\sigma)=\sigma^{-2}$。

**注**:

(1) 对于多维参数向量,常用费雪信息阵的行列式 $\det[I(\boldsymbol{\theta})]$来表示关于总体的信息量,在本例中 $\det[I(\mu,\sigma)]=2\sigma^{-4}=2(\sigma^2)^{-2}$,而 $\sigma^2$ 是总体分布的方差,这就说明总体分布的方差越小(即分布越集中),关于总体的信息量就越大。

(2) 当 $\sigma$ 已知,$I(\mu)=E\left(-\dfrac{\partial^2 l}{\partial\mu^2}\right)=\dfrac{1}{\sigma^2}$为常数,故参数 $\mu$ 的先验 $\pi_1(\mu)=1$。这与位置参数族$\{N(\mu,\sigma^2),-\infty<\mu<\infty\}$下参数 $\mu$ 的无信息先验一致。

(3) 当 $\mu$ 已知,$I(\sigma)=E\left(-\dfrac{\partial^2 l}{\partial\sigma^2}\right)=\dfrac{2}{\sigma^2}$,故参数 $\sigma$ 的先验 $\pi_2(\sigma)=\sigma^{-1}$。这与尺度参数族$\{N(0,\sigma^2),0<\sigma<\infty\}$下参数 $\sigma$ 的无信息先验一致。另外,类似可求得此时方差 $\sigma^2$ 的杰弗里斯先验为 $\pi(\sigma^2)=1/\sigma^2=(\sigma^2)^{-1}$。

(4) 当 $\mu$ 和 $\sigma$ 独立时,$\pi(\mu,\sigma)=\pi_1(\mu)\pi_2(\sigma)=1/\sigma$。因此,$\mu$ 和 $\sigma$ 不独立时参数向量$(\mu,\sigma)$的联合先验分布 $\sigma^{-2}$ 与 $\mu$ 和 $\sigma$ 独立时$(\mu,\sigma)$的联合先验分布 $\sigma^{-1}$ 不同。不过,回忆经典概率统计的经典定理:对于来自正态分布 $\mathrm{N}(\mu,\sigma^2)$的样本$\{X_i,1\leqslant i\leqslant n\}$,样本均值 $\overline{X}=\sum X_i/n$ 和样本标准差(方差)$S_{n-1}=\left[\sum(X_i-\overline{X})^2/(n-1)\right]^{1/2}$ 相互独立,而且它们分别是 $\mu$ 和 $\sigma$ 的很好的估计量。因此,把 $\mu$ 和 $\sigma$ 看成独立也是有一定道理的,这样,就可取 $\pi(\mu,\sigma)=\sigma^{-1}$ 为参数向量$(\mu,\sigma)$的杰弗里斯联合无信息先验。这样做还有一个原因,那就是当参数是多维时,参数间要不相关用杰弗里斯先验才能有较好的推断结果。正因为如此,

杰弗里斯最终推荐的是先验 $\pi(\mu,\sigma)=\sigma^{-1}$。同理，$(\mu,\sigma^2)$ 的杰弗里斯先验是 $\pi(\mu,\sigma^2)=(\sigma^2)^{-1}=1/\sigma^2$。

**例 3.18**　设 $X$ 服从二项分布

$$P(X=x)=\binom{n}{x}\theta^x(1-\theta)^{n-x},\quad x=0,1,\cdots,n$$

其中，参数 $\theta$ 为成功概率。求 $\theta$ 的杰弗里斯先验。

**解**：二项分布概率函数的对数为

$$l=x\ln\theta+(n-x)\ln(1-\theta)+\ln\binom{n}{x}$$

其对参数 $\theta$ 二阶导数

$$\frac{\mathrm{d}^2 l}{\mathrm{d}\theta^2}=-\frac{x}{\theta^2}-\frac{n-x}{(1-\theta)^2}$$

因此，费雪信息量

$$I(\theta)=E^{x|\theta}\left(-\frac{\mathrm{d}^2 l}{\mathrm{d}\theta^2}\right)=\frac{n}{\theta}+\frac{n}{1-\theta}=n\theta^{-1}(1-\theta)^{-1}$$

所以，成功概率 $\theta$ 的杰弗里斯无信息先验为

$$\pi(\theta)\propto\theta^{-1/2}(1-\theta)^{-1/2},\quad 0<\theta<1$$

**注**：这个分布核正是贝塔分布 Beta(0.5,0.5)的核，所以这个无信息先验是 Beta(0.5,0.5)。我们以前还用过均匀分布 U(0,1)作为成功概率 $\theta$ 的无信息先验。那么，这两个无信息先验以及它们通过贝叶斯公式确定的后验分布到底有多大的区别呢？首先，注意均匀分布 U(0,1)就是贝塔分布 Beta(1,1)，不难用 R 命令画出这两个无信息先验的密度曲线(图 3.6)，从该图可以看出两个无信息先验似乎差别较大。其次，注意贝塔分布是成功概率 $\theta$ 的共轭先验，取样本为 $n=10$、$x=2$，则不难算出上面两个先验对应的后验分别是 Beta(2.5,8.5)和 Beta(3,9)，画出这两个后验密度的曲线(图 3.7)，我们看到它们几乎是一模一样的(注意图 3.7 中的尺度是很小的)。

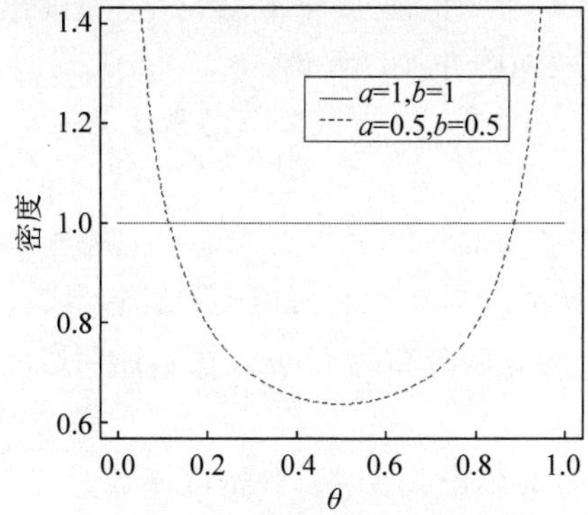


**图 3.6　两个先验密度的比较**

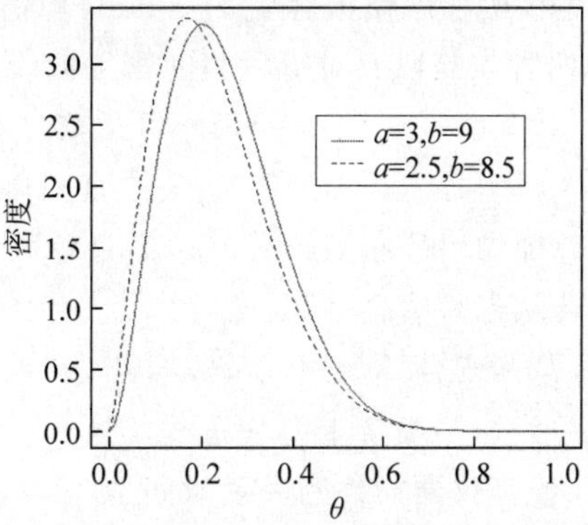


**图 3.7　同一总体和样本但不同先验下两个后验密度比较**

一般而言，无信息先验不是唯一的，但在大多数情形下，它们通过贝叶斯公式确定的后验分布的差异很小，从而它们的贝叶斯统计推断结果的差异也很小，所以，任何合理的无信息先验分布都可以采用。

在本节结束之前,需要进一步说明的是,杰弗里斯无信息先验在实践中被发现:当参数是一维时,是很好的无信息先验,但当参数是多维时,参数间要不相关才能有较好的推断结果,杰弗里斯本人也注意到了这个问题。然而,直到 1979 年才由 Bernardo(1979)成功地找到了改进杰弗里斯无信息先验的方法,提出了参照先验(reference prior)的概念,并且证明了在一维情形参照先验与杰弗里斯先验一致。另外,一些统计学家从另外的角度提出了概率匹配先验(probability matching prior)概念和寻找这类先验的方法。

最后值得注意的是,无论是参照先验还是概率匹配先验与杰弗里斯先验一样都被认定是客观无信息先验。在近 30 年的贝叶斯统计理论和应用的研究中,选择这种客观无信息先验的越来越多,得到了无论是经典统计学家还是贝叶斯统计学家的普遍认可。对这些新进展感兴趣的读者可参考 Ghosh (2011)、Gelman 等(2013)的文献。此外,还有一些零星的先验分布寻求方法,如最大熵方法等,感兴趣的读者可参考有关著作。

## 本章要点小结

本章介绍了一系列的先验概率或分布的寻求方法。例如,先验分布类型已知时超参数估计,由边际分布确定先验分布,用主观概率作为先验概率,位置参数的无信息先验,尺度参数的无信息先验,杰弗里斯先验;等等。这些方法有的看似简单,却很有实用价值;有的则要用到较高深的数学知识。特别值得注意的是,后三种无信息先验实际上是客观先验。

## 思考与练习

**3.1** 说出主观概率的含义并解释为什么要引入和认可主观概率。

**3.2** 什么是混合分布?为什么贝叶斯公式中边际分布可以看成混合分布?

**3.3** “无信息先验中有信息”这句话对吗?给出你的理由。

**3.4** 为什么杰弗里斯无信息先验可以看成客观先验分布?

**3.5** 用 $R$ 程序模拟容量为 1 000、均值为 0、标准差为 6 的正态样本,然后分别画出例 3.2 中两种先验以及对应后验的密度曲线图,最后比较两图并加以评论。

**3.6** 设 $\boldsymbol{x}=(x_1,\cdots,x_n)$ 是来自指数分布 $\text{Exp}(\lambda)$ 的一个样本,指数分布的密度为

$$p(x \mid \lambda)=\lambda \mathrm{e}^{-\lambda x}, \quad x>0$$

(1) 验证伽玛分布 $\text{Gamma}(\alpha,\beta)$ 是参数 $\lambda$ 的共轭先验分布。

(2) 若从先验信息得知,先验均值为 0.000 2,先验标准差为 0.000 1,请确定其超参数。

**3.7** 如果总体 $X\sim \mathrm{N}(\theta,\sigma^2)$,其中 $\sigma^2$ 已知,又设 $\theta$ 的先验分布为 $\mathrm{N}(\mu_\pi,\sigma_\pi^2)$,证明边际分布 $m(x|\mu_\pi,\sigma_\pi^2)$ 服从正态分布 $\mathrm{N}(\mu_\pi,\sigma_\pi^2+\sigma^2)$。

**3.8** 设某仪器元件的失效时间 $X$ 服从指数分布(时间单位:小时),其密度函数为

$$p(x \mid \theta)=\theta^{-1}\exp\{-x/\theta\}, \quad x>0$$

若未知参数 $\theta$ 的先验分布为逆伽玛分布 $\text{IGamma}(1,0.01)$,试计算该元件在 200 小时之前失效的边际概率。

**3.9** 设 $X_1,\cdots,X_n$ 相互独立而且 $X_i\sim \text{Poisson}(\theta_i)$,$i=1,\cdots,n$。若 $\theta_1,\cdots,\theta_n$ 是来自伽玛分布 $\text{Gamma}(\alpha,\beta)$ 的样本,试找出 $(X_1,\cdots,X_n)$ 的联合边际密度 $m(\boldsymbol{x})$。

**3.10**　假设总体 $X$ 服从泊松分布 Poisson($\theta$)，而参数 $\theta$ 的先验服从伽玛分布 Gamma($\alpha,\beta$)，$x_1,\cdots,x_n$ 是来自边际分布 $m(x)$ 的混合样本。试利用边际矩法证明超参数的估计值

$$\hat{\alpha}=\bar{x}^2/(s_{n-1}^2-\bar{x}),\quad \hat{\beta}=\bar{x}/(s_{n-1}^2-\bar{x})$$

其中，$0\leqslant\bar{x}<s_{n-1}^2$ 分别为混合样本均值和方差 $s_{n-1}^2=\sum_{i=1}^{n}(x_i-\bar{x})^2/(n-1)$。

**3.11**　假设总体 $X$ 服从泊松分布 Poisson($\theta$)，而参数 $\theta$ 的先验服从伽玛分布 Gamma($\alpha,\beta$)，又设 $x_1=3$、$x_2=0$、$x_3=5$ 是来自边际分布 $m(x)$ 的混合样本。请找出 ML-Ⅱ先验分布。

**3.12**　假设总体 $X\sim\text{Exp}(\theta)$，其密度函数为

$$p(x\mid\theta)=\theta e^{-\theta x},\quad x>0$$

参数 $\theta$ 的先验分布取伽玛分布 Gamma($\alpha,\lambda$)其密度函数

$$\pi(\theta\mid\alpha,\lambda)=\frac{\lambda^{\alpha}}{\Gamma(\alpha)}\theta^{\alpha-1}e^{-\lambda\theta},\quad \theta>0$$

现有混合样本的均值 $\hat{\mu}_m$ 和方差 $\hat{\sigma}_m^2$，寻求超参数 $\alpha$、$\lambda$ 的边际矩估计。

**3.13**　若位置指数分布族为$\{p(x-\theta)=e^{-(x-\theta)},x\geqslant\theta;\ \theta\in\Theta\}$，用 R 程序在同一坐标系下画出参数 $\theta$ 分别等于 0,1,2 时的密度曲线图。

**3.14**　设总体 $X$ 的密度函数 $p_X(x|\sigma)$ 具有形式$\frac{1}{\sigma}p\left(\frac{x}{\sigma}\right)$，参数空间为$(0,\infty)$。对 $X$ 做伸缩变换，得到 $Y=cX$，让参数 $\sigma$ 也做同样的变换得到 $\eta=c\sigma$，其中，变换系数 $c>0$，证明 $Y$ 有密度$\frac{1}{\eta}p\left(\frac{y}{\eta}\right)$。

**3.15**　对于指数分布族 $p(x|\lambda)=\lambda^{-1}e^{-x/\lambda}$，$\lambda>0$，求总体的费雪信息量及参数 $\lambda$ 的无信息先验。

**3.16**　在例 3.18 中已经算出二项分布成功概率 $\theta$ 的杰弗里斯无信息先验是贝塔分布 Beta(0.5,0.5)，另外均匀分布 U(0,1)也是常用的先验。现在有样本 $n=8$，$x=4$(8 次试验成功 4 次)，求两先验对应的后验分布并计算后验均值和方差。对结果，你有什么评论？

第 4 章

# 贝叶斯统计推断

良好的开始是成功的一半。在第 1 章和第 2 章,我们引入各种类型的贝叶斯公式,初步讨论了后验分布(密度)的计算问题,并且了解到贝叶斯统计的所有统计推断都是基于后验分布(密度)来进行的。那么,当后验分布(密度)计算出来后,如何进行贝叶斯统计推断呢?这就是本章要讨论的主要问题。我们将介绍如何利用后验分布(密度)进行点估计、区间估计、假设检验、模型选择以及统计预测等统计推断。

## 4.1 贝叶斯估计

### 4.1.1 点估计

设样本 $\boldsymbol{x}=(x_1,\cdots,x_n)$有联合密度(概率函数)$p(\boldsymbol{x}|\theta)$,其中 $\theta$ 是未知参数。为了估计该参数,贝叶斯统计的做法是,依据 $\theta$ 的先验信息选择一个适当的先验分布 $\pi(\theta)$,再经由贝叶斯公式算出后验分布 $\pi(\theta|\boldsymbol{x})$,最后,选择后验分布 $\pi(\theta|\boldsymbol{x})$的某个特征量作为参数 $\theta$ 的估计。下面给出正式定义。

**定义 4.1** 后验密度(概率函数)$\pi(\theta|\boldsymbol{x})$的众数 $\hat{\theta}_{\mathrm{MD}}$ 称为**参数 $\boldsymbol{\theta}$ 的后验众数估计**(也称为**广义最大似然估计**和**最大后验估计**),后验分布的中位数 $\hat{\theta}_{\mathrm{ME}}$ 称为 **$\boldsymbol{\theta}$ 的后验中位数估计**,后验分布的期望(均值)$\hat{\theta}_E$ 称为 **$\boldsymbol{\theta}$ 的后验期望估计**。这三个估计也都可称为 **$\boldsymbol{\theta}$ 的贝叶斯(点)估计**并记为 $\hat{\theta}_B$。

在一般情形下,这三种贝叶斯估计是不同的,但当后验密度函数关于均值左右对称时,这三种贝叶斯估计重合为一个数。另外,一般而言,当先验分布为共轭先验时,贝叶斯估计比较容易求得。

**例 4.1** 设样本 $x$(成功次数)来自二项分布

$$P(X=x)=C_n^x\theta^x(1-\theta)^{n-x},\quad x=0,1,\cdots,n$$

其中,参数 $\theta$ 为成功概率。现取贝塔分布 Beta$(\alpha,\beta)$为 $\theta$ 的先验分布,试求参数 $\theta$ 的后验众数估计和后验期望估计。

**解**:我们已知贝塔分布 Beta$(\alpha,\beta)$是参数 $\theta$ 的共轭先验分布,而且 $\theta$ 的后验分布为贝塔分布 Beta$(\alpha+x,\beta+n-x)$。因此,$\theta$ 的后验众数估计和后验期望估计分别为

$$\hat{\theta}_{\mathrm{MD}}=\frac{\alpha+x-1}{\alpha+\beta+n-2},\quad \hat{\theta}_E=\frac{\alpha+x}{\alpha+\beta+n}$$

**注**：由第 3 章例 3.18 知，$\theta$ 的杰弗里斯先验为 $\pi(\theta)\propto\theta^{-1/2}(1-\theta)^{-1/2}$［即贝塔分布 Beta(0.5,0.5)］，而由贝叶斯假设得 $\theta$ 的先验分布为均匀分布 U(0,1)［即贝塔分布 Beta(1,1)］，二者都是特殊的贝塔分布，因此，对应这两个无信息先验的贝叶斯估计也一并解决了。

现在我们特别对先验分布取为均匀分布 Beta(1,1) 的情形做深入一点的讨论。显然，此时参数 $\theta$ 的两个贝叶斯估计分别为

$$\hat{\theta}_{\mathrm{MD}}=\frac{x}{n},\quad \hat{\theta}_E=\frac{x+1}{n+2}$$

这里令人感到惊奇的是，参数 $\theta$ 的后验众数估计居然就是经典统计中 $\theta$ 的最大似然估计 $x/n$。也就是说，成功概率 $\theta$ 的最大似然估计就是取特定的先验分布 Beta(1,1) 下的后验众数估计。这种现象不是孤立的，以后我们会经常遇到。这种现象表明，经典统计在自觉或不自觉地使用特定的贝叶斯推断。考察表 4.1 的数据，不难看出 $\theta$ 的后验期望估计 $\hat{\theta}_E$ 要比后验众数估计 $\hat{\theta}_{\mathrm{MD}}$（即最大似然估计）更合理一些，而且从 4.1.2 小节知道，后验期望估计在所有参数 $\theta$ 的估计中的后验均方差最小，所以人们经常选用后验期望估计作为 $\theta$ 的贝叶斯估计。这样，在这个统计模型中，贝叶斯估计就优于经典统计的最大似然估计，而且这里并没有用到先验信息，因为 Beta(1,1) 是无信息先验。换句话说，这里参数 $\theta$ 的贝叶斯估计用到的信息与经典统计中 $\theta$ 的最大似然估计用到的信息是一样的，但是，结果是前者优于后者，这再一次令人感到惊奇！

**表 4.1　成功概率 $\theta$ 的两种贝叶斯估计的比较**

| 试验编号 | 试验次数 | 成功次数 | $\hat{\theta}_{\mathrm{MD}}$ = MLE | $\hat{\theta}_E$ |
|---|---|---|---|---|
| 1 | 5 | 0 | 0 | 0.143 |
| 2 | 10 | 0 | 0 | 0.083 |
| 3 | 5 | 5 | 1 | 0.857 |
| 4 | 10 | 10 | 1 | 0.917 |

### 4.1.2 贝叶斯估计优良性准则

在经典统计中，比较估计量优良性的准则之一是看均方差的大小。均方差越小，估计量越好。对于贝叶斯统计，我们有类似的准则来评定一个贝叶斯估计的优良性，具体定义如下。

**定义 4.2**　设参数 $\theta$ 的后验分布为 $\pi(\theta|\boldsymbol{x})$，其中，$\boldsymbol{x}=(x_1,\cdots,x_n)$ 是已知样本，又设 $\hat{\theta}$ 是 $\theta$ 的一个贝叶斯估计，则 $(\theta-\hat{\theta})^2$ 的后验期望

$$\mathrm{PMSE}(\hat{\theta})=E^{\theta|\boldsymbol{x}}(\theta-\hat{\theta})^2=E[(\theta-\hat{\theta})^2\mid\boldsymbol{x}]$$

称为 $\hat{\theta}$ 的**后验均方差**，其平方根 $[\mathrm{PMSE}(\hat{\theta})]^{1/2}$ 称为 $\hat{\theta}$ 的**后验标准误**。如果 $\hat{\theta}_1$ 和 $\hat{\theta}_2$ 是 $\theta$ 的两个贝叶斯估计且 $\mathrm{PMSE}(\hat{\theta}_1)<\mathrm{PMSE}(\hat{\theta}_2)$，则称在后验均方差准则下 $\hat{\theta}_1$ 优于 $\hat{\theta}_2$。

**注**：当 $\hat{\theta}$ 为 $\theta$ 的后验期望 $\hat{\theta}_E=E(\theta|\boldsymbol{x})$ 时，有

$$\mathrm{PMSE}(\hat{\theta})=E^{\theta|\boldsymbol{x}}(\theta-\hat{\theta}_E)^2=\mathrm{Var}(\theta\mid\boldsymbol{x})$$

并称为 $\theta$ 的后验方差，其平方根 $[\mathrm{Var}(\theta|\boldsymbol{x})]^{1/2}$ 称为后验标准差。对于 $\theta$ 的任一个贝叶斯估

计 $\hat{\theta}$,其后验均方差与 $\theta$ 的后验方差有如下关系:

$$\mathrm{PMSE}(\hat{\theta})=E^{\theta|\boldsymbol{x}}(\theta-\hat{\theta})^2=E^{\theta|\boldsymbol{x}}[(\theta-\hat{\theta}_E)+(\hat{\theta}_E-\hat{\theta})]^2=\mathrm{Var}(\theta\mid\boldsymbol{x})+(\hat{\theta}_E-\hat{\theta})^2$$

这表明,当 $\hat{\theta}$ 取后验均值 $\hat{\theta}_E=E(\theta|\boldsymbol{x})$ 时,后验均方差达到最小。换句话说,后验均值估计 $\hat{\theta}_E=E(\theta|\boldsymbol{x})$ 是后验均方差准则下的最优估计,所以实际应用中常取后验均值作为 $\theta$ 的贝叶斯估计。

**例 4.2** 在例 4.1 中我们已经知道对于二项分布总体,如果选用贝塔分布 Beta$(\alpha,\beta)$ 为先验分布,那么,成功概率 $\theta$ 的后验分布为另一个贝塔分布 Beta$(\alpha+x,\beta+n-x)$。

(1) 试求 $\theta$ 的后验方差;

(2) 当先验分布为 Beta(1,1) 时,试求 $\theta$ 的后验期望估计 $\hat{\theta}_E$ 和后验众数估计 $\hat{\theta}_{\mathrm{MD}}$ 的后验均方差并加以比较。

**解**:(1) 根据贝塔分布的性质,不难求得 $\theta$ 的后验方差为

$$\mathrm{Var}(\theta\mid x)=\frac{(x+\alpha)(n-x+\beta)}{(n+\alpha+\beta)^2(n+1+\alpha+\beta)}$$

(2) 由例 4.1 知,这时 $\theta$ 的后验期望估计 $\hat{\theta}_E$ 和后验众数估计 $\hat{\theta}_{\mathrm{MD}}$ 分别为

$$\hat{\theta}_E=\frac{x+1}{n+2},\quad \hat{\theta}_{\mathrm{MD}}=\frac{x}{n}$$

根据(1),这时 $\theta$ 的后验方差为

$$\mathrm{Var}(\theta\mid x)=\frac{(x+1)(n-x+1)}{(n+2)^2(n+3)}$$

显然,$\hat{\theta}_E$ 的后验均方差就是后验方差 $\mathrm{Var}(\theta|x)$,而 $\hat{\theta}_{\mathrm{MD}}$ 的后验均方差为

$$\mathrm{PMSE}(\hat{\theta}_{\mathrm{MD}})=\mathrm{Var}(\theta\mid x)+(\hat{\theta}_E-\hat{\theta}_{\mathrm{MD}})^2=\frac{(x+1)(n-x+1)}{(n+2)^2(n+3)}+\left(\frac{x+1}{n+2}-\frac{x}{n}\right)^2$$

所以,$\mathrm{PMSE}(\hat{\theta}_E)<\mathrm{PMSE}(\hat{\theta}_{\mathrm{MD}})$,即 $\theta$ 的后验期望估计 $\hat{\theta}_E$ 优于 $\theta$ 的后验众数估计 $\hat{\theta}_{\mathrm{MD}}$。

### 4.1.3 区间估计

在贝叶斯统计中,区间估计问题处理简明、含义清晰、解释易懂。下面给出正式定义。

**定义 4.3** 设给定的样本 $\boldsymbol{x}=(x_1,\cdots,x_n)$ 来自总体 $p(x|\theta)$ 而且参数 $\theta$ 的后验分布为 $\pi(\theta|\boldsymbol{x})$。对于给定的概率 $1-\alpha$(一般而言,$\alpha$ 是小于或等于 0.1 的正数)。

(1) 如果可找到两个统计量

$$\hat{\theta}_L=\hat{\theta}_L(\boldsymbol{x}),\quad \hat{\theta}_U=\hat{\theta}_U(\boldsymbol{x})$$

使得

$$P(\hat{\theta}_L\leqslant\theta\leqslant\hat{\theta}_U\mid\boldsymbol{x})\geqslant 1-\alpha$$

则称区间 $[\hat{\theta}_L,\hat{\theta}_U]$ 为**参数 $\boldsymbol{\theta}$ 的可信水平(度)为 $\boldsymbol{1-\alpha}$ 的贝叶斯可信区间**(credible interval,**或区间估计**)也可简称为 $\theta$ 的 **$1-\alpha$ 可信区间(区间估计)**;

(2) 如果可找到统计量 $\hat{\theta}_L=\hat{\theta}_L(\boldsymbol{x})$,使得

$$P(\theta\geqslant\hat{\theta}_L\mid\boldsymbol{x})\geqslant 1-\alpha$$

则称 $\hat{\theta}_L$ 为 $\theta$ 的 **$1-\alpha$ 可信下限**；

(3) 如果可找到统计量 $\hat{\theta}_U=\hat{\theta}_U(\boldsymbol{x})$，使得

$$P(\theta \leqslant \hat{\theta}_U \mid \boldsymbol{x}) \geqslant 1-\alpha$$

则称 $\hat{\theta}_U$ 为 $\theta$ 的 **$1-\alpha$ 可信上限**。

**注**：

(1) 这里统计术语“可信区间”等与经典统计中的术语“置信区间”(confidence interval)等不同，不要混淆。虽然在贝叶斯统计中偶尔也有人用术语“置信区间”，但不是主流。

(2) 当 $\theta$ 为连续型随机变量时，定义中的 3 个不等式可以改为等式。只是当 $\theta$ 为离散型随机变量时，因为对给定的概率 $1-\alpha$，可信区间(下限，上限)不一定存在，所以这时略微放大左端后验概率，以便得到可信区间(下限，上限)。

(3) 如果求出了 $\theta$ 的可信水平为 0.95 的可信区间(区间估计)$[a,b]$，那你可以写出

$$P(a \leqslant \theta \leqslant b \mid \boldsymbol{x})=0.95$$

并可以说：“$\theta$ 属于区间$[a,b]$的概率为 0.95。”但是，对经典统计的置信区间就不能这么说，因为经典统计认为 $\theta$ 是未知常量，它要么在区间$[a,b]$内，要么在此区间外，所以不能说“$\theta$ 在区间$[a,b]$内的概率为 0.95”，而只能说“在 100 次重复使用这个置信区间时，大约有 95 次能覆盖住 $\theta$”。这对于非统计专业的人来说，是非常别扭和不易理解的。

**例 4.3**　在例 4.1 中已经知道对于二项分布总体，如果选用贝塔分布 Beta$(\alpha,\beta)$为先验分布，那么，成功概率 $\theta$ 的后验分布为另一个贝塔分布 Beta$(\alpha+x,\beta+n-x)$。现在通过 10 次独立试验得到成功次数 $x=9$，而且知道先验分布为 Beta(0.5,0.5)，求参数 $\theta$ 的后验均值估计和 95%区间估计。

**解**：(1) 当先验分布为 Beta(0.5,0.5)时，后验分布为 Beta(9.5,1.5)，所以参数 $\theta$ 的后验均值估计为$\hat{\theta}_E=9.5/(9.5+1.5)=0.8636$。

(2) 求 $\theta$ 的 95%区间估计就是要找到两个统计量 $\hat{\theta}_L<\hat{\theta}_U$ 使 $\theta\in[\hat{\theta}_L,\hat{\theta}_U]$的后验概率等于 0.95，即

$$P(\hat{\theta}_L \leqslant \theta \leqslant \hat{\theta}_U \mid x)=0.95$$

我们分别找 $\hat{\theta}_L$ 和 $\hat{\theta}_U$ 使得

$$P(\theta < \hat{\theta}_L \mid x)=0.025, \quad P(\theta \leqslant \hat{\theta}_U \mid x)=0.975$$

即 $\hat{\theta}_L$ 和 $\hat{\theta}_U$ 分别是 0.025 分位数和 0.975 分位数。这样就有

$$P(\hat{\theta}_L \leqslant \theta \leqslant \hat{\theta}_U \mid x)=P(\theta \leqslant \hat{\theta}_U \mid x)-P(\theta < \hat{\theta}_L \mid x)=0.95$$

利用如下 R 命令就可求得 $\theta$ 的 95%区间估计为[0.6187, 0.9890]。

```
 qbeta(0.025, 9.5,1.5)
[1] 0.6186852
 qbeta(0.975, 9.5,1.5)
[1] 0.9889883
```

我们可以把以上两个命令合并成一个命令如下：

```
 qbeta(c(0.025,0.975), 9.5,1.5)
[1] 0.6186852 0.9889883
```

注：

(1) 从本题可以看到，在贝叶斯统计中当有了后验分布，求参数的区间估计是相对简单的。另外，先验 Beta(0.5,0.5)实为无信息先验。

(2) 有时会要求所求的可信区间是最高密度区间(highest density interval, HDI)，简单地说，即在可信度不变的情况下，区间长度最小的可信区间。对这个问题感兴趣的读者可以参考有关著作。

# 4.2 泊松分布参数的估计

## 4.2.1 后验分布

设样本 $\boldsymbol{x}=(x_1,\cdots,x_n)$来自泊松分布 Poisson($\lambda$)，其概率函数是

$$p(x \mid \lambda)=\frac{\lambda^x}{x!}\mathrm{e}^{-\lambda}, \quad x=0,1,2,\cdots$$

例 2.3 证明了伽玛分布 Gamma($\alpha,\beta$)是均值(方差)$\lambda$ 的共轭先验分布，且此时的后验分布是 Gamma($\alpha+n\bar{x},\beta+n$)。例 3.16 证明了 $\pi(\lambda)=\lambda^{-1/2}$ 是 $\lambda$ 的杰弗里斯无信息先验，此时 $\lambda$ 的后验分布是

$$\pi(\lambda \mid \boldsymbol{x}) \propto p(\boldsymbol{x} \mid \lambda)\pi(\lambda) \propto \lambda^{n\bar{x}-1/2}\mathrm{e}^{-n\lambda}$$

这正是伽玛分布 Gamma($n\bar{x}+1/2,n$)，其中，$\bar{x}$ 是样本均值。

## 4.2.2 参数估计

(1) 当泊松分布的均值(方差)$\lambda$ 取伽玛分布 Gamma($\alpha,\beta$)为共轭先验时，在例 2.3 中已经求得 $\lambda$ 的后验期望为

$$E(\lambda \mid \boldsymbol{x})=\frac{n\bar{x}+\alpha}{\beta+n}=\frac{n}{\beta+n}\times\bar{x}+\frac{\beta}{\beta+n}\times\frac{\alpha}{\beta}$$

其中，$\bar{x}$ 是样本均值，因此，此时的泊松分布的均值(方差)$\lambda$ 的后验期望估计为

$$\hat{\lambda}_B=E(\lambda \mid \boldsymbol{x})=\frac{n}{\beta+n}\times\bar{x}+\frac{\beta}{\beta+n}\times\frac{\alpha}{\beta}$$

它是样本均值与先验均值之间的一种加权平均。

(2) 当先验取为杰弗里斯无信息先验 $\pi(\lambda)=\lambda^{-1/2}$ 时，后验分布是伽玛分布 Gamma($n\bar{x}+1/2,n$)。因此，此时的泊松分布的均值(方差)$\lambda$ 的后验期望估计为

$$\hat{\lambda}_B=E(\lambda \mid \boldsymbol{x})=\frac{n\bar{x}+\frac{1}{2}}{n}=\bar{x}+\frac{1}{2n}$$

## 4.2.3 案例：受教育程度不同妇女生育率相同吗?

**案例 4.1** (某国受教育程度不同妇女生育率比较研究)在 20 世纪 90 年代的一项综合社会调查中收集了 155 名妇女受教育程度和她们生育孩子个数的数据。这些妇女在 20 世纪 70 年代是 20 多岁的年龄，这段时间是某国历史上一个低生育率的时期。在本案例中，我们将比较大学本科及以上学历(以下简称“有大学文凭”)的妇女的生育率与那些没有大学文

凭的妇女的生育率。设 $X_{11},X_{21},\cdots,X_{m1}$ 为 $m$ 个没有大学文凭的妇女各自生育的小孩数，而 $X_{12},X_{22},\cdots,X_{n2}$ 为 $n$ 个有大学文凭的妇女各自生育的小孩数。进一步，我们设

$$X_{11},X_{21},\cdots,X_{m1} \mid \theta_1 \sim i.i.d.\ \text{Poisson}(\theta_1)$$

$$X_{12},X_{22},\cdots,X_{n2} \mid \theta_2 \sim i.i.d.\ \text{Poisson}(\theta_2)$$

根据调查收集到的数据，我们可以得到如下统计量：

$$\text{对于没有大学文凭的妇女：} m=111, X_1=\sum_{i=1}^{111} X_{i1}=217, \bar{X}_1=1.95$$

$$\text{对于有大学文凭的妇女：} n=44, X_2=\sum_{i=1}^{44} X_{i2}=66, \bar{X}_2=1.50$$

根据先验信息，现在取伽玛分布 Gamma(2,1)作为 $\theta_1$ 和 $\theta_2$ 的先验分布，那么我们可以分别得到它们的后验分布如下：

$$\theta_1 \mid (m=111, X_1=217) \sim \text{Gamma}(2+217, 1+111)=\text{Gamma}(219,112)$$

$$\theta_2 \mid (n=44, X_2=66) \sim \text{Gamma}(2+66, 1+44)=\text{Gamma}(68,45)$$

对于 $\theta_1$ 容易求得它的后验期望估计 $\hat{\theta}_1=219/112=1.955$，利用如下 R 命令可求得 95%可信区间为[1.705, 2.223]。

```
qgamma(c(0.025,0.975),219,112)
[1] 1.704943 2.222679
```

类似可得 $\theta_2$ 的后验期望估计 $\hat{\theta}_2=68/45=1.511$ 和 95%可信区间为[1.173, 1.891]。所以从两个后验期望估计来看，没有大学文凭的妇女平均生育率 $\theta_1$ 大约为 2，而有大学文凭的妇女平均生育率 $\theta_2$ 大约为 1.5。另外，我们还可以画出 $\theta_1$ 和 $\theta_2$ 的后验密度曲线(图 4.1)，从图 4.1 我们可以清晰地看出 $\theta_1$ 明显大于 $\theta_2$。

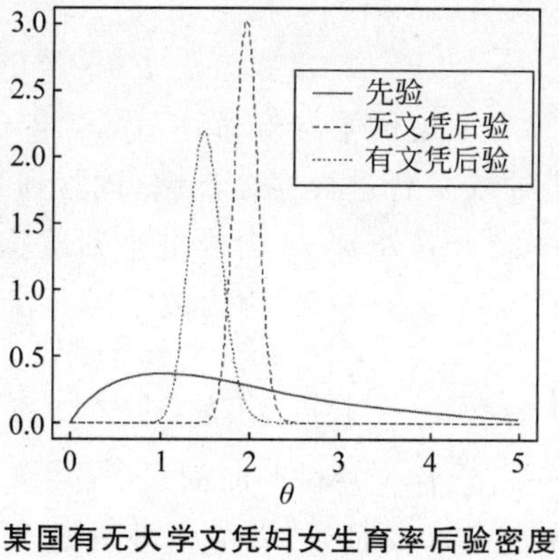


**图 4.1　某国有无大学文凭妇女生育率后验密度比较**

## 4.3　指数分布参数的估计

### 4.3.1　参数估计

在第 2 章引入逆伽玛分布 IGamma$(\alpha,\beta)$，其密度函数为

$$p(y \mid \alpha,\beta)=\frac{\beta^{\alpha}}{\Gamma(\alpha)} y^{-(\alpha+1)} \exp\left(\frac{-\beta}{y}\right), \quad y>0$$

在本节我们要用到它。现在设 $\boldsymbol{x}=(x_1,\cdots,x_n)$ 是来自指数分布 $\mathrm{Exp}(\lambda)$ 的样本,指数分布的密度为

$$p(x \mid \lambda)=\lambda^{-1}\mathrm{e}^{-\lambda^{-1}x}, \quad x>0$$

(1) 不难验证逆伽玛分布 $\mathrm{IGamma}(\alpha,\beta)$ 是参数 $\lambda$ 的共轭先验分布,而且后验分布为逆伽玛分布 $\mathrm{IGamma}(\alpha+n,\beta+n\bar{x})$。事实上,此时后验分布

$$\pi(\lambda \mid \boldsymbol{x}) \propto p(\boldsymbol{x} \mid \lambda)\pi(\lambda) \propto \lambda^{-n}\mathrm{e}^{-n\bar{x}\lambda^{-1}}\lambda^{-(\alpha+1)}\mathrm{e}^{-\beta\lambda^{-1}}=\lambda^{-(\alpha+n+1)}\mathrm{e}^{-(\beta+n\bar{x})\lambda^{-1}}$$

其中,$\bar{x}$ 是样本均值。因此,此时参数 $\lambda$ 的后验期望估计为

$$\hat{\lambda}_B=E(\lambda \mid \boldsymbol{x})=\frac{\beta+n\bar{x}}{\alpha+n-1}=\frac{\alpha-1}{\alpha+n-1}\times\frac{\beta}{\alpha-1}+\frac{n}{\alpha+n-1}\times\bar{x}$$

(2) 当把指数分布的密度

$$p(x \mid \lambda)=\lambda^{-1}\mathrm{e}^{-\lambda^{-1}x}, \quad x>0$$

全体看成一个尺度参数族时,参数 $\lambda$ 的无信息先验 $\pi(\lambda)=\lambda^{-1}$,例 3.15 验证了此时后验分布为 $\mathrm{IGamma}(n,n\bar{x})$。于是,参数 $\lambda$ 的后验期望估计为

$$\hat{\lambda}_B=E(\lambda \mid \boldsymbol{x})=\frac{n\bar{x}}{n-1}=\frac{1}{n-1}\sum_{i=1}^{n}x_i$$

(3) 习题 3.14 求出了参数 $\lambda$ 的杰弗里斯无信息先验为 $\pi(\lambda)=\lambda^{-1}$,因此,此时有与把指数分布的密度全体看成一个尺度参数族的情形一样的结果。

### 4.3.2 案例:国产彩电的寿命有多长?

**案例 4.2** (本案例是华东师范大学茆诗松教授等人研究的项目,这里对可信下限的计算进行了化简)经过早期筛选的彩色电视机(简称"彩电")的寿命 $T$ 服从指数分布,它的密度函数和分布函数分别为

$$p(t \mid \theta)=\theta^{-1}\mathrm{e}^{-t/\theta}, \quad t>0, \quad F(t \mid \theta)=1-\mathrm{e}^{-t/\theta}$$

其中,$\theta>0$ 且 $E(T)=\theta$,即 $\theta$ 是彩电的平均寿命。

现在从一批彩电中随机抽取 $n$ 台进行寿命试验,试验到第 $r(\leqslant n)$ 台失效时为止,记它们的失效时间为 $t_1\leqslant t_2\leqslant\cdots\leqslant t_r$,另外 $n-r$ 台彩电直到试验停止时还未失效,这样的试验称为**截尾寿命试验**,所得样本 $\boldsymbol{t}=(t_1,\cdots,t_r)$ 称为截尾样本,此截尾样本的联合密度函数为

$$p(\boldsymbol{t} \mid \theta) \propto \left[\prod_{i=1}^{r}p(t_i \mid \theta)\right][1-F(t_r \mid \theta)]^{n-r}=\theta^{-r}\exp\{-s_r/\theta\}$$

其中,$s_r=t_1+\cdots+t_r+(n-r)t_r$ 称为总试验时间。

为寻求彩电平均寿命 $\theta$ 的贝叶斯估计,首先需要确定 $\theta$ 的先验分布,根据国内外的经验,选用逆伽玛分布 $\mathrm{IGamma}(\alpha,\beta)$ 作为 $\theta$ 的先验分布 $\pi(\theta)$ 是可行的。于是,参数 $\theta$ 的后验密度

$$\pi(\theta \mid \boldsymbol{t}) \propto p(\boldsymbol{t} \mid \theta)\pi(\theta) \propto \theta^{-(\alpha+r+1)}\mathrm{e}^{-(\beta+s_r)/\theta}$$

显然,这是逆伽玛分布的核,故 $\theta$ 的后验分布为 $\mathrm{IGamma}(\alpha+r,\beta+s_r)$。若取后验均值作为 $\theta$ 的贝叶斯估计,则有

$$\hat{\theta}=E(\theta \mid \boldsymbol{t})=\frac{\beta+s_r}{\alpha+r-1}$$

接下来的任务就是要确定超参数 $\alpha$ 与 $\beta$ 的值。我国各彩电生产厂过去做了大量的彩电寿命试验，我们从 15 个彩电生产厂的实验室和一些独立实验室就收集到 13 142 台彩电的寿命试验数据，共计 5 369 812 台时，此外还有 9 240 台彩电进行 3 年现场跟踪试验，总共进行了 5 547 810 台时试验，在这些试验中总共失效台数不超过 250 台。对如此大量先验信息加工整理后，确认我国彩电平均寿命不低于 30 000 小时，它的 10%的分位数 $\theta_{0.1}$ 大约为 11 250 小时，经过一些专家认定，这两个数据是符合我国前几年彩电寿命的实际情况，并且是留有余地的。由此以及逆伽玛分布的性质，可列出如下两个方程：

$$\begin{cases} \dfrac{\beta}{\alpha-1}=30\,000 \\ \displaystyle\int_0^{11\,250} \pi(\theta)\mathrm{d}\theta=0.1 \end{cases}$$

其中，先验 $\pi(\theta)$ 为逆伽玛分布 IGamma$(\alpha,\beta)$ 的密度函数，它的数学期望为 $E(\theta)=\beta/(\alpha-1)$。用计算机软件解此方程组，可得

$$\alpha=1.956,\quad \beta=2\,868$$

这样我们就得到 $\theta$ 的先验分布密度 IGamma(1.956,2 868)以及后验分布密度 IGamma$(1.956+r,$ $2\,868+s_r)$。

现随机抽取 100 台彩电，在规定条件下连续进行 400 小时的寿命试验，结果是没有一台失效。这时总试验时间为

$$s_r=100\times 400=40\,000\text{ 小时},\quad r=0$$

从而 $\theta$ 的后验分布密度为 IGamma(1.956,42 868)，据此，彩电的平均寿命 $\theta$ 的贝叶斯估计为

$$\hat{\theta}=\frac{2\,868+40\,000}{1.956-1}=44\,841\text{(小时)}$$

利用后验分布 IGamma(1.956,42 868)还可获得 $\theta$ 的可信下限，下面就来求可信水平为 $1-\gamma=0.9$ 的可信下限。首先易知 $\theta^{-1}\sim$Gamma(1.956,42 868)。如设 $\theta_L$ 为 $\theta$ 的 0.9 可信下限，则

$$P(\theta\geqslant\theta_L\mid \boldsymbol{t})=0.9,\quad \text{即 } P(\theta^{-1}\leqslant\theta_L^{-1}\mid \boldsymbol{t})=0.9$$

也就是说，$\theta_L^{-1}$ 是伽玛分布 Gamma(1.956,42 868)的 0.9 分位数，利用如下 R 命令可得此分位数 $\theta_L^{-1}=8.920\,7\times10^{-5}$，从而 $\theta$ 的可信下限

$$\hat{\theta}_L=1/(8.920\,7\times10^{-5})=11\,209.88\text{(小时)}$$

R 命令：

```
qgamma(0.9,1.956,42868)
[1] 8.920722e-05
```

**注：**

(1) 如果按每天看电视 10 小时、一年为 365 天计算，则我国的彩电平均可以看 44 841/(365×10)=12.29 年。

(2) 这项研究表明，在 20 世纪 80 年代，我国的彩电质量就达到了一个相当高的水平，这就是现在我国彩电不但能够占领国内市场还能大量出口的最大原因。

# 4.4 正态分布参数的估计

本节讨论在各种不同的情形下,正态分布 $N(\theta,\sigma^2)$ 的均值和方差的贝叶斯估计问题。现在设 $\boldsymbol{x}=(x_1,\cdots,x_n)$ 是来自 $N(\theta,\sigma^2)$ 的样本,在前面不同的章节中对一些情形已经做了讨论,对这些内容就简要总结一下,而对于新的情形,则详细讨论并求出相应的贝叶斯估计。

## 4.4.1 方差已知时均值的估计

在正态分布 $N(\theta,\sigma^2)$ 的方差 $\sigma^2$ 已知时,对均值参数 $\theta$ 的先验分布和后验分布在前面不同的章节中做了讨论,这里我们来小结一下并求出相应的贝叶斯估计。

### 1. 共轭先验分布

例 2.1 证明了正态总体 $N(\theta,\sigma^2)$ 的方差 $\sigma^2$ 已知时均值 $\theta$ 有共轭先验 $N(\mu,\tau^2)$,而且后验也是一个正态分布 $N(\mu_1,\tau_1^2)$,其中,

$$\mu_1=\frac{\bar{x}\sigma_0^{-2}+\mu\tau^{-2}}{\sigma_0^{-2}+\tau^{-2}},\quad \frac{1}{\tau_1^2}=\frac{1}{\sigma_0^2}+\frac{1}{\tau^2},\quad \sigma_0^2=\frac{\sigma^2}{n}$$

从而,这时 $\theta$ 的贝叶斯估计为

$$\hat{\theta}_B=E(\theta\mid\boldsymbol{x})=\mu_1=\frac{\bar{x}\sigma_0^{-2}+\mu\tau^{-2}}{\sigma_0^{-2}+\tau^{-2}}=\frac{\tau^{-2}}{\sigma_0^{-2}+\tau^{-2}}\mu+\frac{\sigma_0^{-2}}{\sigma_0^{-2}+\tau^{-2}}\bar{x}$$

### 2. 无先验信息

这时,无论是把正态总体 $N(\theta,\sigma^2)$ 看作位置参数族还是用杰弗里斯方法求出的无信息先验都是 $\pi(\theta)=1$。这时,样本均值 $\bar{x}$ 是 $\theta$ 的充分统计量,从而后验分布

$$\pi(\theta\mid\boldsymbol{x})=\pi(\theta\mid\bar{x})\propto p(\bar{x}\mid\theta)\pi(\theta)\propto\exp\left\{-\frac{n}{2\sigma^2}(\theta-\bar{x})^2\right\}$$

这是正态分布 $N(\bar{x},\sigma^2/n)$。故这时 $\theta$ 的贝叶斯估计与经典统计中的一样都为样本均值 $\bar{x}=(1/n)\sum_{i=1}^{n}x_i$。

## 4.4.2 均值已知时方差的估计

### 1. 共轭先验分布

在例 2.2 中,我们找到了方差 $\sigma^2$ 的共轭先验为逆伽玛分布 $\mathrm{IGamma}(\alpha,\beta)$,而且后验分布为

$$\mathrm{IGamma}\left(\alpha+\frac{n}{2},\beta+\frac{1}{2}\sum_{i=1}^{n}(x_i-\theta)^2\right)$$

故这时方差 $\sigma^2$ 的后验期望估计

$$\hat{\sigma}^2 = E(\sigma^2 \mid \boldsymbol{x}) = \frac{\beta + \frac{1}{2}\sum_{i=1}^{n}(x_i - \theta)^2}{\alpha + \frac{n}{2} - 1} = \frac{2\beta + \sum_{i=1}^{n}(x_i - \theta)^2}{2\alpha + n - 2}$$

**2. 无先验信息**

对于标准差 $\sigma$,此时无论是作为尺度参数还是用杰弗里斯方法得到的无信息先验分布都是 $\pi(\sigma)=\sigma^{-1}$,从而易知方差 $\sigma^2$ 的无信息先验是 $\pi(\sigma^2)=\sigma^{-2}$。于是,方差 $\sigma^2$ 的后验分布

$$\begin{aligned}\pi(\sigma^2 \mid \boldsymbol{x}) &\propto p(\boldsymbol{x} \mid \sigma^2)\pi(\sigma^2) \\ &\propto (\sigma^2)^{-\left(\frac{n}{2}+1\right)} \exp\left[-\frac{\sum_{i=1}^{n}(x_i - \theta)^2}{2\sigma^2}\right]\end{aligned}$$

这正是逆伽玛分布 $\mathrm{IGamma}\left(n/2, \sum_{i=1}^{n}(x_i - \theta)^2/2\right)$。故这时方差 $\sigma^2$ 的后验期望估计

$$\hat{\sigma}^2 = E(\sigma^2 \mid \boldsymbol{x}) = \frac{\frac{1}{2}\sum_{i=1}^{n}(x_i - \theta)^2}{\frac{n}{2} - 1} = \frac{1}{n-2}\sum_{i=1}^{n}(x_i - \theta)^2$$

### 4.4.3　均值和方差的同时估计

对于实际问题而言,总体均值和方差往往是同时未知的,因此都需要进行估计,这就是多参数的估计问题。下面分两种情形考虑。

**1. 共轭先验分布**

在例 2.5 中,我们已经求出了正态总体 $\mathrm{N}(\mu,\sigma^2)$两参数即均值与方差$(\mu,\sigma^2)$的(联合)共轭先验分布,它为正态-逆伽玛分布 $\mathrm{N\text{-}IGamma}(\mu_0,\kappa_0,\upsilon_0,\sigma_0^2)$,其密度是

$$\begin{aligned}\pi(\mu,\sigma^2) &= \pi(\mu \mid \sigma^2)\pi(\sigma^2) \\ &\propto (\sigma^2)^{-[(\upsilon_0+1)/2+1]}\exp\left\{-\frac{1}{2\sigma^2}[\upsilon_0\sigma_0^2 + \kappa_0(\mu - \mu_0)^2]\right\}\end{aligned}$$

而对应的后验分布 $\pi(\mu,\sigma^2|\boldsymbol{x})$是 $\mathrm{N\text{-}IGamma}(\mu_n,\kappa_n,\upsilon_n,\sigma_n^2)$,其中参数

$$\mu_n = \frac{\kappa_0}{\kappa_0 + n}\mu_0 + \frac{n}{\kappa_0 + n}\bar{x}, \quad \kappa_n = \kappa_0 + n, \quad \upsilon_n = \upsilon_0 + n$$

$$\upsilon_n\sigma_n^2 = \upsilon_0\sigma_0^2 + (n-1)s_{n-1}^2 + \frac{\kappa_0 n}{\kappa_0 + n}(\mu_0 - \bar{x})^2, \quad s_{n-1}^2 = \frac{1}{n-1}\sum_{i=1}^{n}(x_i - \bar{x})^2$$

对于后验分布

$$\pi(\mu,\sigma^2 \mid \boldsymbol{x}) \propto (\sigma^2)^{-[(\upsilon_n+1)/2+1]}\exp\left\{-\frac{1}{2\sigma^2}[\upsilon_n\sigma_n^2 + \kappa_n(\mu - \mu_n)^2]\right\}$$

受先验分布构成的启发,它也可看成

$$\pi(\mu,\sigma^2 \mid \boldsymbol{x}) = \pi(\mu \mid \sigma^2,\boldsymbol{x})\pi(\sigma^2 \mid \boldsymbol{x})$$

其中,$\pi(\mu|\sigma^2,\boldsymbol{x})=\mathrm{N}(\mu_n,\sigma^2/\kappa_n)$,$\pi(\sigma^2|\boldsymbol{x})=\mathrm{IGamma}(\upsilon_n/2,\upsilon_n\sigma_n^2/2)$。于是,我们分别得到均值 $\mu$ 与方差 $\sigma^2$ 的一种近似估计

$$\hat{\mu}=\mu_n=\frac{\kappa_0}{\kappa_0+n}\mu_0+\frac{n}{\kappa_0+n}\bar{x},\quad \hat{\sigma}^2=\frac{\upsilon_n\sigma_n^2/2}{(\upsilon_n/2)-1}=\frac{\upsilon_n\sigma_n^2}{\upsilon_n-2}$$

**2. 杰弗里斯无信息先验**

由例 3.17 知道,当总体服从正态分布 $\mathrm{N}(\mu,\sigma^2)$,但无参数 $(\mu,\sigma^2)$ 的先验信息时,$(\mu,\sigma^2)$ 的杰弗里斯先验为 $\pi(\mu,\sigma^2)=1/\sigma^2$。于是,参数向量 $(\mu,\sigma^2)$ 的后验分布

$$\pi(\mu,\sigma^2\mid\boldsymbol{x})\propto p(\boldsymbol{x}\mid\mu,\sigma^2)\pi(\mu,\sigma^2)$$

$$\propto(\sigma^2)^{-(\frac{n}{2}+1)}\exp\left[-\frac{\sum_{i=1}^{n}(\mu-x_i)^2}{2\sigma^2}\right]=(\sigma^2)^{-(\frac{n}{2}+1)}\exp\left(-\frac{s^2+n(\mu-\bar{x})^2}{2\sigma^2}\right)$$

其中,$s^2=\sum_{i=1}^{n}(x_i-\bar{x})^2$。为了看出上式是什么分布的核,考虑自由度为 $n$ 的 $\chi^2(n)$ 分布,其密度为

$$p(x)=\frac{1}{2^{n/2}\Gamma(n/2)}x^{n/2-1}\mathrm{e}^{-x/2}$$

现在设随机变量 $X\sim\chi^2(n)$,再令 $Y_n=X^{-1}$,我们来求 $Y_n$ 的分布 $p_{Y_n}(y)$。首先计算变换 $y=x^{-1}$ 的雅可比行列式的绝对值

$$|\mathrm{d}x/\mathrm{d}y|=|-y^{-2}|=y^{-2}$$

于是根据概率密度函数的运算法则,$Y_n$ 的分布密度函数

$$p_{Y_n}(y)=p(x)\Big|_{x=y^{-1}}\left|\frac{\mathrm{d}x}{\mathrm{d}y}\right|=p(y^{-1})y^{-2}=\frac{1}{2^{n/2}\Gamma(n/2)}y^{-(n/2+1)}\exp\left(-\frac{1}{2y}\right)$$

我们称 $Y_n$ 是自由度为 $n$ 的逆 $\chi^2$ 变量并记 $Y_n\sim\chi^{-2}(n)$(逆 $\chi^2$ 分布)。现在令 $Z=s^2Y_n$,那么其密度

$$p_Z(z)=p_{Y_n}(y)\Big|_{y=s^{-2}z}\left|\frac{\mathrm{d}y}{\mathrm{d}z}\right|=\frac{s^n z^{-(n/2+1)}}{2^{n/2}\Gamma(n/2)}\exp\left(-\frac{s^2}{2z}\right)\propto z^{-(n/2+1)}\exp\left(-\frac{s^2}{2z}\right)$$

另外,由

$$\pi(\mu,\sigma^2\mid\boldsymbol{x})\propto(\sigma^2)^{-(\frac{n}{2}+1)}\exp\left(-\frac{s^2+n(\mu-\bar{x})^2}{2\sigma^2}\right)$$

$$=\sigma^{-1}\exp\left(-\frac{n(\mu-\bar{x})^2}{2\sigma^2}\right)\times(\sigma^2)^{-(\frac{n-1}{2}+1)}\exp\left(-\frac{s^2}{2\sigma^2}\right)$$

令

$$\pi(\mu\mid\sigma^2,\boldsymbol{x})\propto\sigma^{-1}\exp\left(-\frac{n(\mu-\bar{x})^2}{2\sigma^2}\right),\quad \pi(\sigma^2\mid\boldsymbol{x})\propto(\sigma^2)^{-(\frac{n-1}{2}+1)}\exp\left(-\frac{s^2}{2\sigma^2}\right)$$

那么,显然有

$$\pi(\mu,\sigma^2\mid\boldsymbol{x})=\pi(\mu\mid\sigma^2,\boldsymbol{x})\pi(\sigma^2\mid\boldsymbol{x})$$

而且

$$\pi(\mu \mid \sigma^2, \boldsymbol{x}) = \mathrm{N}(\bar{x}, \sigma^2/n), \quad \pi(\sigma^2 \mid \boldsymbol{x}) = s^2\chi^{-2}(n-1)$$

由此可见参数向量$(\mu,\sigma^2)$的后验分布是正态分布与带一个因子$s^2$的逆$\chi^2$分布的积，于是，它们的一种估计是$\hat{\mu}=\bar{x}$，$\hat{\sigma}^2=E(s^2Y_{n-1})=s^2E(Y_{n-1})$，当然，这也是一种近似估计。下面来计算$E(Y_{n-1})$。由于这里$Y_{n-1}\sim\chi^{-2}(n-1)$，所以

$$E(Y_{n-1}) = \int_{-\infty}^{\infty} x^{-1} p(x)\mathrm{d}x = \int_0^{\infty} \frac{1}{2^{(n-1)/2}\Gamma\left(\frac{n-1}{2}\right)} x^{(n-3)/2-1}\mathrm{e}^{-x/2}\mathrm{d}x$$

$$= \frac{2^{(n-3)/2}\Gamma\left(\frac{n-3}{2}\right)}{2^{(n-1)/2}\Gamma\left(\frac{n-1}{2}\right)} \int_0^{\infty} \frac{1}{2^{(n-3)/2}\Gamma\left(\frac{n-3}{2}\right)} x^{(n-3)/2-1}\mathrm{e}^{-x/2}\mathrm{d}x$$

$$= \frac{\Gamma\left(\frac{n-3}{2}\right)}{2\Gamma\left(\frac{n-1}{2}\right)} = \frac{1}{n-3}$$

于是

$$\hat{\sigma}^2 = E(s^2Y_{n-1}) = s^2\mathrm{E}(Y_{n-1}) = \frac{s^2}{n-3} = \frac{1}{n-3}\sum_{i=1}^{n}(x_i-\bar{x})^2$$

换句话说，这种估计比经典统计中的常用估计略大，但没有本质不同。

由于直接求参数向量$(\mu,\sigma^2)$的后验期望估计并不容易，所以在实践中常用随机模拟的方法来求之，下面用一个体育领域的案例来说明具体的做法。

### 4.4.4　案例：无先验信息如何估计马拉松成绩分布的参数

**案例 4.3**　在 R 软件包 BayesianStat 中的数据集 marathontime 收集了 20 位运动员在一场马拉松比赛中的成绩(时间单位：分)。假设这些成绩服从正态分布 $\mathrm{N}(\mu,\sigma^2)$，但对于两参数$(\mu,\sigma^2)$无任何先验信息。为了估计均值和方差$(\mu,\sigma^2)$，我们可取无信息先验为杰弗里斯先验$\pi(\mu,\sigma^2)=1/\sigma^2$，这样，就可利用前面推导出的联合后验分布。我们首先来画出后验密度的等高线，所用 R 命令如下，其中，命令 data 是将数据集 marathontime 引入 R 平台；命令 attach 使数据集 marathontime 中的抬头 mtime 可以作为代表这个数据列的对象来使用；函数 Normki2post 用来计算联合后验分布的对数密度(为使数量变小些)；命令 icontour 则画出后验密度的等高线(图 4.2)，c 数组中前两个是横轴取值范围，后两个是纵轴取值范围，mtime 是已知样本。

R 命令：

```
library(BayesianStat)
data(marathontime)
attach(marathontime)
icontour(Normki2post, c(220, 330, 500, 9000),mtime,xlab = "均值",ylab = "方差")
```

接下来，我们来模拟参数$(\mu,\sigma^2)$联合后验分布的样本。$(\mu,\sigma^2)$的模拟值可以分两步得到：首先用分布$\pi(\sigma^2|\boldsymbol{x})=s^2\chi^{-2}(n-1)$将$\sigma^2$模拟出来，然后用分布$\pi(\mu|\sigma^2,\boldsymbol{x})=\mathrm{N}(\bar{x},\sigma^2/n)$模拟$\mu$，这样就得到参数$(\mu,\sigma^2)$的模拟样本。现在我们来模拟 1 000 对这样的样本，

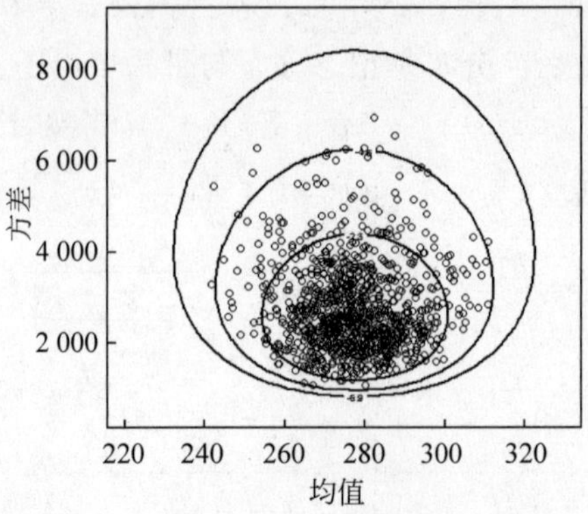


**图 4.2　后验密度等高线与模拟样本图**

模拟所用 R 命令如下,其中第三个命令模拟 $\sigma^2$；第四个命令模拟 $\mu$；最后一个命令是将模拟得到的样本画到图 4.2 上。

R 命令：

```
s2 <- sum((mtime - mean(mtime))^2)
n <- length(mtime)
sigma2 <-  s2/rchisq(1000, n - 1)
mu <- rnorm(1000, mean = mean(mtime),sd = sqrt(sigma2)/sqrt(n))
points(mu, sigma2)
```

现在我们可以利用模拟样本来估计均值和方差这两个参数了。利用 R 命令 mean(mu) 和 mean(sigma2),我们就分别得到均值的后验期望估计 $\hat{\mu}=278.19$ 和方差的后验期望估计 $\hat{\sigma}^2=2\,712.18$。再利用 R 命令 quantile,我们就可求得两个参数的 95%可信区间分别为 (254.3, 301.5)和(1 454.4, 5 157.9),R 命令 quantile 的具体用法如下：

```
 quantile(mu, c(0.025, 0.975))
    2.5%     97.5%
254.2789 301.4753
 quantile(sigma2, c(0.025, 0.975))
    2.5%     97.5%
1454.386 5157.870
```

这个案例所使用的随机模拟方法是贝叶斯统计中极为重要的统计推断计算方法(其实在经典统计中也是如此),由于计算机科学技术的巨大进步以及有效算法的出现,模拟方法是近几十年贝叶斯统计学的热门课题,解决了大量不同领域的复杂统计推断问题,本书将用专章对有关内容做概要介绍。

## 4.5　贝叶斯假设检验

假设检验是一类重要的统计推断问题,在经典统计中处理假设检验是相当不容易的,它需要选择检验统计量、确定其抽样分布等。然而,在贝叶斯统计中,处理假设检验则容易得多而且直截了当。不仅如此,贝叶斯统计还可以进行多假设的检验。本节将对贝叶斯假设检验做较详细的讨论。

### 4.5.1　贝叶斯假设检验与贝叶斯因子

我们知道要进行假设检验，首先要建立起假设。设我们观察到来自总体 $p(x|\theta)$ 的样本 $\boldsymbol{x}=(x_1,\cdots,x_n)$，其中参数 $\theta$ 属于参数空间 $\Theta$。现在建立原假设 $H_0$ 与备择假设 $H_1$ 如下：

$$H_0: \theta \in \Theta_0, \quad H_1: \theta \in \Theta_1$$

其中，$\Theta_0$ 与 $\Theta_1$ 是 $\Theta$ 的两个非空子集且满足 $\Theta_0 \cup \Theta_1=\Theta$，$\Theta_0 \cap \Theta_1=\Phi$(空集)，即 $\Theta_0$ 与 $\Theta_1$ 是 $\Theta$ 的一个划分。在贝叶斯统计中，当获得后验分布 $\pi(\theta|\boldsymbol{x})$ 后，我们计算两个假设 $H_0$ 与 $H_1$ 的后验概率

$$\alpha_0=P(H_0 \mid \boldsymbol{x})=P(\theta \in \Theta_0 \mid \boldsymbol{x}), \quad \alpha_1=P(H_1 \mid \boldsymbol{x})=P(\theta \in \Theta_1 \mid \boldsymbol{x})$$

并称 $\alpha_0/\alpha_1$ 为后验概率比(也称为后验机会比)。对于上面的两个假设检验问题，杰弗里斯提出了如下的准则。

**杰弗里斯假设检验准则**：(1) 当 $\alpha_0/\alpha_1>1$ 时，接受 $H_0$；

(2) 当 $\alpha_0/\alpha_1<1$ 时，接受 $H_1$；

(3) 当 $\alpha_0/\alpha_1\approx 1$ 时，不下任何结论。

在(3)这种情形，也就是两个假设的后验概率几乎相等时，需要进一步收集抽样信息和(或)先验信息，然后再次计算后验分布和后验概率比并重新判断接受还是拒绝原假设。

**注**：

(1) 这种假设检验方法简单明了，无须像经典统计中那样去做寻求检验统计量、确定抽样分布等困难的工作。

(2) 显然，后验概率比越大，接受原假设的可信度越强。但是，杰弗里斯假设检验准则是基于先验分布和样本来作出选择的，并不能保证这种选择是完全正确无误的，它只是表明一个假设比另一个假设更可信，这点与经典统计中的假设检验是类似的。

(3) 易知 $\alpha_0/\alpha_1>1$ 等价于 $\alpha_0>1/2$，所以当 $\alpha_0>1/2$ 时，也接受 $H_0$。

**例 4.4**　设二项分布 $\mathrm{Bin}(n,\theta)$ 的参数 $\theta$ 的先验取为均匀分布 $\mathrm{U}(0,1)$，$x$ 是取自该分布的一个样本，现考虑如下两个假设

$$H_0: \theta \in \Theta_0=\{\theta;\ 0<\theta \leqslant 1/2\}, \quad H_1: \theta \in \Theta_1=\{\theta;\ 1/2<\theta<1\}$$

根据例 1.5，参数 $\theta$ 的后验分布为贝塔分布 $\mathrm{Beta}(x+1,n-x+1)$，于是假设 $H_0$ 与 $H_1$ 的后验概率分别为

$$\alpha_0=P(\theta \in \Theta_0 \mid x)=\frac{\Gamma(n+2)}{\Gamma(x+1)\Gamma(n-x+1)}\int_0^{1/2}\theta^x(1-\theta)^{n-x}\mathrm{d}\theta$$

$$\alpha_1=P(\theta \in \Theta_1 \mid x)=\frac{\Gamma(n+2)}{\Gamma(x+1)\Gamma(n-x+1)}\int_{1/2}^{1}\theta^x(1-\theta)^{n-x}\mathrm{d}\theta$$

并且 $\alpha_1=1-\alpha_0$。现在设 $n=5$，则由如下 R 命令容易算出样本 $x$ 各种取值下的后验概率及后验概率比，由计算结果可知，当 $x=0$、1、2 时，接受 $H_0$；当 $x=3$、4、5 时，拒绝 $H_0$ 而接受 $H_1$。

R 命令：

```
x<-c(0,1,2,3,4,5)
pbeta(0.5,x+1,5-x+1)
[1] 0.984375  0.890625  0.656250  0.343750  0.109375  0.015625
```

```
1 - pbeta(0.5,x + 1,5 - x + 1)
[1] 0.015625  0.109375  0.343750  0.656250  0.890625  0.984375
pbeta(0.5,x + 1,5 - x + 1)/(1 - pbeta(0.5,x + 1,5 - x + 1))
[1] 63.00000000 8.14285714 1.90909091  0.52380952  0.12280702  0.01587302
```

前面我们定义了后验概率比，并用它来决定假设的接受或拒绝。如果我们有正常的先验分布 $\pi(\theta)$，显然也可以定义先验概率比(先验机会比)如下：

$$\frac{\pi_0}{\pi_1}=\frac{P_\pi(H_0)}{P_\pi(H_1)}=\frac{P_\pi(\theta\in\Theta_0)}{P_\pi(\theta\in\Theta_1)}$$

其中，下标 $\pi$ 表示对先验分布求概率。我们还可以将先验概率比与后验概率比进行比较，从而得到另一个重要概念——贝叶斯因子(Bayesian factor)。

**定义 4.4** 设两个假设 $H_0$ 和 $H_1$ 的先验概率分别为 $\pi_0$ 与 $\pi_1$，后验概率分别为 $\alpha_0$ 与 $\alpha_1$，则后验概率比与先验概率比之比为

$$B^\pi(\boldsymbol{x})=\frac{\text{后验概率比}}{\text{先验概率比}}=\frac{\alpha_0/\alpha_1}{\pi_0/\pi_1}=\frac{\alpha_0\pi_1}{\alpha_1\pi_0}$$

并称为**贝叶斯因子**。

从这个定义可见，贝叶斯因子既依赖于数据 $\boldsymbol{x}=(x_1,\cdots,x_n)$，又依赖于先验分布 $\pi(\theta)$，两种概率比相除的结果，反映了当利用数据更新先验分布为后验分布后，两个假设的先验概率比的变化，所以，贝叶斯因子 $B^\pi(\boldsymbol{x})$ 是数据(样本)支持原假设 $H_0$ 的程度的一种度量。事实上，不难推出原假设 $H_0$ 的后验概率可表示为

$$\alpha_0=\frac{\pi_0 B^\pi(\boldsymbol{x})}{\pi_0 B^\pi(\boldsymbol{x})+1-\pi_0}$$

而函数 $f(t)=t/(t+c)$，$c>0$ 是单调增函数，所以，当先验给定后，贝叶斯因子越大，原假设 $H_0$ 的后验概率就越大(而且反之亦然)。另外，容易证明 $B^\pi(\boldsymbol{x})>\pi_1/\pi_0$ 等价于 $\alpha_0>1/2$，因此，当 $B^\pi(\boldsymbol{x})>\pi_1/\pi_0$ 时，接受原假设 $H_0$。

**注**：贝叶斯因子这个概念是由两位学者分别独立引进的，一位是著名的计算机和概率统计学者图灵(A. Turing)，他在第二次世界大战期间为研究破译德国密码而引入这个概念。另一位就是我们已熟知的杰弗里斯，他在经典著作《概率论》(*Theory of Probability*)中引入这个概念。

## 4.5.2 简单假设对简单假设

简单假设对简单假设是指原假设 $H_0$ 和备择假设 $H_1$ 为如下的情形：

$$H_0:\theta=\theta_0,\quad H_1:\theta=\theta_1$$

在这种情形下，不难推出这两个假设的后验概率分别为

$$\alpha_0=P(\theta=\theta_0\mid\boldsymbol{x})=\frac{\pi_0 p(\boldsymbol{x}\mid\theta_0)}{\pi_0 p(\boldsymbol{x}\mid\theta_0)+\pi_1 p(\boldsymbol{x}\mid\theta_1)}$$

$$\alpha_1=P(\theta=\theta_1\mid\boldsymbol{x})=\frac{\pi_1 p(\boldsymbol{x}\mid\theta_1)}{\pi_0 p(\boldsymbol{x}\mid\theta_0)+\pi_1 p(\boldsymbol{x}\mid\theta_1)}$$

这时后验概率比为

$$\frac{\alpha_0}{\alpha_1}=\frac{\pi_0 p(\boldsymbol{x} \mid \theta_0)}{\pi_1 p(\boldsymbol{x} \mid \theta_1)}$$

因此，贝叶斯因子

$$B^{\pi}(\boldsymbol{x})=\alpha_0\pi_1/(\alpha_1\pi_0)=p(\boldsymbol{x} \mid \theta_0)/p(\boldsymbol{x} \mid \theta_1)$$

即在简单假设对简单假设这种情形下，贝叶斯因子恰好等于样本的似然比而与先验分布无关。

如果要拒绝原假设 $H_0$，必须且只需 $\alpha_0/\alpha_1<1$，亦即数据 $\boldsymbol{x}=(x_1,\cdots,x_n)$ 必须且只需满足

$$\frac{p(\boldsymbol{x} \mid \theta_1)}{p(\boldsymbol{x} \mid \theta_0)}>\frac{\pi_0}{\pi_1}$$

这正是经典统计中著名的奈曼-皮尔逊(Neyman-Pearson)引理。从贝叶斯统计的观点看，这个临界值就是两个先验概率比。相反，如果要接受原假设 $H_0$，则必须且只需 $\alpha_0/\alpha_1>1$，亦即 $B^{\pi}(\boldsymbol{x})=p(\boldsymbol{x}|\theta_0)/p(\boldsymbol{x}|\theta_1)>\pi_1/\pi_0$。显然此时贝叶斯因子越大，不等式越可能成立，从而接受原假设 $H_0$ 的证据越强。这就更具体地说明贝叶斯因子的大小表示了样本支持原假设 $H_0$ 的程度。

**例 4.5**　设样本 $\boldsymbol{x}=(x_1,\cdots,x_n)$来自总体 $\mathrm{N}(\theta,1)$，其中，$\theta$ 只有两种可能：非 0 即 1。如果已知 $n=10$、$\bar{x}=2$，请检验如下两个假设：

$$H_0: \theta=0, \quad H_1: \theta=1$$

**解**：由题目条件，不难验证均值$\bar{x}=\frac{1}{n}\sum_{i=1}^{n}x_i$ 是参数$\theta$ 的充分统计量，且其分布为 $\mathrm{N}(\theta, 1/n)$，于是在 $\theta=0$ 和 $\theta=1$ 下的样本均值的密度函数分别为

$$p(\bar{x} \mid \theta=0)=\sqrt{\frac{n}{2\pi}}\exp\left\{-\frac{n}{2}\bar{x}^2\right\}, \quad p(\bar{x} \mid \theta=1)=\sqrt{\frac{n}{2\pi}}\exp\left\{-\frac{n}{2}(\bar{x}-1)^2\right\}$$

从而贝叶斯因子为

$$B^{\pi}(\boldsymbol{x})=p(\bar{x} \mid \theta=0)/p(\bar{x} \mid \theta=1)=\exp\left\{-\frac{n}{2}(2\bar{x}-1)\right\}$$

利用已知条件 $n=10$、$\bar{x}=2$ 和 R 命令“exp(-10 * (2 * 2-1)/2)”，可算得贝叶斯因子 $B^{\pi}(\boldsymbol{x})=3.06\times10^{-7}$，这是个很小的数，因此样本(数据)支持原假设 $H_0$ 的程度微乎其微。进一步，因为要接受 $H_0$ 就必须

$$\frac{\alpha_0}{\alpha_1}=B^{\pi}(x)\frac{\pi_0}{\pi_1}=3.06\times10^{-7}\frac{\pi_0}{\pi_1}>1$$

注意到 $\pi_0+\pi_1=1$ 即知必须 $\pi_0>0.9999997$，但这个不等式可以说是不可能实现的，因此，可以明确地拒绝 $H_0$ 而接受 $H_1$。

## 4.5.3　复杂假设对复杂假设

复杂假设对复杂假设是指原假设 $H_0$ 和备择假设 $H_1$ 为如下的情形：

$$H_0: \theta\in\Theta_0, \quad H_1: \theta\in\Theta_1$$

其中，$\Theta_0$ 与 $\Theta_1$ 都是 $\Theta$ 的至少包含两个元素的子集而且组成 $\Theta$ 的一个划分。进一步，设参数 $\theta$ 的先验分布为 $\pi(\theta)$，而且原假设 $H_0$ 和备择假设 $H_1$ 的先验概率分别为 $\pi_0=P_{\pi}(\theta\in$

$\Theta_0$)与 $\pi_1=P_\pi(\theta\in\Theta_1)$。为了研究后验概率比和贝叶斯因子,我们对先验分布 $\pi(\theta)$ 进行分解,为此令

$$g_0(\theta)=\pi_0^{-1}\pi(\theta)I_{\Theta_0}(\theta),\quad g_1(\theta)=\pi_1^{-1}\pi(\theta)I_{\Theta_1}(\theta)$$

其中,$I_{\Theta_i}(\theta),i=0,1$ 是示性函数,即

$$I_{\Theta_i}(\theta)=\begin{cases}1, & \theta\in\Theta_i\\ 0, & \theta\notin\Theta_i\end{cases}$$

则有

$$\int_{\Theta_0}g_0(\theta)\mathrm{d}\theta=\int_{\Theta_0}\pi_0^{-1}\pi(\theta)I_{\Theta_0}(\theta)\mathrm{d}\theta=\pi_0^{-1}\int_{\Theta_0}\pi(\theta)\mathrm{d}\theta=1$$

同理

$$\int_{\Theta_1}g_1(\theta)\mathrm{d}\theta=1$$

即 $g_0$ 和 $g_1$ 分别是 $\Theta_0$ 与 $\Theta_1$ 上的概率密度函数,而且先验分布 $\pi(\theta)$ 可分解为

$$\pi(\theta)=\pi_0g_0(\theta)+\pi_1g_1(\theta)=\begin{cases}\pi_0g_0(\theta), & \theta\in\Theta_0\\ \pi_1g_1(\theta), & \theta\in\Theta_1\end{cases}$$

于是后验概率比为

$$\frac{\alpha_0}{\alpha_1}=\frac{P(\theta\in\Theta_0\mid\boldsymbol{x})}{P(\theta\in\Theta_1\mid\boldsymbol{x})}=\frac{\int_{\Theta_0}\pi(\theta\mid\boldsymbol{x})\mathrm{d}\theta}{\int_{\Theta_1}\pi(\theta\mid\boldsymbol{x})\mathrm{d}\theta}=\frac{\int_{\Theta_0}p(\boldsymbol{x}\mid\theta)\pi_0g_0(\theta)\mathrm{d}\theta}{\int_{\Theta_1}p(\boldsymbol{x}\mid\theta)\pi_1g_1(\theta)\mathrm{d}\theta}$$

贝叶斯因子为

$$B^\pi(\boldsymbol{x})=\frac{\alpha_0\pi_1}{\alpha_1\pi_0}=\frac{\int_{\Theta_0}p(\boldsymbol{x}\mid\theta)g_0(\theta)\mathrm{d}\theta}{\int_{\Theta_1}p(\boldsymbol{x}\mid\theta)g_1(\theta)\mathrm{d}\theta}=\frac{m_0(\boldsymbol{x})}{m_1(\boldsymbol{x})}$$

因此,虽然这时贝叶斯因子已经不是似然比,但可看作 $\Theta_0$ 与 $\Theta_1$ 上的加权似然之比,这里通过积分(加权平均的极限)部分地消除了先验分布的影响,强调了样本观察值的作用(上面等式的最后部分从表面看只是样本的函数)。

**例 4.6** 设从正态总体 N($\theta$,1)中随机抽取一个容量为 10 的样本 $\boldsymbol{x}$,其样本均值 $\bar{x}=1.5$。若取 $\theta$ 的共轭先验分布为 N(0.5,2),试检验如下两假设:

$$H_0:\theta\leqslant 1,\quad H_1:\theta>1$$

**解**:根据所学知识,知 $\theta$ 的后验分布为 $\mathrm{N}(\mu_1,\sigma_1^2)$,其中,$\mu_1$ 与 $\sigma_1^2$ 的计算如下:

$$\mu_1=\frac{1.5\times 10+0.5\times 0.5}{10+0.5}=1.452\,4,\quad \sigma_1^2=\frac{1}{10+0.5}=0.095\,24=0.308\,6^2$$

即 $\theta$ 的后验分布实为 $\mathrm{N}(1.452\,4,0.308\,6^2)$。于是可用如下 R 命令算得 $H_0$ 与 $H_1$ 的后验概率

$$\alpha_0=P(\theta\leqslant 1\mid\boldsymbol{x})=0.071\,3,\quad \alpha_1=P(\theta>1\mid\boldsymbol{x})=1-0.071\,3=0.928\,7$$

因此后验概率比 $\alpha_0/\alpha_1=0.071\,3/0.928\,7=0.076\,8\ll 1$(双小于号表示大大小于的意思),故应拒绝 $H_0$,而接受 $H_1$,即认为此正态分布的均值应大于 1。

R 命令：

```
pnorm(1,1.4524,0.3086)
[1] 0.0713275
1 - pnorm(1,1.4524,0.3086)
[1] 0.9286725
pnorm(1,1.4524,0.3086)/(1 - pnorm(1,1.4524,0.3086))
[1] 0.07680587
pnorm(1,0.5,sqrt(2))
[1] 0.6381632
```

**注**：由先验分布 N(0.5,2)，可用 R 命令算得 $H_0$ 与 $H_1$ 的先验概率

$$\pi_0 = 0.6382,\quad \pi_1 = 1 - 0.6382 = 0.3618$$

因此，先验概率比 $\pi_0/\pi_1 = 1.7637$，可见先验信息是支持原假设 $H_0$ 的。换句话说，由于样本带来了新信息，后验概率比改变了由先验概率比得出的结论。最后，我们考察一下本题中贝叶斯因子的大小，计算贝叶斯因子即两个概率比之比得

$$B^{\pi}(\boldsymbol{x}) = 0.0768/1.7637 = 0.0435 \ll \pi_1/\pi_0 = 0.5670$$

由此可见，贝叶斯因子的结果也明确拒绝 $H_0$。

**例 4.7**　设样本 $\boldsymbol{x} = (x_1, \cdots, x_n)$ 来自正态总体 $N(\theta, \sigma^2)$，其中 $\sigma^2$ 已知。如果均值参数 $\theta$ 的先验是无信息先验 $\pi(\theta) = 1$，试讨论如下两个假设的检验问题：

$$H_0: \theta \leqslant \theta_0,\quad H_1: \theta > \theta_0$$

**解**：由 4.4.1 小节知，此时后验分布 $\pi(\theta|\boldsymbol{x})$ 为正态分布 $N(\bar{x}, \sigma^2/n)$，因此原假设的后验概率

$$\alpha_0 = P(\theta \leqslant \theta_0 \mid \boldsymbol{x}) = P\left[\sqrt{n}(\theta - \bar{x})/\sigma \leqslant \sqrt{n}(\theta_0 - \bar{x})/\sigma \mid \boldsymbol{x}\right] = \Phi(\sqrt{n}(\theta_0 - \bar{x})/\sigma)$$

其中，$\Phi(\cdot)$ 是标准正态分布函数，从而后验概率比

$$\frac{\alpha_0}{\alpha_1} = \frac{\Phi(\sqrt{n}(\theta_0 - \bar{x})/\sigma)}{1 - \Phi(\sqrt{n}(\theta_0 - \bar{x})/\sigma)}$$

所以，只要样本给定了，虽然这里的无信息先验是非正常（广义）分布，同样可以进行假设检验。例如，给定 $\sigma^2 = 1, \theta_0 = 1, n = 10, \bar{x} = 1.5$（与例 4.6 的一样），则原假设的后验概率

$$\alpha_0 = \Phi(\sqrt{n}(\theta_0 - \bar{x})/\sigma) = \Phi(\sqrt{10}(1 - 1.5)) = 0.0569 \ll 0.5$$

故应拒绝 $H_0$，而接受 $H_1$。可见，虽然先验分布不同，但这里的结论与例 4.6 的一样。

## 4.5.4　简单假设对复杂假设

简单假设对复杂假设是指原假设 $H_0$ 和备择假设 $H_1$ 为如下的情形：

$$H_0: \theta = \theta_0,\quad H_1: \theta \neq \theta_0$$

这是经典统计中常见的一类假设检验问题。显然，当参数空间是离散情形时，对于这两个假设的先验概率不存在任何问题，即原假设 $H_0$ 的先验概率会大于零。但是，当参数空间是连续情形时，如果直接选择一个连续型分布，则原假设的先验概率为零，从而后验概率也为零，因此，这样的假设检验问题就不是一个有意义的问题了。对于这种情形的先验概率要如何确定呢？其实，从实际的角度看，既然要检验参数 $\theta$ 是否等于 $\theta_0$，那就说明 $\theta_0$ 在决策者心中是个重要而且会以一定概率出现的参数值，因而可以给予 $\theta_0$ 一个正概率 $\pi_0$（可以认为 $\pi_0$

是主观概率),当然具体的概率有多大必须由决策者依据先验信息和专业知识来判断(其实从下面的分析可以了解我们并不需要知道具体的概率)。而对于 $\Theta_1=\Theta-\{\theta_0\}$ 则可以给一个正常密度 $g_1(\theta)$,这样,$\theta$ 的先验分布就可取为

$$\pi(\theta)=\begin{cases}\pi_0, & \theta=\theta_0\\ \pi_1 g_1(\theta), & \theta\in\Theta_1\end{cases}$$

其中,$\pi_1=1-\pi_0$,而且易知 $\pi(\theta)$ 是参数空间 $\Theta$ 的正常密度函数。

现在设样本 $\boldsymbol{x}=(x_1,\cdots,x_n)$ 的联合分布密度为 $p(\boldsymbol{x}|\theta)$,则参数的后验分布

$$\pi(\theta\mid\boldsymbol{x})\propto p(\boldsymbol{x}\mid\theta)\pi(\theta)=\begin{cases}\pi_0 p(\boldsymbol{x}\mid\theta_0), & \theta=\theta_0\\ \pi_1 p(\boldsymbol{x}\mid\theta)g_1(\theta), & \theta\in\Theta_1\end{cases}$$

再令

$$m_1(\boldsymbol{x})=\int_{\Theta_1} p(\boldsymbol{x}\mid\theta)g_1(\theta)\mathrm{d}\theta$$

则由上述先验分布容易得到样本的边际分布

$$m(\boldsymbol{x})=\int_{\Theta} p(\boldsymbol{x}\mid\theta)\pi(\theta)\mathrm{d}\theta=\pi_0 p(\boldsymbol{x}\mid\theta_0)+\pi_1 m_1(\boldsymbol{x})$$

从而原假设 $H_0$ 与备择假设 $H_1$ 的后验概率分别为

$$\alpha_0=P(\theta=\theta_0\mid\boldsymbol{x})=\pi_0 p(\boldsymbol{x}\mid\theta_0)/m(\boldsymbol{x}),\quad \alpha_1=P(\theta\neq\theta_0\mid\boldsymbol{x})=\pi_1 m_1(\boldsymbol{x})/m(\boldsymbol{x})$$

于是后验概率比为

$$\frac{\alpha_0}{\alpha_1}=\frac{\pi_0}{\pi_1}\frac{p(\boldsymbol{x}\mid\theta_0)}{m_1(\boldsymbol{x})}$$

而贝叶斯因子为

$$B^{\pi}(\boldsymbol{x})=\frac{\alpha_0\pi_1}{\alpha_1\pi_0}=\frac{p(\boldsymbol{x}\mid\theta_0)}{m_1(\boldsymbol{x})} \tag{4.1}$$

特别值得注意的是,从这个贝叶斯因子的表达式,我们看到先验概率已经约去了,因此,贝叶斯因子不受先验概率的影响。这就是说,在计算这个贝叶斯因子的时候,我们并不需要真正知道先验概率 $\pi_0$ 等于多少,故在这种情形下,我们常常先计算和考察贝叶斯因子 $B^{\pi}(\boldsymbol{x})$,然后再考虑原假设 $H_0$ 的后验概率。

### 4.5.5 案例:哪个疗效更好

**案例 4.4** (Berger,1995)本案例是有关药物疗效的统计分析问题,在医药领域有大量的新药或新的医疗法需要进行统计分析,以确定是否有疗效。

一个临床试验有两种治疗方法如下:

治疗 1:服药 A;

治疗 2:同时服药 A 与药 B

如今进行了 $n$ 次对照试验,设 $x_i$ 为第 $i$ 次对照试验中治疗 2 与治疗 1 的疗效之差,又设诸 $x_i$ 相互独立同分布于正态分布 $\mathrm{N}(\theta,1)$,因此,前 $n$ 次的样本均值 $\bar{x}_n\sim\mathrm{N}(\theta,1/n)$ 而且是充分统计量。如今要对如下两个假设进行检验:

$$H_0:\theta=0,\quad H_1:\theta\neq 0$$

显然，原假设表示无疗效差别而备择假设表示有疗效差别。由于对两种治疗的疗效情况知之甚少，故对原假设 $H_0$ 和备择假设 $H_1$ 取相等先验概率，即 $\pi_0=\pi_1=1/2$。对于 $\Theta_1=\Theta-\{0\}$ 上的先验密度 $g_1(\theta)$，根据先验信息和专业知识，一般看法是参数 $\theta$（疗效之差）接近于 0 比远离 0 更为可能，因此 $g_1(\theta)$ 取为正态分布 N(0,2)。这样，我们确定了

$$p(\bar{x}_n \mid \theta)=\sqrt{\frac{n}{2\pi}}\exp\left\{-\frac{n}{2}(\bar{x}_n-\theta)^2\right\},\quad g_1(\theta)=\frac{1}{2\sqrt{\pi}}\exp\left\{-\frac{\theta^2}{4}\right\}$$

容易算得 $\bar{x}_n$ 对 $g_1(\theta)$ 的边际密度函数（$g_1(\theta)$ 在零点无定义，但根据定积分的性质，可以给予任何一个确定的数，而不会改变以下积分的值）

$$\begin{aligned}m_1(\bar{x}_n)&=\int_{-\infty}^{\infty}p(\bar{x}_n \mid \theta)g_1(\theta)\mathrm{d}\theta\\&=\frac{1}{2\pi}\sqrt{\frac{n}{2}}\int_{-\infty}^{\infty}\exp\left\{-\frac{1}{2}\left[n(\bar{x}_n-\theta)^2+\frac{\theta^2}{2}\right]\right\}\mathrm{d}\theta\end{aligned}$$

将被积函数指数部分进行配方得

$$n(\bar{x}_n-\theta)^2+\frac{\theta^2}{2}=(n+0.5)\left(\theta-\frac{n\bar{x}_n}{n+0.5}\right)^2+\frac{n\bar{x}_n^2}{1+2n}$$

将此式代入被积函数并利用密度函数的性质可得

$$m_1(\bar{x}_n)=\frac{1}{\sqrt{2\pi}}\frac{1}{\sqrt{2+n^{-1}}}\exp\left\{-\frac{\bar{x}_n^2}{2(2+n^{-1})}\right\}$$

即 $\bar{x}_n$ 对 $g_1(\theta)$ 的边际分布为正态分布 $\mathrm{N}(0,2+n^{-1})$。于是，根据前面刚刚得到的结果式(4.1)，得贝叶斯因子

$$\begin{aligned}B^{\pi}(\bar{x}_n)&=\frac{p(\bar{x}_n \mid 0)}{m_1(\bar{x}_n)}\\&=\frac{\sqrt{\dfrac{n}{2\pi}}\exp\{-n\bar{x}_n^2/2\}}{\dfrac{1}{\sqrt{2\pi}}\sqrt{\dfrac{n}{1+2n}}\exp\left\{-\dfrac{\bar{x}_n^2}{2(2+n^{-1})}\right\}}\\&=\sqrt{1+2n}\exp\left\{-\frac{(n\bar{x}_n)^2}{1+2n}\right\}\end{aligned}$$

若现在有样本 $n=1$、$\bar{x}_n=1.63$，则马上可以算出

$$B^{\pi}(1.63)=\sqrt{1+2}\exp\left\{-\frac{(1.63)^2}{1+2}\right\}=0.7144<1=\frac{\pi_1}{\pi_0}$$

即我们要拒绝原假设。换言之，应该认为两种治疗的疗效是有差别的。另外，我们也可以求出原假设的后验概率

$$\alpha_0=\frac{\pi_0 B^{\pi}(\bar{x}_n)}{\pi_0 B^{\pi}(\bar{x}_n)+1-\pi_0}=\frac{B^{\pi}(\bar{x}_n)}{B^{\pi}(\bar{x}_n)+1}=0.4167<0.5$$

至此，这一统计分析似乎已经完美地完成了。可是，静下心一想，如果我是医生，对这个统计分析会满意吗？不会满意！因为还不知道哪种治疗法的疗效更好，而这才是医生最为关心的。也就是说，我们要进一步研究问题：哪种治疗的疗效更好一些呢？

其实在刚开始的时候就应该研究如下三个假设的检验问题：

$$H_0: \theta=0, \quad H_2: \theta<0, \quad H_3: \theta>0$$

其中,$H_0$ 还是表示疗效无差别,$H_2$ 表示治疗 2 的疗效不如治疗 1,$H_3$ 表示治疗 2 的疗效优于治疗 1。医生们显然对这三个假设检验问题更感兴趣,因为他们最终要了解的正是哪种治疗的疗效更好。为了做这个检验,先把 $\theta\neq 0$ 时的后验分布求出来,此时后验分布有

$$\begin{aligned}\pi(\theta \mid \bar{x}_n) &\propto p(\bar{x}_n \mid \theta)\pi(\theta)=\pi_1 g_1(\theta)p(\bar{x}_n \mid \theta)\\ &\propto \exp\left\{-\frac{1}{2}\left[n(\bar{x}_n-\theta)^2+\frac{\theta^2}{2}\right]\right\}\\ &=\exp\left\{-\frac{1}{2}\left[(n+0.5)\left(\theta-\frac{n\bar{x}_n}{n+0.5}\right)^2+\frac{n\bar{x}_n^2}{1+2n}\right]\right\}\\ &\propto \exp\left\{-\frac{1}{2}\left[(n+0.5)\left(\theta-\frac{n\bar{x}_n}{n+0.5}\right)^2\right]\right\}\end{aligned}$$

容易看出,在给定 $\bar{x}_n$ 下,$\theta$(不含 0)的后验分布为

$$\mathrm{N}(n\bar{x}_n/(n+0.5),(n+0.5)^{-1})$$

但是,当 $\theta=0$ 时,我们已算得 $H_0$ 的后验概率为

$$\alpha_0=B^\pi(\bar{x}_n)/(B^\pi(\bar{x}_n)+1)$$

因此,$\theta$ 的完整后验分布应为

$$\pi(\theta \mid \bar{x}_n)=\begin{cases}(1-\alpha_0)P(Y<\theta), Y\sim \mathrm{N}(n\bar{x}_n/(n+0.5),(n+0.5)^{-1}), & \theta\neq 0\\ \alpha_0, & \theta=0\end{cases}$$

对于前面给定的样本 $n=1$、$\bar{x}_n=1.63$ 以及 $1-\alpha_0=1/(1+B^\pi(\bar{x}_n))$ 可以直接用如下 R 命令求得后验概率

$$\alpha_2=(1-\alpha_0)P(\theta<0 \mid \bar{x}_n)=P(\theta<0 \mid \bar{x}_n)/(1+B^\pi(\bar{x}_n))\approx 0.053\,4$$

$$\alpha_3=(1-\alpha_0)P(\theta>0 \mid \bar{x}_n)=[1-P(\theta<0 \mid \bar{x}_n)]/[1+B^\pi(\bar{x}_n)]\approx 0.529\,9$$

R 命令:

```
pnorm(0,1.63/1.5,1/sqrt(1.5))/(1 + sqrt(3) * exp( - 1.63^2/3))
[1] 0.05343751
(1 - pnorm(0,1.63/1.5,1/sqrt(1.5)))/(1 + sqrt(3) * exp( - 1.63^2/3))
[1] 0.5298606
```

由此,我们可以判断治疗 2 的疗效优于治疗 1。显然,要想得到更加可信的结论,那就必须再多做几次临床试验。

这类多假设检验问题很有实用价值,从本案例可见,贝叶斯统计容易检验多假设问题,而经典统计对此是难以处理的,这是贝叶斯统计的另一优点。

# 4.6 模型的比较与选择

在统计建模中,模型的比较与选择一直是个重要的问题,因为对一个数据集可以建立起众多的模型,那么,就必须考虑哪一个模型是最适合的。在本节,我们将简要介绍以贝叶斯因子为工具的模型比较与选择问题。

### 4.6.1 思路与方法

一般而言,模型选择就是在给定的样本下,从候选模型集合中按一定的准则选择最佳的模型,这里"最佳"的意思是比较而言更好又切实可行,并不是"最优"的意思,因为模型是只有更好没有最好。设样本 $\boldsymbol{x}=(x_1,\cdots,x_n)$ 的联合分布密度为 $p(\boldsymbol{x}|\theta)$,而且参数 $\theta$ 的先验为 $\pi(\theta)$[参数可以是多维的,如 $\theta=(\theta_1,\theta_2)'$],那么,我们称它们构成一个**贝叶斯模型**并记为

$$\boldsymbol{x} \sim p(\boldsymbol{x} \mid \theta), \quad \theta \sim \pi(\theta), \quad \theta \in \Theta$$

我们知道这时后验分布从理论来说也被确定

$$\pi(\theta \mid \boldsymbol{x})=\frac{p(\boldsymbol{x} \mid \theta)\pi(\theta)}{\int_{\Theta} p(\boldsymbol{x} \mid \theta)\pi(\theta)\mathrm{d}\theta}$$

其中,分母是样本 $\boldsymbol{x}=(x_1,\cdots,x_n)$ 的边际分布并记为

$$m(\boldsymbol{x})=\int_{\Theta} p(\boldsymbol{x} \mid \theta)\pi(\theta)\mathrm{d}\theta$$

为了下面的应用,这里先讨论一下边际分布的计算问题。在贝叶斯统计的大多数情形下,这个边际分布的被积函数没有解析形式的原函数,因此必须进行数值积分。这里介绍一种被称为**拉普拉斯逼近法**的近似算法。将对数被积函数 $\ln[p(\boldsymbol{x}|\theta)\pi(\theta)]$ 在后验众数(或参数的最大似然估计)$\hat{\theta}$ 处进行二阶泰勒展开,得

$$\ln[p(\boldsymbol{x} \mid \theta)\pi(\theta)] \approx \ln[p(\boldsymbol{x} \mid \hat{\theta})\pi(\hat{\theta})]+\frac{1}{2}(\theta-\hat{\theta})'\boldsymbol{H}(\hat{\theta})(\theta-\hat{\theta})$$

其中,$\boldsymbol{H}(\hat{\theta})$ 是海森矩阵(由对数被积函数的二阶导数组成)在 $\hat{\theta}$ 处的值,于是

$$p(\boldsymbol{x} \mid \theta)\pi(\theta) \approx p(\boldsymbol{x} \mid \hat{\theta})\pi(\hat{\theta})\exp\left\{-\frac{1}{2}(\theta-\hat{\theta})'(-\boldsymbol{H}(\hat{\theta}))(\theta-\hat{\theta})\right\}$$

注意到上式指数部分正是多元正态分布的核,我们有

$$\begin{aligned} m(\boldsymbol{x}) &\approx p(\boldsymbol{x} \mid \hat{\theta})\pi(\hat{\theta})\int_{\Theta}\exp\left\{-\frac{1}{2}(\theta-\hat{\theta})'(-\boldsymbol{H}(\hat{\theta}))(\theta-\hat{\theta})\right\}\mathrm{d}\theta \\ &= p(\boldsymbol{x} \mid \hat{\theta})\pi(\hat{\theta})(2\pi)^{d/2}\,|-\boldsymbol{H}(\hat{\theta})^{-1}|^{1/2} \end{aligned}$$

其中,$d$ 是参数向量的维数。这样,边际分布就容易估计出来了。当然,我们也可以求对数边际密度

$$\ln[m(\boldsymbol{x})] \approx \frac{d}{2}\ln(2\pi)+\ln[p(\boldsymbol{x} \mid \hat{\theta})\pi(\hat{\theta})]+\frac{1}{2}\ln|-\boldsymbol{H}(\hat{\theta})^{-1}|$$

在软件包 BayesianStat 中有个 R 命令 iLaplace 可用来计算这个对数边际密度,其具体用法见下面的案例。

现在设有 $K$ 个贝叶斯模型

$$M_k: \boldsymbol{x} \sim p_k(\boldsymbol{x} \mid \theta_k), \quad \theta_k \sim \pi_k(\theta_k), \quad \theta_k \in \Theta_k, \quad k=1,2,\cdots,K$$

我们想比较它们并选择出一个最佳的模型来。如果记模型 $M_k$ 的先验概率为 $\pi_{0k}=P(M_k)$,则有 $0<\pi_{0k}<1$,$\sum_{k=1}^{K}\pi_{0k}=1$,即$\{\pi_{0k}\}$形成了一个分布列。为了求出后验概率 $\pi_{1k}=P(M_k \mid \boldsymbol{x})$,利用离散型的贝叶斯公式可得

$$\pi_{1k}=P(M_k \mid \boldsymbol{x})=\frac{\pi_{0k}p(\boldsymbol{x} \mid M_k)}{\sum_{j=1}^{K}\pi_{0j}p(\boldsymbol{x} \mid M_j)}$$

利用边际分布密度公式得

$$p(\boldsymbol{x} \mid M_k)=\int_{\Theta_k}p(\boldsymbol{x},\theta_k \mid M_k)\mathrm{d}\theta_k=\int_{\Theta_k}p(\boldsymbol{x} \mid \theta_k,M_k)p(\theta_k \mid M_k)\mathrm{d}\theta_k$$

在贝叶斯模型 $M_k$ 已知的条件下,有

$$p(\boldsymbol{x} \mid \theta_k,M_k)=p_k(\boldsymbol{x} \mid \theta_k),\quad p(\theta_k \mid M_k)=\pi_k(\theta_k),\quad k=1,2,\cdots,K$$

故模型 $M_k$ 的后验概率为

$$\pi_{1k}=P(M_k \mid \boldsymbol{x})=\frac{\pi_{0k}\int_{\Theta_k}p_k(\boldsymbol{x} \mid \theta_k)\pi_k(\theta_k)\mathrm{d}\theta_k}{\sum_{j=1}^{K}\pi_{0j}\int_{\Theta_j}p_j(\boldsymbol{x} \mid \theta_j)\pi_j(\theta_j)\mathrm{d}\theta_j}$$

在上面这个式子中,分母对于每一个模型的后验概率而言都是一样的,因此,比较模型的后验概率的大小就只要比较上式的分子就可以了。若模型 $M_{k^*}$ 使上式的分子最大,从而其后验概率最大,则可以认为它就是最佳模型。

另外,模型 $M_i$ 与 $M_j$ 的贝叶斯因子为

$$B_{ij}^{\pi}(\boldsymbol{x})=\frac{\pi_{1i}\pi_{0j}}{\pi_{1j}\pi_{0i}}=\frac{\pi_{0j}\pi_{0i}\int_{\Theta_i}p_i(\boldsymbol{x} \mid \theta_i)\pi_i(\theta_i)\mathrm{d}\theta_i}{\pi_{0i}\pi_{0j}\int_{\Theta_j}p_j(\boldsymbol{x} \mid \theta_j)\pi_j(\theta_j)\mathrm{d}\theta_j}=\frac{\int_{\Theta_i}p_i(\boldsymbol{x} \mid \theta_i)\pi_i(\theta_i)\mathrm{d}\theta_i}{\int_{\Theta_j}p_j(\boldsymbol{x} \mid \theta_j)\pi_j(\theta_j)\mathrm{d}\theta_j}=\frac{m_i(\boldsymbol{x})}{m_j(\boldsymbol{x})}$$

利用贝叶斯因子的方便之处是可以不知道模型的先验概率,因为通过约分把它们都约去了。另外,通过贝叶斯因子,模型 $M_k$ 的后验概率又可以表示为

$$\begin{aligned}\pi_{1k}&=\frac{\pi_{0k}\int_{\Theta_k}p_k(\boldsymbol{x} \mid \theta_k)\pi_k(\theta_k)\mathrm{d}\theta_k}{\sum_{j=1}^{K}\pi_{0j}\int_{\Theta_j}p_j(\boldsymbol{x} \mid \theta_j)\pi_j(\theta_j)\mathrm{d}\theta_j}\\&=\left(\sum_{j=1}^{K}\frac{\pi_{0j}\int_{\Theta_j}p_j(\boldsymbol{x} \mid \theta_j)\pi_j(\theta_j)\mathrm{d}\theta_j}{\pi_{0k}\int_{\Theta_k}p_k(\boldsymbol{x} \mid \theta_k)\pi_k(\theta_k)\mathrm{d}\theta_k}\right)^{-1}=\left(\sum_{j=1}^{K}\frac{\pi_{0j}}{\pi_{0k}}B_{jk}^{\pi}(\boldsymbol{x})\right)^{-1}\end{aligned}$$

用后验概率来比较和选择模型是很自然和恰当的做法,哪个模型的后验概率最大,哪个模型就是最佳模型,但是计算后验概率必须已知先验概率,而先验概率并不容易确定。因此,在实际应用中常常去估算贝叶斯因子,然后通过贝叶斯因子的结果来比较和选择模型。贝叶斯因子 $B_{ij}^{\pi}(\boldsymbol{x})$ 只要大于 1,它就倾向于支持模型 $M_i$,而且它越大,支持模型 $M_i$ 的证据就越强,但是对于贝叶斯因子的估算结果,并不存在完全客观的分类使其成为接受模型 $M_i$ 的标准[贝叶斯因子 $B_{ij}^{\pi}(\boldsymbol{x})$ 小于 1 时,拒绝模型 $M_i$]。杰弗里斯(1961)给出了一个贝叶斯因子的结果分类[表 4.2,其中 $B_{ij}^{\pi}(\boldsymbol{x})$ 简记为 $B_{ij}$,下同]。另外,卡斯和拉弗特里(Kass and Raftery, 1995)也给出了一个贝叶斯因子的结果分类(表 4.3)。容易看出表 4.2 和表 4.3 没有本质的区别,所以我们可以参照这两个表来对模型进行比较和选择。

**表 4.2　杰弗里斯对贝叶斯因子的值的分类**

| 贝叶斯因子 $B_{ij}$ 值的范围 | 关于模型 $M_i$ 的证据的强度 |
|---|---|
| $B_{ij}<1$ | 拒绝模型 $M_i$ |
| $1\leqslant B_{ij}<3$ | 支持模型 $M_i$ 的证据弱 |
| $3\leqslant B_{ij}<10$ | 支持模型 $M_i$ 的证据中 |
| $10\leqslant B_{ij}<30$ | 支持模型 $M_i$ 的证据强 |
| $30\leqslant B_{ij}<100$ | 支持模型 $M_i$ 的证据很强 |
| $B_{ij}\geqslant 100$ | 肯定支持模型 $M_i$ |

**表 4.3　卡斯和拉弗特里对贝叶斯因子的值的分类**

| 贝叶斯因子 $B_{ij}$ 值的范围 | 关于模型 $M_i$ 的证据的强度 |
|---|---|
| $1\leqslant B_{ij}<3$ | 支持模型 $M_i$ 的证据弱 |
| $3\leqslant B_{ij}<20$ | 支持模型 $M_i$ 的证据中 |
| $20\leqslant B_{ij}<150$ | 支持模型 $M_i$ 的证据强 |
| $B_{ij}\geqslant 150$ | 支持模型 $M_i$ 的证据很强 |

### 4.6.2　案例：足球队进球数量的分布是什么？

**案例 4.5**　本案例是为一支足球队建立进球数量的模型。假设在美国职业足球大联盟中有支球队是我们感兴趣的，而且我们观看了它的 $n$ 场比赛，得到它的进球个数为 $x_1$，$x_2$，…，$x_n$。由于足球进球是相当难得的事，所以可以设进球个数服从均值参数为 $\lambda$ 的泊松分布 Poisson($\lambda$)。为了对这支球队有更深入的了解，我们当然想去估计均值参数 $\lambda$，但是我们没有关于 $\lambda$ 的先验信息，所以只好挑选 4 个主观认定的先验分布：①$\lambda\sim\text{Gamma}(4.57, 1.43)$，这是 $\lambda$ 的共轭先验，超参数之所以取为(4.57，1.43)，是因为我们认为球队进球的平均数约为 3 个，而且上下 1/4 分位数分别是 4.04 和 2.10；②$\log\lambda\sim N(1,0.5^2)$，这时的上下 1/4 分位数分别是 1.34 和 0.66；③$\log\lambda\sim N(2,0.5^2)$，这时的上下 1/4 分位数分别是 10.35 和 5.27，之所以取这个先验，是因为我们相信大联盟球队的进球率高；④$\log\lambda\sim N(1,2^2)$，这时的上下 1/4 分位数分别是 28.50 和 1.92，之所以取这个先验，是表明我们对足球赛的得分方式不甚了解。这样，就形成了 4 个备选的模型。同时说明一下，如果一个取正值的随机变量的对数服从正态分布，则其本身服从对数正态分布，所以②、③、④实际上是说参数 $\lambda$ 分别服从不同的对数正态分布。

本案例的样本是这支球队 35 场比赛进球个数的数据，以文件名 football 存放在 R 包 BayesianStat 中。显然，样本 $\boldsymbol{x}=(x_1,x_2,\cdots,x_n)$的分布或似然函数为

$$p(\boldsymbol{x}\mid\lambda)=\lambda^t\mathrm{e}^{-35\lambda}\Big/\prod_{i=1}^{35}x_i!$$

其中，

$$t=\sum_{i=1}^{35}x_i=57$$

现在用 R 程序计算 4 个备选贝叶斯模型的对数边际密度 $\ln m_i(\boldsymbol{x})$，$i=1,2,3,4$，所用命令如下，其中，命令 list 是将数据 data＝goals 和参数 par＝c(4.57，1.43)等组合成列表 datapar；命令 iLaplace 就是用拉普拉斯逼近法计算模型的对数边际密度，它的 3 个参变量

分别是 $\log[p(\boldsymbol{x}|\theta)\pi(\theta)]$、众数的初始值 0.5 和对应的列表 datapar，它输出的 3 个值分别为后验众数 mode、后验方差 var 以及对数边际密度 int(logmarg)。其余的命令是不难理解的。

R 命令：

```
library(BayesianStat)
data(football)
attach(football)
datapar = list(data = goals,par = c(4.57,1.43))
fit1 = iLaplace(Logpoissgamma,.5,datapar)
datapar = list(data = goals,par = c(1,.5))
fit2 = iLaplace(Logpoissnormal,.5,datapar)
datapar = list(data = goals,par = c(2,.5))
fit3 = iLaplace(Logpoissnormal,.5,datapar)
datapar = list(data = goals,par = c(1,2))
fit4 = iLaplace(Logpoissnormal,.5,datapar)
postmode = c(fit1 $ mode,fit2 $ mode,fit3 $ mode,fit4 $ mode)
postsd = sqrt(c(fit1 $ var,fit2 $ var,fit3 $ var,fit4 $ var))
logmarg = c(fit1 $ int,fit2 $ int,fit3 $ int,fit4 $ int)
cbind(postmode,postsd,logmarg)
      postmode    postsd   logmarg
[1,] 0.5248047 0.1274414 - 1.502977
[2,] 0.5207825 0.1260712 - 1.255171
[3,] 0.5825195 0.1224723 - 5.076316
[4,] 0.4899414 0.1320165 - 2.137216
```

计算出对数边际密度后，我们就能计算贝叶斯因子了。利用如下公式：

$$B_{ij}=\frac{m_i(\boldsymbol{x})}{m_j(\boldsymbol{x})}=\exp[\ln m_i(\boldsymbol{x})-\ln m_j(\boldsymbol{x})]$$

可算得这 3 个贝叶斯因子 $B_{21}=1.28$，$B_{23}=45.7$，$B_{24}=2.42$。从第一个和第三个贝叶斯因子的值可以看出，虽然支持模型二的证据不是很强，但还是偏向它的，因为贝叶斯因子都大于 1，而第二个贝叶斯因子的值则强烈支持模型二，总而言之，这 4 个备选模型中，模型二是最佳的，于是我们可以选择模型二作为我们需要的模型(还可参考习题 4.13)。模型确定后，进一步分析就不太难了。

# 4.7 贝叶斯统计预测

## 4.7.1 预测原理

设总体(随机变量)$X\sim p(x|\theta)$，其中，参数 $\theta$ 未知但具有先验分布(密度)$\pi(\theta)$。这时如何对总体 $X$ 的未来值进行预测呢？由于参数 $\theta$ 未知，不能直接利用总体 $X$ 的分布。然而，虽然 $\theta$ 未知，我们仍可以利用先验分布 $\pi(\theta)$ 得到 $X$ 的边际分布

$$m(x)=\int_{\Theta}p(x\mid\theta)\pi(\theta)\mathrm{d}\theta$$

于是，可以用 $m(x)$ 的期望值或中位数或众数作为 $X$ 的预测值(点估计)。正因为如此，这个边际分布还有一个更富于含义的名称——**“先验预测分布”**。这里，“先验”是指对 $X$ 预测时没有用任何样本信息(数据)。

如果我们还有观察数据 $\boldsymbol{x}=(x_1,\cdots,x_n)$，那么可以由贝叶斯公式

$$\pi(\theta \mid \boldsymbol{x})=\frac{p(\boldsymbol{x} \mid \theta)\pi(\theta)}{\int_{\Theta} p(\boldsymbol{x} \mid \theta)\pi(\theta)\mathrm{d}\theta}$$

得到后验分布 $\pi(\theta|\boldsymbol{x})$，这时如何对具有密度函数 $f(z|\theta)$[其中未知参数 $\theta$ 有一样的先验分布 $\pi(\theta)$]的随机变量 $Z$ 进行预测呢？我们先定义 $Z$ 的**后验预测分布**如下：

$$g(z \mid \boldsymbol{x})=\int_{\Theta} f(z \mid \theta)\pi(\theta \mid \boldsymbol{x})\mathrm{d}\theta=\frac{\int_{\Theta} f(z \mid \theta)p(\boldsymbol{x} \mid \theta)\pi(\theta)\mathrm{d}\theta}{\int_{\Theta} p(\boldsymbol{x} \mid \theta)\pi(\theta)\mathrm{d}\theta}$$

显然，当把这个后验预测分布计算出来后，就可以用它的期望值或中位数或众数作为 $Z$ 的预测值(点估计)了，不仅如此，我们还可以确定可信度为 $1-\alpha$ 的预测区间$[a,b]$，它满足

$$P(a \leqslant Z \leqslant b \mid \boldsymbol{x})=\int_a^b g(z \mid \boldsymbol{x})\mathrm{d}z=1-\alpha$$

**注**：如果随机变量 $Z$ 就是 $X$ 本身，则后验预测分布为

$$g(x \mid \boldsymbol{x})=\int_{\Theta} p(x \mid \theta)\pi(\theta \mid \boldsymbol{x})\mathrm{d}\theta=\frac{\int_{\Theta} p(x \mid \theta)p(\boldsymbol{x} \mid \theta)\pi(\theta)\mathrm{d}\theta}{\int_{\Theta} p(\boldsymbol{x} \mid \theta)\pi(\theta)\mathrm{d}\theta}$$

### 4.7.2　统计预测的例

**例 4.8**　设总体 $X$ 服从参数为 $\theta$ 的指数分布，即其分布密度是

$$p(x \mid \theta)=\theta\exp(-\theta x),\quad x>0,\theta>0$$

而参数 $\theta$ 的先验为无信息先验 $\pi(\theta)\propto\theta^{-1}$。现在我们观察到一组样本值 $\boldsymbol{x}=(x_1,\cdots,x_n)$。

(1) 求新观测量 $x$ 的后验预测分布；

(2) 求新观测量 $x$ 的后验预测分布的期望(均值)。

**解**：(1)显然似然函数(样本联合分布)为

$$p(\boldsymbol{x} \mid \theta)=\theta^n\exp(-\theta n\bar{x})$$

其中，$\bar{x}$ 是样本均值。于是，后验分布

$$\pi(\theta \mid \boldsymbol{x}) \propto p(\boldsymbol{x} \mid \theta)\pi(\theta)=\theta^{n-1}\exp(-\theta n\bar{x})$$

上式右边实际上是伽玛分布 Gamma$(n,n\bar{x})$的核，也就是说

$$\pi(\theta \mid \boldsymbol{x})=\frac{(n\bar{x})^n}{\Gamma(n)}\theta^{n-1}\exp(-\theta n\bar{x})$$

故新观测量 $x$ 的后验预测分布为

$$\begin{aligned}
g(x \mid \boldsymbol{x}) &=\int_{\Theta} p(x \mid \theta)\pi(\theta \mid \boldsymbol{x})\mathrm{d}\theta \\
&=\frac{(n\bar{x})^n}{\Gamma(n)}\int_{\Theta}\theta\exp(-\theta x)\theta^{n-1}\exp(-\theta n\bar{x})\mathrm{d}\theta \\
&=\frac{(n\bar{x})^n\Gamma(n+1)}{\Gamma(n)(x+n\bar{x})^{n+1}}\frac{(x+n\bar{x})^{n+1}}{\Gamma(n+1)}\int_{\Theta}\theta^{n+1-1}\exp[-\theta(x+n\bar{x})]\mathrm{d}\theta \\
&=\frac{n(n\bar{x})^n}{(x+n\bar{x})^{n+1}}\quad(\because \Gamma(n+1)=n\Gamma(n))
\end{aligned}$$

(2) 新观测量 $x$ 的后验预测分布的期望

$$E(X \mid \boldsymbol{x})=\int_0^{\infty} x g(x \mid \boldsymbol{x}) \mathrm{d} x=\int_0^{\infty} \frac{n(n \bar{x})^n x}{(x+n \bar{x})^{n+1}} \mathrm{d} x$$

$$=\int_0^{\infty} \frac{(n \bar{x})^n}{(x+n \bar{x})^n} \mathrm{d} x=\frac{n \bar{x}}{n-1}=\frac{1}{n-1} \sum_{i=1}^n x_i$$

其中,第三个等号是利用分部积分得到。这样,我们也就预测出 $x$ 的观测值。

**例 4.9** 设某试验的一次成功概率为 $\theta$,其先验分布取为共轭先验分布 Beta$(\alpha,\beta)$。

(1) 现在在 $n$ 次独立的贝努里试验中成功了 $x$ 次,求未来的 $k$ 次相互独立的贝努里试验成功次数 $Z$ 的后验预测概率分布。这里的贝努里试验的成功可以是零件的合格、射击的命中等。

(2) 如果在过去 10 次试验中成功了 3 次,而 $\theta$ 的先验为 Beta(1,1),对未来 5 次试验成功的次数 $Z$ 作出预测。

**解**:(1)由以前所学,我们知道样本 $x$ 的似然函数(概率函数)为

$$p(x \mid \theta)=\binom{n}{x} \theta^x(1-\theta)^{n-x}$$

而参数 $\theta$ 后验密度为

$$\pi(\theta \mid x)=\frac{\Gamma(n+\alpha+\beta)}{\Gamma(x+\alpha) \Gamma(n-x+\beta)} \theta^{x+\alpha-1}(1-\theta)^{n-x+\beta-1}$$

未来的 $k$ 次相互独立的贝努里试验成功次数 $Z$ 的似然函数为

$$p(z \mid \theta)=\binom{k}{z} \theta^z(1-\theta)^{k-z}$$

于是 $Z$ 的后验预测概率分布为

$$g(z \mid x)=\int_{\Theta} p(z \mid \theta) \pi(\theta \mid x) \mathrm{d} \theta=\int_0^1\binom{k}{z} \theta^z(1-\theta)^{k-z} \pi(\theta \mid x) \mathrm{d} \theta$$

$$=\binom{k}{z} \frac{\Gamma(n+\alpha+\beta)}{\Gamma(x+\alpha) \Gamma(n-x+\beta)} \int_0^1 \theta^{z+x+\alpha-1}(1-\theta)^{k-z+n-x+\beta-1} \mathrm{d} \theta$$

$$=\binom{k}{z} \frac{\Gamma(n+\alpha+\beta)}{\Gamma(x+\alpha) \Gamma(n-x+\beta)} \frac{\Gamma(z+x+\alpha) \Gamma(k-z+n-x+\beta)}{\Gamma(n+k+\alpha+\beta)}$$

(2) 现在的条件是过去 10 次试验中成功了 3 次,而 $\theta$ 的先验为 Beta(1,1)[即均匀分布 U(0,1)],要对未来 5 次试验成功的次数 $Z$ 作出预测。所以,此时 $Z$ 的后验预测概率分布为

$$g(z \mid x=3)=\binom{5}{z} \frac{\Gamma(12) \Gamma(4+z) \Gamma(13-z)}{\Gamma(4) \Gamma(8) \Gamma(17)}$$

这里,$z$ 可取 0,1,…,5 各个数。利用如下 R 命令容易算出后验预测概率分布列,其中,gamma($x$)就是伽玛函数,choose($k$,$z$)是组合函数。

*R* 命令:

```
g = c()
gg = gamma(4) * gamma(8) * gamma(17)
for(i in 0:5){g[i + 1] = choose(5, i) * gamma(12) * gamma(4 + i) * gamma(13 - i)/gg}
```

```
g
[1] 0.18131868 0.30219780  0.27472527  0.16483516  0.06410256  0.01282051
```

从后验预测概率分布可见，$z=1$ 是众数，成功次数 $Z$ 在 0 到 3 之间的概率 $P(0\leqslant Z\leqslant 3|x)\approx 0.92$，这表明[0, 3]是 $Z$ 的 92%预测区间，故在未来 5 次试验中成功的次数基本上不会超过 3 次，而且最可能是 1 次。

## 本章要点小结

本章探讨了各种贝叶斯统计推断的基础知识，包括点估计、区间估计、假设检验、模型选择、统计预测等，介绍了贝叶斯统计在一系列不同领域的应用案例，从中可以看到贝叶斯统计应用之广。其实，正是因为最近几十年来，贝叶斯统计成功地解决了大量来自不同领域的复杂统计问题，它才成为统计(数据科学)类专业的必修课，同时也成为其他专业人员喜欢使用的统计工具。对于本章的理论和应用读者都应当动手做一下。

## 思考与练习

**4.1**　简述贝叶斯假设检验的基本做法和优点。

**4.2**　说出贝叶斯因子的定义以及它的含义和用处。

**4.3**　在例 4.1 中已经知道对于二项分布总体，如果选用贝塔分布 Beta$(\alpha,\beta)$为先验分布，那么，成功概率 $\theta$ 的后验分布为另一个贝塔分布 Beta$(\alpha+x,\beta+n-x)$。现在通过 10 次独立试验得到成功次数 $x=9$，而且知道先验分布为 Beta(1,1)，试求参数 $\theta$ 的后验均值估计和 95%区间估计。

**4.4**　设 $x$ 是来自如下指数分布的一个观察值：

$$p(x\mid\theta)=\mathrm{e}^{-(x-\theta)},\quad x\geqslant\theta$$

又取柯西分布作为参数 $\theta$ 的先验分布，即

$$\pi(\theta)=\frac{1}{\pi(1+\theta^2)},\quad -\infty<\theta<\infty$$

试求参数 $\theta$ 的后验众数估计。

**4.5**　设一批产品的不合格品率为 $\theta$，检查是一个接一个地进行，直到发现第一个不合格品停止检查，若设 $X$ 为发现第一个不合格品时已检查的产品数，则 $X$ 服从几何分布，其分布列为

$$P(X=x\mid\theta)=\theta(1-\theta)^{x-1},x=1,2,\cdots$$

假如其中参数 $\theta$ 只能为 1/4、2/4 和 3/4 这 3 个值，并以相同概率取这 3 个值，如今只获得一个样本观察值 $X=3$，试求 $\theta$ 的最大后验估计 $\hat{\theta}_{\mathrm{MD}}$ 并计算它的误差。

**4.6**　设 $x_1,\cdots,x_n$ 是来自正态总体 $\mathrm{N}(\theta,\sigma^2)$的一个样本，其中 $\sigma^2$ 已知，若取 $\theta$ 的共轭先验 $\mathrm{N}(\mu,\tau^2)$作为 $\theta$ 的先验分布，其中超参数 $\mu$ 与 $\tau^2$ 已知。

(1) 求参数 $\theta$ 的贝叶斯估计。

(2) 求 $\theta$ 的 $1-\alpha$ 的可信区间。

(3) 考虑对儿童做智商测验问题,设测验结果 $X\sim N(\theta,100)$,其中 $\theta$ 在心理学中定义为儿童的智商,根据过去资料,可设 $\theta\sim N(100,225)$,现在对一个儿童做智商测验,测得分数为115分,试求该儿童智商 $\theta$ 的贝叶斯估计和0.95可信区间并将结果和经典统计计算出的结果进行比较。

**4.7** 对于本章4.4节讨论的案例4.3,用R画出后验分布核曲面的示意图。

**4.8** 对于本章4.4节讨论的案例4.3,设参数 $(\mu,\sigma^2)$ 服从正态-逆伽玛分布 N-IGamma$(\mu_0,\kappa_0,\upsilon_0,\sigma_0^2)$ 而且超参数 $\mu_0=200,\kappa_0=1,\upsilon_0=1,\sigma_0^2=4$。

(1) 用随机模拟法估计 $(\mu,\sigma^2)$ 的值和95%可信区间;

(2) 比较你的结果和案例4.3中的结果。

**4.9** 参照案例4.3,对案例2.1所得后验分布用随机模拟的方法模拟10 000对样本,然后用模拟样本估算未知参数的后验期望估计和95%可信区间。

**4.10** 设样本 $\boldsymbol{x}=(x_1,\cdots,x_n)$ 来自正态总体 $N(\theta,\sigma^2)$ 而且均值 $\theta$ 已知。我们知道标准差 $\sigma$ 无论是作为尺度参数还是用杰弗里斯方法得到的无信息先验分布都是 $\pi(\sigma)=\sigma^{-1}$。试求标准差 $\sigma$ 的后验分布和后验期望估计。

**4.11** 证明:当先验给定后,贝叶斯因子 $B^{\pi}(\boldsymbol{x})$ 越大,原假设 $H_0$ 的后验概率就越大。

**4.12** 设 $x$ 是从二项分布 $\mathrm{Bin}(n,\theta)$ 中抽取的一个样本,又设在 $\theta\neq 0.5$ 上的密度 $g_1(\theta)$ 为均匀分布 $U[0,1]$,考察如下简单假设对复杂假设

$$H_0:\theta=0.5,\quad H_1:\theta\neq 0.5$$

(1) 试求贝叶斯因子 $B^{\pi}(x)$;

(2) 如果先验 $\pi_0=1/2,n=5,x=3$,请检验所给假设。

**4.13** 对于案例4.5,用 $R$ 软件画出:①似然函数和模型一、模型二的先验密度曲线图;②似然函数和模型三、模型四的先验密度图(为了尺度一致,似然函数中 $\lambda$ 改为 $\ln\lambda$),然后观察比较各曲线并说出你对哪个模型更好的看法和建议(提示:阶乘函数可用 `Fact <-function(n)if(n==0)1 else n * Fact(n-1)`)。

**4.14** 假设我们观察来自正态分布 $N(\mu,\tau^{-1})$ 的简单随机样本 $Y_1,Y_2,\cdots,Y_n$,其中,$\mu$ 未知而 $\tau^{-1}$ 已知,样本观察值为 $y_1,y_2,\cdots,y_n$。再设未知参数 $\mu$ 的先验是

$$f_0(\mu)=\sum_{j=1}^{J}\pi_{0,j}f_{0,j}(\mu)$$

其中,$\pi_{0,j}>0(j=1,2,\cdots,J)$,密度 $f_{0,j}(\mu)\sim N(M_{0,j},P_{0,j}^{-1})(j=1,2,\cdots,J)$

(1) 证明:当且仅当 $\sum_{j=1}^{J}\pi_{0,j}=1$ 时,$f_0(\mu)=\sum_{j=1}^{J}\pi_{0,j}f_{0,j}(\mu)$ 是正常密度。

(2) 证明:$f_{0,j}(\mu)\propto P_{0,j}^{1/2}\phi[P_{0,j}^{1/2}(\mu-M_{0,j})](j=1,2,\cdots,J)$,其中,

$$\phi(z)=(2\pi)^{-1/2}e^{-z^2/2}$$

(3) ①证明:未知参数 $\mu$ 的后验可写为 $f_1(\mu)=\sum_{j=1}^{J}\pi_{1,j}f_{1,j}(\mu)$ 的形式;② 求出 $\pi_{1,j}$ 和 $f_{1,j}(\mu)$ 的表达式。

(4) 设 $J=3$ 并且

$$\pi_{0,1}=0.25 \qquad \pi_{0,2}=0.5 \qquad \pi_{0,3}=0.25$$

$$M_{0,1}=7 \qquad M_{0,2}=9 \qquad M_{0,3}=11$$

$$n=20 \qquad \sum_{i=1}^{n} y_i=206.3 \qquad \tau=0.4$$

$$P_{0,1}=1 \qquad P_{0,2}=0.25 \qquad P_{0,3}=1$$

①求参数 $\mu$ 的先验均值和先验标准差；②求参数 $\mu$ 的后验均值和后验标准差。

# 第5章 决策概念与贝叶斯决策

正因为决策难，所以才要决策。本书前四章对贝叶斯统计的基本理论和方法进行了较详细的讨论，大家应该已经掌握了贝叶斯统计的总体思想和基本方法。有了这个基础，我们就有可能把贝叶斯统计与其他学科的理论结合起来，形成新的理论和方法。本章将要介绍的内容就是把决策理论与贝叶斯统计结合起来而形成的贝叶斯统计决策理论，由于决策是小到日常生活、大到国家大事都需要做的事，所以贝叶斯统计决策具有广泛的应用，如经济、金融、管理、营销、医药、法律、工程、军事等领域都是它的应用范围。

## 5.1 决策基本概念

### 5.1.1 决策问题三要素

决策是指在一定的环境和条件下，按照一定的准则，在各种可能的做法（或方案或策略）中，挑选一个最优（佳）的做法（或方案或策略）。为了统一各种说法，一个做法或一个方案或一个策略都统称为一个**行动**。自从有了人类，就存在决策问题，然而决策理论却是萌芽于17世纪，当时就已有期望值的概念了。此后，决策理论随着时间进程一直在演变发展。到了20世纪上半叶，瓦尔德（1939，1950）通过引入损失函数和决策概念，把统计的各种推断如估计、假设检验等都看成一个特殊的决策问题，从而纳入决策理论的框架并形成统计决策理论。而后，萨维奇（1954）、雷法和施莱弗（1961）以及伯杰（1985）等学者进一步把（贝叶斯）统计决策的研究推进，得到不少理论结果，也在很多领域找到了应用。下面我们首先通过三个例子来理解决策问题的基本概念。

**例5.1** 你想成为现代农民吗？不要以为做农民是很容易的事，现代农民也需要学习贝叶斯统计。请看如下简化的例子。某农作物有两个各有优缺点的品种：①产量高但抗旱能力弱；②抗旱能力强但产量低。这样农民明年种植这种农作物就面临两种选择：①选择产量高但抗旱能力弱的品种，记此选择为行动 $a_1$；②选择抗旱能力强但产量低的品种，记为行动 $a_2$。农民种植作物当然希望能够取得最大收益，但是，在现有的科技水平下，明年的雨量状态无法准确预知，为简单起见并参考历年的情况，以明年800毫米雨量为界限来区分雨量充足（记为 $\theta_1$）和雨量不足（记为 $\theta_2$）两种状态。在这里，自然界的状态（即雨量）可以认为是随机的，而且只有人有主观能动性，能够做决策。为了做好决策，人会观察自然界的现象，收集和分析各种信息，如预测明年雨量充足和不足的概率分别为0.62与0.48，并估算出在不同的状态下，选择不同行动时每亩（1亩≈666.67平方米）的收益。这样，我们可以把各种可能的收益写成收益矩阵(单位：百元)：

$$\begin{array}{c} \quad a_1 \qquad a_2 \\ \begin{bmatrix} 100 & 20 \\ -20 & 40 \end{bmatrix} \begin{array}{l} \theta_1\ 0.62 \\ \theta_2\ 0.48 \end{array} \end{array}$$

以$-20$这个矩阵元素为例来说明含义，它表明当采取行动$a_1$(选择产量高但抗旱能力弱的品种)并且雨量不足(即状态为$\theta_2$)时农民将得到的每亩收益，由于是负值，所以在这种情况下，农民实际上是亏损的。其他元素可以类似解释。实际上，我们看到收益是状态和行动的函数$G(\theta,a)$，只是在本例中它是离散的，因此用矩阵的形式来表示，以达到一目了然的效果。

**例 5.2**　当今中国是投资的热土。现在一位投资者有一笔资金想要投资，有 3 个投资方向供他选择：①购买股票(记为行动$a_1$)，根据市场情况，可能净赚 8 000 元，但也可能亏损 9 000 元；②购买股票型基金(记为行动$a_2$)，根据市场情况，可能净赚 6 000 元，但也可能亏损 7 000 元；③存入银行(记为行动$a_3$)，不管市场情况怎样总可净赚 1 800 元。未来的金融市场是随机变化的，但是可简化分为两种状态：上涨(记为$\theta_1$)与下跌(记为$\theta_2$)。由此，可写出投资者的收益矩阵如下：

$$\begin{array}{c} \quad a_1 \qquad\qquad a_2 \qquad\qquad a_3 \\ \begin{bmatrix} 8\,000 & 6\,000 & 1\,800 \\ -9\,000 & -7\,000 & 1\,800 \end{bmatrix} \begin{array}{l} \theta_1 \\ \theta_2 \end{array} \end{array}$$

投资者可以依据此收益矩阵和适当的准则来决定他的资金投资方向。

**例 5.3**　某大学毕业生响应国家号召自己创业，开了一家水果店，但她一直为水果的进货量大伤脑筋。现在又到了南方佳果荔枝上市的时节，她准备购进一批投放市场，购进价格(包括运费)为每千克 6.5 元，售出价格为每千克 11.0 元。荔枝在整个购销过程中将损耗 10%，此外，如果购进数量超过市场需求量，超出部分就必须以每千克 3.0 元的价格贱卖掉。市场需求量一般认为是随机的，无法事先知道。你能帮助该创业大学生作出进货量的决策吗?

不要小看这个经营决策问题。实际上，任何大卖场都有类似但复杂得多的经营决策问题，而且对各种商品的进货量都会进行仔细的决策，以取得最大的利润。虽然该毕业生经营的只是一家小水果店，如果她有决策的知识又能够把经营数据详细记录下来，那么，通过贝叶斯统计决策，她就更容易取得好收益。

虽然市场需求量(记为$\theta$)是随机的，但是根据过去的经验，我们可以给它一个范围。比如说，在过去，该区域市场需求量$\theta$至少为 500 千克，但不会超过 2 000 千克，也就是说，市场需求量$\theta$在区间$\Theta=[500,2\,000]$内，即市场需求量所有可能的状态为$\Theta=[500,2\,000]$，这个区间就称为市场需求状态集或状态空间。另外，为适应市场需求，该大学毕业生采取的行动$a$(即购进荔枝的数量)显然也应该在这个区间内，这样行动集$A=\Theta=[500,2\,000]$。最后，我们来讨论本决策问题的收益函数$G(\theta,a)$，即市场需求量为$\theta$且进货量为$a$时的收益。可以分两种情况考虑，当实际销售量$0.9a$不超过市场需求量$\theta$时，水果店的收益为

$$(11.0-6.5)\times 0.9a-6.5\times 0.1a$$

当实际销售量$0.9a$超过市场需求量$\theta$时，水果店的收益为

$$(11.0-6.5)\theta+(3.0-6.5)(0.9a-\theta)-6.5\times 0.1a$$

把以上两式化简,就可写出该水果店的收益函数为(单位:元)

$$G(\theta,a)=\begin{cases}8\theta-3.8a, & 500\leqslant\theta\leqslant 0.9a\\ 3.4a, & 0.9a<\theta\leqslant 2\,000\end{cases}$$

至此,我们帮助该大学生明确了要决策的问题,但是,如何作出最优决策还有待进一步学习。

从以上这三个例子我们看到,在这些决策问题中,一方是有主观能动性、会做决策的人(当然这里的人是广义的,可以是任意一个行动主体),他在决策前确定好各种可能的行动;另一方是自然界或社会或市场等的可能状态,这状态是随机演变而不能被人所控制,但服从一个概率分布(无论是已知或未知),最后有一个衡量在一定状态和行动下获利的收益函数。由此,我们可以总结出构成一个决策问题的三要素如下。

(1) **状态集** $\Theta=\{\theta\}$,其中每个元素 $\theta$ 表示在特定的环境中自然界(或社会)可能出现的一种状态,有时也称为状态参数。在这个特定的环境中,所有可能的状态全体就组成状态集(也称为状态空间)。状态集可以是离散的也可以是连续的。另外,状态(参数)是不能被人所控制的,但往往可以看成一个随机变量,有一个概率分布,这个概率分布就是一种先验分布 $\pi(\theta)$。

(2) **行动集** $A=\{a\}$。一个行动 $a$ 就是一个做法或方案,它既可以是数量型的(例5.3)也可以是非数量型的(例5.1和例5.2),在一个决策问题中所有可行的行动就构成了行动集(也称为行动空间)。

(3) **收益函数** $G(\theta,a)$。这是定义在集合

$$\Theta\times A=\{(\theta,a);\ \theta\in\Theta,a\in A\}$$

上的二元函数(这个集合称为 $\Theta$ 和 $A$ 的笛卡儿积),表示当状态为 $\theta$ 且采取行动 $a$ 时得到的收益。收益函数的取值可正可负,其正值表示盈利,负值表示亏损,收益函数值最常用的是货币单位,但有时也用其他容易比较好坏的单位,如产量、销售量等。当状态集和行动集都是有限个元素组成的时,可以用收益矩阵来表示收益值全体,正如例5.1和例5.2所做的那样。显然,收益矩阵是收益函数的一种特殊形式,其作用与收益函数是一样的,但它有一目了然的优点。另外,需要注意的是,在实际的决策问题中,有时可能不用收益函数,而是用与收益函数对等地位的亏损函数、支付函数或成本函数等。

状态集 $\Theta$、行动集 $A$ 和收益函数 $G(\theta,a)$ 构成了一个决策问题的三要素。一个决策问题是否确定,就是要看这三要素是否已经明确地定义下来。三要素中只要任何一个有变化,都会导致决策问题的改变,形成另一个决策问题,因此结论就可能会不一样。我们约定今后讲一个决策问题就意味着它的状态集 $\Theta$、行动集 $A$ 和收益函数 $G(\theta,a)$ 这三要素全都给定了。所谓决策就是首先明确决策问题的各个要素,然后按照一定的准则,通过分析比较,寻找出最优行动。

### 5.1.2 行动的容许性与先验期望准则

现在我们先来考虑行动集 $A$ 中的行动。设 $A$ 中有两个行动 $a_1$ 与 $a_2$ 对收益函数满足

$$G(\theta,a_1)\leqslant G(\theta,a_2),\quad \forall\,\theta\in\Theta$$

即行动 $a_1$ 的收益总是小于等于行动 $a_2$ 的收益,同时至少存在一个 $\theta$ 使 $G(\theta,a_1)<G(\theta,a_2)$,那么行动 $a_1$ 显然可以从行动集 $A$ 中剔除掉,这种行动被称为非容许行动。下面给出

容许行动和非容许行动的定义。

**定义 5.1**　在给定的决策问题中，称行动集 $A$ 中的行动 $a_1$ 是**容许的**，假如在 $A$ 中不存在同时满足如下两个条件的行动 $a_2$：①对所有的 $\theta \in \Theta$，有 $G(\theta,a_1) \leqslant G(\theta,a_2)$；②至少存在一个 $\theta$，使 $G(\theta,a_1) < G(\theta,a_2)$ 成立。假如这样的 $a_2$ 存在，则称 $a_1$ 是**非容许的**。此外，如果两个行动 $a_1$ 和 $a_2$ 的收益函数在状态集 $\Theta$ 上处处相等即

$$G(\theta,a_1) \equiv G(\theta,a_2), \quad \forall \theta \in \Theta$$

则称**行动 $a_1$ 与 $a_2$ 是等价的**。

行动集 $A$ 中如有非容许行动则必须剔除出去，这样行动集中只存在容许行动，从而使决策得以简化。今后总假定行动集 $A$ 中没有非容许行动。

现在假设给定了一个决策问题，那么该如何去做决策呢？对给定的决策问题做决策就是按照一定准则在行动集 $A=\{a\}$ 中选取一个行动，它满足这个准则，从而这个行动就是决策结果。因此，做决策首先要明确做决策的准则是什么。在此，介绍一个常用的准则——先验期望准则及连带的二阶矩准则。

**定义 5.2**　对给定的决策问题，设状态(参数)的正常先验分布为 $\pi(\theta)$，则收益函数 $G(\theta,a)$ 对 $\pi(\theta)$ 的期望与方差

$$\bar{G}(a)=E^{\theta}[G(\theta,a)], \quad \sigma^2(a)=\mathrm{Var}[G(\theta,a)]=E^{\theta}[G(\theta,a)^2]-[E^{\theta}G(\theta,a)]^2$$

分别称为**先验期望收益**和**收益的先验方差**。使先验期望收益达到最大的行动 $a^*$，即满足方程

$$\bar{G}(a^*)=\max_{a \in A}\bar{G}(a)$$

的行动 $a^*$ 称为**先验期望准则下的最优行动**。若在同一个决策问题中此种最优行动不止一个，则要用收益的先验方差来进一步判定，使收益的先验方差达到最小的行动称为**二阶矩准则下的最优行动**。

**注**：上述讨论是针对收益函数来进行的，对于支付函数(亏损函数或成本函数等)可类似进行讨论，差别仅在于标准，对收益函数而言，收益是越大越好，而对支付函数(亏损函数或成本函数等)而言，支付是越少越好。例如，对于成本函数 $C(\theta,a)$，最优行动 $a^*$ 是满足如下方程的行动：

$$\bar{C}(a^*)=\min_{a \in A}\bar{C}(a)$$

**例 5.4**　某公司准备生产一种新产品，如今有三个方案供选择，$a_1$：改建本公司原有生产线；$a_2$：从国外引进一条自动化生产线；$a_3$：与关联公司合作生产。为了简化决策，经理把市场对此新产品的需求量分为三种状态：高 $\theta_1$；中 $\theta_2$；低 $\theta_3$。财会人员还为经理估算出收益矩阵为(单位：万元)

$$\begin{array}{c} \begin{matrix} a_1 & a_2 & a_3 \end{matrix} \\ \begin{bmatrix} 700 & 980 & 400 \\ 250 & -500 & 90 \\ -200 & -800 & -30 \end{bmatrix} \begin{matrix} \theta_1 \\ \theta_2 \\ \theta_3 \end{matrix} \end{array}$$

但是，经理不同的顾问给出了需求量的不同先验概率分布，悲观先生给出的是 $\pi_1$，乐观先生给出的是 $\pi_2$，统计分析师给出的是 $\pi$，具体的概率分布列见表 5.1。请按照不同的先验概率分布帮助经理进行决策。

表 5.1 不同的先验分布

| 需求量 | 高 | 中 | 低 |
|---|---|---|---|
| 先验分布 $\pi_1$ | 0 | 0 | 1 |
| 先验分布 $\pi_2$ | 1 | 0 | 0 |
| 先验分布 $\pi$ | 0.6 | 0.3 | 0.1 |

**解**：(1) 先验概率分布为 $\pi_1$ 时，容易算得各行动的先验期望收益

$$\bar{G}(a_1)=-200,\quad \bar{G}(a_2)=-800,\quad G(a_3)=-30$$

从而根据先验期望准则，行动 $a_3$ 是最优行动。

(2) 先验概率分布为 $\pi_2$ 时，同样算得各行动的先验期望收益

$$\bar{G}(a_1)=700,\quad \bar{G}(a_2)=980,\quad \bar{G}(a_3)=400$$

从而根据先验期望准则，行动 $a_2$ 是最优行动。

(3) 先验概率分布为 $\pi$ 时，各行动的先验期望收益

$$\bar{G}(a_1)=420+75-20=475$$

$$\bar{G}(a_2)=588-150-80=358$$

$$\bar{G}(a_3)=240+27-3=264$$

从而根据先验期望准则，行动 $a_1$ 是最优行动。

**注**：从本例我们看到，由于先验概率分布的不同，按照同样的准则得到的最优行动完全不同。不难看出，先验概率分布 $\pi_1$ 和 $\pi_2$ 是很不合理的，一个认为需求量低的概率为 1，对未来市场极端悲观；另一个认为需求量高的概率为 1，对未来市场太过乐观，这些显然都不符合常识。在这里，关键是要预估出符合市场实际状况的先验概率分布，而先验概率分布 $\pi$ 就较为合理。

**例 5.5** (例 5.3 续)现在我们可以帮助大学生创业者完成决策工作了。在此收益函数为

$$G(\theta,a)=\begin{cases}8\theta-3.8a, & 500\leqslant\theta\leqslant 0.9a\\ 3.4a, & 0.9a<\theta\leqslant 2\,000\end{cases}$$

其中，$\theta$ 为市场需求量，而 $a$ 为采购量。假设大学生创业者的店刚开张不久，没有可用的数据，因此采用区间[500,2 000]上的均匀分布作为 $\theta$ 的先验分布，于是采购量 $a$ 的先验期望收益为

$$\bar{G}(a)=\int_{500}^{0.9a}\frac{(8\theta-3.8a)}{1\,500}\mathrm{d}\theta+\int_{0.9a}^{2\,000}\frac{3.4a}{1\,500}\mathrm{d}\theta$$

$$=\frac{1}{1\,500}[-3.24a^2+8\,700a-1\,000\,000]$$

不难求得当 $a=1\,343$ 时先验期望收益达到最大，故大学生创业者购进 1 343 千克荔枝是最优行动。

## 5.1.3 先验期望准则两性质

现在我们引入先验期望准则的两个性质，它们可以使寻求最优行动的计算得以简化。

**定理 5.1**　在状态的先验分布不变的情况下，收益函数 $G(\theta,a)$ 的线性变换 $G_1(\theta,a)=kG(\theta,a)+c(k>0)$ 不会改变先验期望准则下的最优行动。

事实上，新的收益函数 $G_1$ 的先验期望收益为

$$\bar{G}_1(a)=E^{\theta}[G_1(\theta,a)]=kE^{\theta}[G(\theta,a)]+c=k\bar{G}(a)+c$$

由于 $k>0$，$\bar{G}_1(a)$ 与 $\bar{G}(a)$ 在同一点达到最大期望收益值，故不会改变决策结果。

**定理 5.2**　设 $\Theta_1$ 为状态集 $\Theta$ 的一个非空子集，在 $\Theta_1$ 上，收益函数 $G(\theta,a)$ 被加上一个常数 $c$，那么在先验期望准则下的最优行动不变。

事实上，新的收益函数 $G_1$ 为

$$G_1(\theta,a)=\begin{cases}G(\theta,a)+c, & \theta\in\Theta_1\\ G(\theta,a), & \theta\in\Theta-\Theta_1\end{cases}$$

在状态集 $\Theta$ 是连续的情况下，$G_1$ 的先验期望为

$$\begin{aligned}\bar{G}_1(a)=E^{\theta}[G_1(\theta,a)]&=\int_{\Theta_1}[G(\theta,a)+c]\pi(\theta)\mathrm{d}\theta+\int_{\Theta-\Theta_1}G(\theta,a)\pi(\theta)\mathrm{d}\theta\\&=\int_{\Theta}G(\theta,a)\pi(\theta)\mathrm{d}\theta+c\int_{\Theta_1}\pi(\theta)\mathrm{d}\theta\\&=\bar{G}(a)+cP_{\pi}(\theta\in\Theta_1)\end{aligned}$$

显然上式第二项 $cP_{\pi}(\theta\in\Theta_1)$ 是与行动 $a$ 无关的常数，$\bar{G}_1(a)$ 与 $\bar{G}(a)$ 在同一点达到最大期望收益值，因此在先验期望准则下的最优行动不变。当状态集 $\Theta$ 为离散时，也容易证得类似结果。

## 5.2 损失函数

### 5.2.1 什么是损失函数

收益函数 $G(\theta,a)$ 是决策问题三要素之一，它度量状态为 $\theta$ 并且采用行动 $a$ 时所得到的收益。它是把决策与经济效益联系在一起的桥梁，但此种桥梁并不局限于收益函数，还可以是亏损函数、成本函数、支付函数等。这些表面大不相同的函数，通过数学变换，可以统一用另一个更为有效的概念——"损失函数"来取代。

那么，什么是损失函数呢？我们举例来说明。如果某公司一个月的经营收益为 $-2\,000$ 元，即亏损 2 000 元，那么这是针对成本而言的，但不是我们定义的损失。在决策理论和实践中，损失是指"该赚而没有赚到的钱"，是一种机会损失。例如，该公司如采用最优行动本可以赚 3 000 元，由于决策失误而少赚了 2 000 元，那么我们说，该商店损失 2 000 元。这里不是没有正收益，而是由于没有抓住机会使得收益少了。又如，一次加班本来只需 3 位工人就可以按时完成，可车间主任叫来了 4 位工人，工作虽然完成了，可工厂多支付的 1 位工人的加班费就是损失。

假设在一个决策问题中状态集 $\Theta=\{\theta\}$，行动集 $A=\{a\}$，定义在 $\Theta\times A$ 上的二元函数 $L(\theta,a)$ 称为**损失函数**，它表示在自然界(或社会)某个环境如果处于状态 $\theta$，人们采取行动 $a$ 时引起的(经济)损失。在统计决策理论和实践中，损失函数常取代收益函数(亏损函数、成

本函数、支付函数),并与状态集和行动集组成决策问题的三要素。

实际上,损失函数与收益函数 $G(\theta,a)$ 是有密切联系的,当收益函数已知时不难获得损失函数。因为当自然界(或社会)处于状态 $\theta$ 时,可能的最大收益为 $\max_{a\in A}G(\theta,a)$,而如果决策者采取行动 $a$ 则收益只为 $G(\theta,a)$,从而引起的损失为

$$L(\theta,a)=\max_{a\in A}G(\theta,a)-G(\theta,a)$$

于是就得到了损失函数 $L(\theta,a)$。类似地,当决策用成本函数(亏损函数或支付函数等)$C(\theta,a)$ 做度量时,损失函数则为

$$L(\theta,a)=C(\theta,a)-\min_{a\in A}C(\theta,a)$$

**例 5.6** 某高校毕业生创办的公司计划购进一批货物投放市场,如果购进量 $a$ 低于市场需求量 $\theta$,则每吨可赚 10 万元;如果购进数量 $a$ 超过市场需求量 $\theta$,超过部分每吨反而要亏 30 万元。试为该公司写出收益函数和损失函数。

**解**:其收益函数为

$$G(\theta,a)=\begin{cases}10a, & a\leqslant\theta\\ 10\theta-30(a-\theta), & a>\theta\end{cases}$$

不难看出,当购进量 $a$ 等于市场需求量时,收益达到最大,此时收益为 $10\theta$,再根据损失函数与收益函数的关系,可以写出损失函数

$$L(\theta,a)=\begin{cases}10(\theta-a), & a\leqslant\theta\\ 30(a-\theta), & a>\theta\end{cases}$$

**注**:这里,第一种情况是供给不能满足需求引起的损失 $10(\theta-a)$ 万元(理论上该赚而没有赚到);第二种情况是供给超过需求引起的损失 $30(a-\theta)$ 万元(理论上不该亏而亏了)。在实际的经营管理中,这两种损失都会出现,决策的目的就是要使得损失最小。

### 5.2.2 损失函数下的先验期望准则

对给定的决策问题,如果关于状态 $\theta$ 的正常先验分布为 $\pi(\theta)$,则可使用损失函数下的先验期望准则做决策。

**定义 5.3** 对给定的决策问题,如果状态 $\theta$ 的正常先验分布为 $\pi(\theta)$,则损失函数 $L(\theta,a)$ 对 $\pi(\theta)$ 的期望与方差

$$\bar{L}(a)=E^{\theta}L(\theta,a),\quad \mathrm{Var}[L(\theta,a)]=E^{\theta}[L(\theta,a)]^2-[E^{\theta}L(\theta,a)]^2$$

分别称为**先验期望损失**(也称为**先验风险**)和**损失的先验方差**。使先验期望损失达到最小的行动 $a^*$,即满足方程

$$\bar{L}(a^*)=\min_{a\in A}\bar{L}(a)$$

的行动 $a^*$ 称为先验期望准则下的最优行动,如果这种最优行动不止一个,则要用损失的先验方差来进一步判定,使损失的先验方差达到最小的行动称为二阶矩准则下的最优行动。

**注**:

(1) 损失函数下的先验期望准则与收益函数下的先验期望准则是等价的。

事实上,设行动 $a^*$ 是按损失函数下的先验期望准则求出的最优行动,即有

$$\bar{L}(a^*)=\min_{a\in A}\bar{L}(a)$$

由于

$$\bar{L}(a^*)=E^{\theta}L(\theta,a^*)=E^{\theta}[\max_{a\in A}G(\theta,a)]-E^{\theta}[G(\theta,a^*)]$$

$$\begin{aligned}\min_{a\in A}\bar{L}(a)&=\min_{a\in A}\{E^{\theta}[\max_{a\in A}G(\theta,a)]-E^{\theta}[G(\theta,a)]\}\\&=E^{\theta}[\max_{a\in A}G(\theta,a)]-\max_{a\in A}\{E^{\theta}[G(\theta,a)]\}\end{aligned}$$

那么

$$E^{\theta}[\max_{a\in A}G(\theta,a)]-E^{\theta}[G(\theta,a^*)]=E^{\theta}[\max_{a\in A}G(\theta,a)]-\max_{a\in A}\{E^{\theta}[G(\theta,a)]\}$$

$$E^{\theta}[G(\theta,a^*)]=\max_{a\in A}\{E^{\theta}[G(\theta,a)]\}$$

即 $a^*$ 是收益函数下的先验期望准则下的最优行动。以上等式显然可以从下到上倒推上去，因此等价性成立。

(2) 无论是用收益函数下的先验期望准则还是用损失函数下的先验期望准则，当最优行动不止一个时，我们要进一步用相应的先验方差来确定最终的最优行动。从方差的定义可知，它是用来测度偏离均值(期望值)程度的，也就是说它是波动或风险的一种度量，收益(或损失)的方差小就表明收益(或损失)的波动(风险)小，也就意味着决策风险小，因此在最优行动不止一个时，进一步用相应的先验方差进行决策。有时，次优行动与最优行动的收益(或损失)相差不大，而次优行动的收益(或损失)的先验方差比最优行动的收益(或损失)的先验方差小得多，那么从风险管理的角度考虑，我们可以选取次优行动作为最终的采纳行动。

**例 5.7**　某采购决策问题已推导出如下损失矩阵：

$$\begin{matrix} & a_1 & a_2 & a_3 & \\ & \left[\begin{matrix}0\\1\\3.7\end{matrix}\right. & \begin{matrix}4\\0\\1.8\end{matrix} & \left.\begin{matrix}8\\2\\0\end{matrix}\right] & \begin{matrix}\theta_1\\\theta_2\\\theta_3\end{matrix}\end{matrix}$$

其中，$a_1$、$a_2$、$a_3$ 分别表示大批量采购、中批量采购、小批量采购，而 $\theta_1$、$\theta_2$、$\theta_3$ 分别表示市场需求量高、中、低。如今公司经理经过专家咨询和自身的经验给出如下先验分布：

$$\pi(\theta_1)=0.2,\quad \pi(\theta_2)=0.7,\quad \pi(\theta_3)=0.1$$

请你帮助经理进行决策。

**解**：用先验分布可以算得行动 $a_1$、$a_2$、$a_3$ 的先验期望损失分别为

$$\bar{L}(a_1)=1.07,\quad \bar{L}(a_2)=0.98,\quad \bar{L}(a_3)=3.00$$

损失的先验方差分别为

$$\mathrm{Var}\,L(\theta,a_1)=0.9241,\quad \mathrm{Var}\,L(\theta,a_2)=2.5636,\quad \mathrm{Var}\,L(\theta,a_3)=6.60$$

通过比较各个行动的先验期望损失大小，得 $a_2$ 是先验期望准则下的最优行动。另外，注意到 $a_1$ 的先验期望损失仅比 $a_2$ 的先验期望损失多 $1.07-0.98=0.09$，而 $a_1$ 对应的先验方差比 $a_2$ 对应的先验方差却小得多，所以，就本决策问题而言，为避免风险，$a_1$ 也是可采用的行动。

**例 5.8**　某大学药学院下属制药公司试制成功一种新的止痛剂。为了决定此新药是否

投放市场、投放多少、价格如何等问题,需要先估计这种新的止痛剂在止痛剂市场的占有率 $\theta$ 是多少。

**解**:在这个决策问题中,新止痛剂在市场的状态就是占有率 $\theta$,所以状态集是 $\Theta=\{\theta\}=[0,1]$。而决策者所要采取的行动是选一个 $a\in[0,1]$ 作为 $\theta$ 的估计值,所以行动集 $A=[0,1]$。

在前面的例子中,我们先确定收益函数,然后由损失函数与收益函数的关系再把损失函数确定下来。但在本例中,要估计收益函数本身就有困难,所以我们改为直接估算损失。显然,偏低估计 $\theta$ 或偏高估计 $\theta$ 都会给制药公司带来损失。如果偏低估计 $\theta$,将会导致药物供不应求,本来能赚到的利润没有赚到,造成工厂损失。另外,偏高估计 $\theta$ 则导致药物供过于求,而且会给工厂带来更大的损失。因为供不应求只损失本应得到的利润;而供过于求将会造成库存增加,原材料和设备浪费,影响再生产。根据经验,公司经理认为供过于求给公司带来的损失要比供不应求带来的损失高1倍,而损失与供需误差的绝对值 $|\theta-a|$ 成正比,即公司经理采用如下损失函数:

$$L(\theta,a)=\begin{cases}(\theta-a), & \text{当 } a\leqslant\theta\leqslant 1 \text{ 时}\\ 2(a-\theta), & \text{当 } 0\leqslant\theta<a \text{ 时}\end{cases}$$

由于这是一种全新的止痛剂,对于市场占有率 $\theta$ 无任何先验信息,因此采用区间 $[0,1]$ 上的均匀分布作为 $\theta$ 的先验分布。于是行动 $a$ 的先验期望损失为

$$\bar{L}(a)=\int_0^a 2(a-\theta)\mathrm{d}\theta+\int_a^1(\theta-a)\mathrm{d}\theta=\frac{3}{2}a^2-a+\frac{1}{2}$$

易知当 $a=1/3$ 时,$\bar{L}(a)$ 达到最小,这样 $a=1/3$ 就是先验期望准则下的最优行动。这里,$a=1/3$ 实际上是市场占有率 $\theta$ 的估计值,故可记 $\hat{\theta}=a=1/3$。

### 5.2.3 二行动线性决策问题的损失函数

在实际应用中,我们常会遇到这样一类决策问题,其行动 $a$ 只有两种可能:接受($a_1$)与拒绝($a_2$),而且在每个行动下的收益函数都是状态 $\theta$ 的线性函数

$$G(\theta,a)=\begin{cases}b_1+m_1\theta, & a=a_1\\ b_2+m_2\theta, & a=a_2\end{cases}$$

这类决策问题称为二行动线性决策问题,是一类既简单又常用的决策问题。

下面来讨论二行动线性决策问题的损失函数。在这类问题中,两个线性收益函数有一个交点为 $\theta_0=(b_1-b_2)/(m_2-m_1)$,并称 $\theta_0$ 为 $\theta$ 的平衡值(点)。为了确定起见,设 $m_1>m_2$。那么,当 $\theta\leqslant\theta_0$ 时,$G(\theta,a_2)>G(\theta,a_1)$,故可得行动 $a_1$ 和 $a_2$ 的损失函数:

$$L(\theta,a_1)=\max_a G(\theta,a)-G(\theta,a_1)=(b_2-b_1)-(m_2-m_1)\theta$$

$$L(\theta,a_2)=\max_a G(\theta,a)-G(\theta,a_2)=G(\theta,a_2)-G(\theta,a_2)=0$$

类似地,当 $\theta>\theta_0$ 时,$G(\theta,a_1)>G(\theta,a_2)$,故有

$$L(\theta,a_1)=\max_a G(\theta,a)-G(\theta,a_1)=0$$

$$L(\theta,a_2)=\max_a G(\theta,a)-G(\theta,a_2)=(b_1-b_2)+(m_1-m_2)\theta$$

综合以上两种情况,二行动线性决策问题的损失函数是

$$L(\theta,a_1)=\begin{cases}(b_2-b_1)+(m_2-m_1)\theta, & \theta\leqslant\theta_0\\ 0, & \theta>\theta_0\end{cases}$$

$$L(\theta,a_2)=\begin{cases}0, & \theta\leqslant\theta_0\\ (b_1-b_2)+(m_1-m_2)\theta, & \theta>\theta_0\end{cases}$$

当 $m_1<m_2$ 时,可以类似地写出损失函数。

**例 5.9**　(大学毕业生应聘决策问题)甲、乙两厂生产同一种产品,其质量相同,零售价也相同,现在两厂都在招聘大学毕业生推销员,但所付报酬方式不同。推销甲厂产品每千克给予报酬 3.5 元;推销乙厂产品每千克给予报酬 3.0 元但每天还发津贴 10 元。该大学毕业生应该应聘哪一厂家会有较高的报酬?

**解**:大学生应聘者面临两种选择:当甲厂推销员($a_1$)或当乙厂的推销员($a_2$),其每天的收入函数为(单位:元)

$$G(\theta,a)=\begin{cases}3.5\theta, & a=a_1\\ 10+3\theta, & a=a_2\end{cases}$$

其中,$\theta$ 是每天的销售量。显然,这是一个二行动线性决策问题。

为了写出损失函数,先求出平衡值 $\theta_0=20$,然后可得到损失函数:

$$L(\theta,a_1)=\begin{cases}10-0.5\theta, & \theta\leqslant 20\\ 0, & \theta>20\end{cases}$$

$$L(\theta,a_2)=\begin{cases}0, & \theta\leqslant 20\\ -10+0.5\theta, & \theta>20\end{cases}$$

最后,如果该大学毕业生假期有去实习销售一段时间,那我们就可以估计出销售量 $\theta$ 的概率分布,从而帮助该大学毕业生作出决策。

# 5.3　贝叶斯决策

## 5.3.1　什么是贝叶斯决策

在 5.1 节,我们总结出一个决策问题的三要素:①状态集 $\Theta=\{\theta\}$ 及其上的先验分布 $\pi(\theta)$;②行动集 $A=\{a\}$;③定义在 $\Theta\times A$ 上的损失函数 $L(\theta,a)$。

在这里,状态变量的先验分布是利用先验信息得到的,没有进行试验或者抽样。然而,我们知道要想作出更好的决策,就要有更符合当前实际的信息,因此,在做决策之前,先进行试验或抽样应该是很有意义的。回忆一下在前面章节所阐述的贝叶斯统计中,我们首先通过总结先验信息得到总体分布密度 $p(x|\theta)$ 的参数 $\theta$ 的先验分布,而为了更新先验分布,也是先进行试验或者抽样,所以,这种想法和做法在不同领域是一致的。现在,我们根据问题的实际情形,确定一个可观察的随机变量 $X$ 作为总体,它的概率分布恰好把状态变量 $\theta$ 当作未知参数,也就是说,$X$ 的分布密度函数具有形式 $p(x|\theta)$。这样,对 $p(x|\theta)$ 进行随机抽样或对总体做试验,就可以得到样本 $\boldsymbol{x}=(x_1,\cdots,x_n)$(抽样信息),从而利用贝叶斯公式可将先验分布更新为后验分布,进而利用后验分布进行决策。

作为小结,我们看到一个贝叶斯决策问题给定了,就是已知:

(1) 一个可观察的总体 $X$,它的密度函数(或概率函数)为 $p(x|\theta)$,其中 $\theta$ 是未知(状态)参数且 $\theta\in\Theta$;

(2) 在(状态)参数空间 $\Theta$ 上有一个先验分布 $\pi(\theta)$;

(3) 行动集 $A=\{a\}$;

(4) 在空间 $\Theta\times A$ 上定义的损失函数 $L(\theta,a)$。

**注**:

(1) 从决策论角度看,一个贝叶斯决策问题比一个一般决策问题多了总体分布及其样本 $\boldsymbol{x}=(x_1,\cdots,x_n)$。从贝叶斯统计角度看,一个贝叶斯决策问题比一个贝叶斯推断问题多了一个损失函数。因此,我们说把损失函数引进贝叶斯统计就形成了贝叶斯(统计)决策问题。

(2) 当把统计推断问题看成决策问题时,如对 $\theta$ 做点估计,一般取行动集等于参数空间 $A=\Theta$;如对 $\theta$ 做区间估计,一个行动 $a$ 就是一个区间,$\Theta$ 上一切可能的区间构成行动集 $A$;如对 $\theta$ 做假设检验,则 $A$ 只含有接受 $a_1$ 和拒绝 $a_2$ 两个行动。

## 5.3.2 决策函数

在贝叶斯决策问题中,由于试验或抽样得到了样本(新信息),由贝叶斯公式就可以获得后验分布。事实上,如果样本 $\boldsymbol{x}=(x_1,\cdots,x_n)$ 而样本的联合密度函数为 $p(\boldsymbol{x}|\theta)$,那么 $\theta$ 的后验密度函数

$$\pi(\theta \mid \boldsymbol{x})=\frac{p(\boldsymbol{x} \mid \theta)\pi(\theta)}{m(\boldsymbol{x})}=\frac{p(\boldsymbol{x} \mid \theta)\pi(\theta)}{\int_{\Theta}p(\boldsymbol{x} \mid \theta)\pi(\theta)\mathrm{d}\theta}$$

它是根据新信息对先验分布 $\pi(\theta)$ 的更新。于是,我们可以将损失函数 $L(\theta,a)$ 对后验分布 $\pi(\theta|\boldsymbol{x})$ 求期望并记为 $R(a|\boldsymbol{x})$,即

$$R(a \mid \boldsymbol{x})=E^{\theta|\boldsymbol{x}}[L(\theta,a)]$$

显然,这个期望是用后验分布计算的一种平均损失。在样本 $\boldsymbol{x}=(x_1,\cdots,x_n)$ 给定的条件下,不同的行动 $a$ 有不同的平均损失;在行动 $a$ 给定的情况下,样本的变化也会使平均损失跟随着变化。请看下面的例子。

**例 5.10** 某公司的产品每100件装成一箱运交客户。在向客户交货前,面临如下两个行动的选择:

$$a_1\text{:一箱中逐一检查产品;}\quad a_2\text{:一箱中一件产品也不检查}$$

如果公司选择行动 $a_1$,则可保证交货时每件产品都是合格品,但因每件产品的检查费为0.8元,为此公司要支付检查费80元/箱。如果公司选择行动 $a_2$,则无检查费要支付,但客户发现不合格品时,按合同不仅允许更换,而且每件要支付12.5元的赔偿费。设 $\theta$ 表示一箱中的产品不合格率,那么公司的支付函数

$$W(\theta,a)=\begin{cases}80, & a=a_1\\ 12.5\times 100\theta, & a=a_2\end{cases}$$

这时相应的损失函数不难得到,它是

$$L(\theta,a_1)=\begin{cases}80-1\,250\theta, & \theta\leqslant\theta_0\\ 0, & \theta>\theta_0\end{cases},$$

$$L(\theta,a_2)=\begin{cases}0, & \theta\leqslant\theta_0\\ -80+1\,250\theta, & \theta>\theta_0\end{cases}$$

其中，平衡值 $\theta_0=0.064$。

(1) 如果公司从过去的记录发现产品的不合格品率 $\theta$ 从来没有超过 0.12，则可取均匀分布 U(0,0.12)作为 $\theta$ 的先验分布，这是我们前面讨论过的情形。

(2) 如果公司决定从仓库随机取出一箱并抽取两件产品进行检查，设 $X$ 为不合格产品数，则 $X\sim\text{Bin}(2,\theta)$(二项分布)。这时公司的支付函数为

$$W(\theta,a)=\begin{cases}80, & a=a_1\\ 1.6+1\,250\theta, & a=a_2\end{cases}$$

相应的损失函数为

$$L(\theta,a_1)=\begin{cases}78.4-1\,250\theta, & \theta\leqslant\theta_0\\ 0, & \theta>\theta_0\end{cases},$$

$$L(\theta,a_2)=\begin{cases}0, & \theta\leqslant\theta_0\\ -78.4+1\,250\theta, & \theta>\theta_0\end{cases}$$

其中，平衡值 $\theta_0=0.062\,72$。当仅利用 $X\sim\text{Bin}(2,\theta)$这个抽样信息进行决策时，整个问题就构成统计决策问题，将在第 7 章进行讨论。

(3) 当同时使用 $\theta$ 的先验分布 U(0,0.12)和抽样信息 $X\sim\text{Bin}(2,\theta)$进行决策，整个问题就构成了贝叶斯(统计)决策问题。

**注**：对于(2)和(3)这两种情形，我们也可以将两个行动定义为

$a_1$：一箱中逐一检查产品；　$a_2$：同一箱中抽检 2 件产品

这时，公司的支付函数和相应的损失函数有所变化，如支付函数变为

$$W(\theta,a)=\begin{cases}80, & a=a_1\\ 1.6+12.5\times 98\theta, & a=a_2\end{cases}$$

下面我们继续讨论情形(3)所形成的贝叶斯决策问题。这时，$\theta$ 的先验分布为 U(0,0.12)而样本的分布为 $X\sim\text{Bin}(2,\theta)$。由此可得 $X$ 与 $\theta$ 的联合分布

$$h(x,\theta)=0.12^{-1}\binom{2}{x}\theta^x(1-\theta)^{2-x},\quad x=0,1,2,0<\theta<0.12$$

而 $X$ 的边际分布为

$$m(x)=0.12^{-1}\binom{2}{x}\int_0^{0.12}\theta^x(1-\theta)^{2-x}\,\mathrm{d}\theta$$

在 $x=0$、1、2 的情况下，分别计算得

$$m(0)=0.12^{-1}\int_0^{0.12}(1-\theta)^2\,\mathrm{d}\theta=0.12^{-1}[0.12-0.12^2+0.12^3/3]=0.884\,8$$

$$m(1)=2\times 0.12^{-1}\int_0^{0.12}\theta(1-\theta)\mathrm{d}\theta=2\times 0.12^{-1}[0.12^2/2-0.12^3/3]=0.1104$$

$$m(2)=0.12^{-1}\int_0^{0.12}\theta^2\mathrm{d}\theta=0.0048$$

这样就得到 $X$ 的边际分布,如表 5.2 所示。

**表 5.2　X 的边际分布**

| $x$ | 0 | 1 | 2 |
|---|---|---|---|
| $m(x)$ | 0.884 8 | 0.110 4 | 0.004 8 |

从而容易写出 $\theta$ 的后验分布密度函数

$$\pi(\theta\mid x=0)=0.12^{-1}(1-\theta)^2/0.8848=9.4183(1-\theta)^2$$

$$\pi(\theta\mid x=1)=2\times 0.12^{-1}\theta(1-\theta)/0.1104=150.9662\theta(1-\theta)$$

$$\pi(\theta\mid x=2)=0.12^{-1}\theta^2/0.0048=1736.1111\theta^2$$

其中,$0<\theta<0.12$。注意这里共有 3 个后验分布密度,一个样本值对应一个后验分布。之所以如此,是因为我们把所有可能的情形都写出来了。最后,利用损失函数计算后验平均损失 $R(a|x)$。由于行动 $a$ 有两种,而 $x$ 可取 3 个不同的值,所以这里 $R(a|x)$就有 6 个可能的值,如我们有

$$R(a_1\mid x=0)=\int_0^{\theta_0}(78.4-1250\theta)\times 9.4183(1-\theta)^2\mathrm{d}\theta=22.2030$$

$$R(a_2\mid x=2)=1736.1111\times\int_{\theta_0}^{0.12}(-78.4+1250\theta)\theta^2\mathrm{d}\theta=36.8924$$

其余的后验平均损失可类似算得,现在把 6 个后验平均损失列入表 5.3。

**表 5.3　后验平均损失**

| $a$ \ $x$ | 0 | 1 | 2 |
|---|---|---|---|
| $a_1$ | 22.203 0 | 15.048 3 | 2.798 6 |
| $a_2$ | 15.615 9 | 55.978 3 | 36.892 4 |

按照一般的想法,我们应该挑选使后验平均损失最小的行动为最优行动,可是从表 5.3 看到,假如选 $a_1$,那么 $x=0$ 时 $a_1$ 的后验平均损失不是最小的;假如选 $a_2$,那么 $x=1,2$ 时 $a_2$ 的后验平均损失不是最小的。换句话说,最优行动还与样本观察值 $x$ 有关!当样本观察值改变了,最优行动也可能跟随改变,也就是说,最优行动是样本 $x$ 的函数。在本例中,最优行动

$$a^*=\begin{cases}a_2, & x=0\\ a_1 & x=1,2\end{cases}$$

如果我们定义

$$\delta^*(x)=\begin{cases}a_2, & x=0\\ a_1 & x=1,2\end{cases}$$

即一个样本到行动集的函数，那么 $a^* = \delta^*(x)$。为了一般性地解决这类跟抽样有关的决策问题，需要引入决策函数(decision function)这一重要概念。

**定义 5.4**　在给定的(贝叶斯)统计决策问题中，从抽样空间$\{\boldsymbol{x};\ \boldsymbol{x}=(x_1,\cdots,x_n)\}$到行动集 $A$ 上的函数$\delta(\boldsymbol{x})$称为**决策函数**(也称为**决策法则**)，符合该决策问题要求的决策函数全体称为该决策问题的**决策函数类**，用$D=\{\delta(\boldsymbol{x})\}$表示。

**注：**

(1) 由于作为值域的行动集 $A$ 不见得一定为数集，所以这里的函数概念比一般函数概念的含义有所推广，即允许函数值为非数量[在数学上这种函数或更一般的情形称为映照或映射(mapping)]。当行动集 $A$ 是某个数集时，决策函数其实就是统计量。

(2) 在许多英文著作中，决策函数更多地被称为决策法则(decision rule)，后者决策分析的意味更浓。

(3) 在贝叶斯决策问题中，我们的目的是要在它的决策函数类 $D$ 中寻找决策函数$\delta(\boldsymbol{x})$，其后验平均损失$R(\delta(\boldsymbol{x})|\boldsymbol{x})$最小。

**例 5.11**　(例 5.10 续)在例 5.10 的产品销售决策问题中，涉及的抽样空间和行动集分别是

$$\mathcal{X}=\{0,1,2\}\quad A=\{a_1,a_2\}$$

因此，该问题的决策函数类就是从$\mathcal{X}$ 到 $A$ 上的所有可能的决策函数。不难看出，这样的决策函数共有 8 个，可以列举如下：

$$\delta_1(x)=a_1,\quad x=0,1,2,\quad \delta_2(x)=\begin{cases}a_1, & x=0,1\\ a_2, & x=2\end{cases},\quad \delta_3(x)=\begin{cases}a_1, & x=0,2\\ a_2, & x=1\end{cases}$$

$$\delta_4(x)=\begin{cases}a_1, & x=0\\ a_2, & x=1,2\end{cases},\quad \delta_5(x)=\begin{cases}a_2, & x=0\\ a_1, & x=1,2\end{cases},\quad \delta_6(x)=\begin{cases}a_2, & x=0,2\\ a_1, & x=1\end{cases}$$

$$\delta_7(x)=\begin{cases}a_2, & x=0,1\\ a_1, & x=2\end{cases},\quad \delta_8(x)=a_2,x=0,1,2,$$

决策函数 $\delta_8(x)=a_2, x=0,1,2$ 就表示无论样本 $x$ 取到什么样本值，都选择行动 $a_2$，又如

$$\delta_7(x)=\begin{cases}a_2, & x=0,1\\ a_1, & x=2\end{cases}$$

就表示：当 $x$ 为 0 或 1 时，选择行动 $a_2$；当 $x$ 为 2 时，采取行动 $a_1$。其余几个决策函数可以类似解释。至此，我们就得到了该问题的决策函数类 $D$。

接下来，我们从表 5.3 可以算得每个决策函数的后验平均损失。例如，对于 $\delta_5(x)$和$\delta_6(x)$的后验平均损失分别为

$$R(\delta_5\mid x)=\begin{cases}15.6159, & x=0\\ 15.0483, & x=1,\\ 2.7986, & x=2\end{cases}\quad R(\delta_6\mid x)=\begin{cases}15.6159, & x=0\\ 15.0483, & x=1\\ 36.8924, & x=2\end{cases}$$

比较这两个后验平均损失可以看出

$$R(\delta_5 \mid x) \leqslant R(\delta_6 \mid x), \quad x=0,1,2$$

按照后验平均损失越小越好的思想,可见 $\delta_5(x)$ 要优于 $\delta_6(x)$。类似地可得出其他几个决策函数的后验平均损失,在进行全部比较后会发现无论样本 $x$ 取什么值,$\delta_5(x)$ 的后验平均损失总是最小的,即它满足方程

$$R(\delta_5 \mid x)=\min_{\delta \in D}\{R(\delta \mid x)\}$$

因此这个 $\delta_5(x)$ 就是我们要找的决策函数,它是"后验平均损失最小"意义下的最优决策函数。相关的正式定义将在 5.3.3 小节给出。

## 5.3.3 后验风险与后验风险准则

**定义 5.5** 设在给定的贝叶斯决策问题中 $D=\{\delta(\boldsymbol{x})\}$ 是其决策函数类,$\pi(\theta \mid \boldsymbol{x})$ 是 $\theta$ 的后验分布,则称

$$R(\delta \mid \boldsymbol{x})=E^{\theta \mid \boldsymbol{x}}[L(\theta,\delta(\boldsymbol{x}))]$$

为**决策函数** $\delta=\delta(\boldsymbol{x})$ 的**后验风险**。如果在决策函数类 $D$ 中存在这样的决策函数 $\delta^*=\delta^*(\boldsymbol{x})$,它满足方程

$$R(\delta^* \mid \boldsymbol{x})=\min_{\delta \in D} R(\delta \mid \boldsymbol{x})$$

则称 $\delta^*(\boldsymbol{x})$ 为**决策问题在后验风险准则下的最优决策函数(贝叶斯决策函数或贝叶斯解)**。当行动集 $A$ 为某个实数集时,$\delta^*(\boldsymbol{x})$ 显然是个统计量,如果这个决策问题是 $\theta$ 的估计问题,$\delta^*(\boldsymbol{x})$ 又被称为 **$\theta$ 的贝叶斯估计**,并常记为 $\hat{\theta}(\boldsymbol{x})$ 或 $\hat{\theta}_B(\boldsymbol{x})$。

**例 5.12** (例 5.8 续)在新止痛剂的市场占有率 $\theta$ 的估计问题中已给出损失函数

$$L(\theta,\delta)=\begin{cases}2(\delta-\theta), & 0<\theta<\delta \\ \theta-\delta, & \delta \leqslant \theta<1\end{cases}$$

并且假设 $\theta \sim \mathrm{U}(0,1)$。现在经理为获得新的抽样信息特决定试制一批新止痛剂投放到一个地区。然后,他从特约经销店得知,在 $n$ 个购买止痛剂的顾客中有 $x$ 人买了新的止痛剂,即购买新止痛剂的人数 $X \sim \mathrm{Bin}(n,\theta)$。当我们把先验信息和抽样信息应用到问题中来,就构成了贝叶斯决策问题。

根据前面所学知识可得 $\theta$ 的后验分布

$$\pi(\theta \mid x)=\mathrm{Beta}(x+1,n-x+1)$$

为了在后验风险准则下对 $\theta$ 作出贝叶斯估计,先计算决策函数 $\delta=\delta(x)$ 的后验风险

$$\begin{aligned}R(\delta \mid x)&=\int_0^1 L(\theta,\delta)\pi(\theta \mid x)\mathrm{d}\theta \\ &=2\int_0^\delta(\delta-\theta)\pi(\theta \mid x)\mathrm{d}\theta+\int_\delta^1(\theta-\delta)\pi(\theta \mid x)\mathrm{d}\theta \\ &=3\int_0^\delta(\delta-\theta)\pi(\theta \mid x)\mathrm{d}\theta+E(\theta \mid x)-\delta\end{aligned}$$

利用积分号下求微分法则,可得如下方程:

$$\frac{\mathrm{d}R(\delta \mid x)}{\mathrm{d}\delta}=3\int_0^\delta \pi(\theta \mid x)\mathrm{d}\theta-1=0$$

$$\int_0^\delta \pi(\theta \mid x)\mathrm{d}\theta=\frac{1}{3}$$

这表明所要求的 $\delta=\delta(x)$ 是后验分布 $\pi(\theta|x)$ 的 1/3 分位数。如果没有具体的数据,那么就只能讨论到此了。

现在我们设 $n=10$ 而 $x=1$,即在市场调查中 10 位购买止痛剂的顾客中只有 1 人买了新的止痛剂。这时 $\theta$ 的后验分布为

$$\pi(\theta \mid x)=110\theta(1-\theta)^9, \quad 0<\theta<1$$

它的 1/3 分位数 $\delta$ 满足如下方程:

$$\int_0^\delta \theta(1-\theta)^9 \mathrm{d}\theta=1/330$$

做变换 $u=1-\theta$ 后,上述积分可得到简化

$$\int_{1-\delta}^1 (u^9-u^{10})\mathrm{d}u=1/330$$

即

$$30(1-\delta)^{11}-33(1-\delta)^{10}+2=0$$

若令 $1-\delta=y$,则上述方程可改为

$$30y^{11}-33y^{10}+2=0$$

利用求多项式方程的 R 命令

```
polyroot(c(2,0,0,0,0,0,0,0,0,0,-33,30))
```

容易求出方程在区间(0,1)内的唯一实根 $y\approx0.8928$,从而 $\delta=0.1072$ 是后验分布的 1/3 分位数。这表明,该公司新止痛剂的市场占有率 $\theta$ 的贝叶斯估计为 0.107 2。

**例 5.13**　设样本 $x$ 只能来自密度函数 $p_0(x)$ 或 $p_1(x)$ 中的一个。为了研究该样本到底来自哪个分布,考虑如下简单假设检验问题:

$$H_0: x\sim p_0(x), \quad H_1: x\sim p_1(x)$$

此时,参数空间可认为 $\Theta=\{0,1\}$,其中,"$\theta=0$"表示 $x$ 来自 $p_0(x)$;"$\theta=1$"表示 $x$ 来自 $p_1(x)$。在 $\Theta$ 上的先验分布可设为

$$p(\theta=0)=\pi_0, \quad p(\theta=1)=\pi_1$$

它们满足 $\pi_0+\pi_1=1$。从而由贝叶斯公式可得 $\theta$ 的后验分布为

$$P(\theta=i \mid x)=\begin{cases}\dfrac{p_0(x)\pi_0}{p_0(x)\pi_0+p_1(x)\pi_1}, & i=0\\[2ex] \dfrac{p_1(x)\pi_1}{p_0(x)\pi_0+p_1(x)\pi_1}, & i=1\end{cases}$$

在这个假设检验问题中也只有接受(用 0 表示)和拒绝(用 1 表示)两个行动,即行动集 $A=\{0,1\}$。构造损失函数如下:

$$L(i,a)=\begin{cases}1, & i\neq a\\ 0, & i=a\end{cases}$$

这个损失函数也可用损失矩阵表示:

$$\boldsymbol{L}=\begin{array}{c}\begin{matrix} a=0 & a=1\end{matrix}\\ \begin{bmatrix}0 & 1\\ 1 & 0\end{bmatrix}\end{array}\begin{matrix}\theta=0\\ \theta=1\end{matrix}$$

即假如决策正确就无损失,决策错误的损失为 1。

在上述假设下,可算得各行动的后验风险

$$R(a=0 \mid x)=P(\theta=1 \mid x), \quad R(a=1 \mid x)=P(\theta=0 \mid x)$$

根据后验风险准则,可找到如下贝叶斯决策函数:

$$\delta^*(x)=\begin{cases}0, & P(\theta=1 \mid x)<P(\theta=0 \mid x) \\ 1, & P(\theta=1 \mid x) \geqslant P(\theta=0 \mid x)\end{cases}$$

或

$$\delta^*(x)=\begin{cases}0, & p_1(x)\pi_1<p_0(x)\pi_0 \\ 1, & p_1(x)\pi_1 \geqslant p_0(x)\pi_0\end{cases}$$

在 $p_0(x)\neq 0$ 时,还可改写为

$$\delta^*(x)=\begin{cases}0, & \dfrac{p_1(x)}{p_0(x)}<\dfrac{\pi_0}{\pi_1} \\ 1, & \dfrac{p_1(x)}{p_0(x)} \geqslant \dfrac{\pi_0}{\pi_1}\end{cases}$$

从而我们看到贝叶斯决策函数 $\delta^*(x)$所决定的拒绝域

$$W=\left\{x: \frac{p_1(x)}{p_0(x)} \geqslant \frac{\pi_0}{\pi_1}\right\}$$

在形式上与奈曼-皮尔逊引理给出的拒绝域一样。这说明在简单假设对简单假设的检验问题中,经典的最优势(MP)检验相当于取特定损失矩阵下的贝叶斯决策函数,其临界值是两个先验概率的比值。

### 5.3.4 常用损失函数下的贝叶斯估计

常用损失函数有平方损失、加权平方损失、绝对值损失和线性损失函数等。对于常用损失函数,$\theta$ 的贝叶斯估计往往可用公式表示。

**定理 5.3** (1) 在平方损失函数 $L(\theta,\delta)=(\delta-\theta)^2$ 下,$\theta$ 的贝叶斯估计为后验均值,即 $\delta_B(\boldsymbol{x})=\hat{\theta}(\boldsymbol{x})=E(\theta|\boldsymbol{x})$。

(2) 在加权平方损失函数 $L(\theta,\delta)=\lambda(\theta)(\delta-\theta)^2$ 下,$\theta$ 的贝叶斯估计为

$$\delta_B(\boldsymbol{x})=\hat{\theta}(\boldsymbol{x})=\frac{E(\theta\lambda(\theta) \mid \boldsymbol{x})}{E(\lambda(\theta) \mid \boldsymbol{x})}$$

其中,$\lambda(\theta)$为参数空间 $\Theta$ 上的正值函数。

**证明**:(1) 显然是(2)的特例[取 $\lambda(\theta)\equiv 1$],所以只要证明(2)就好了。在加权平方损失函数下,决策函数 $\delta=\delta(\boldsymbol{x})$的后验风险为

$$\begin{aligned}R(\delta \mid \boldsymbol{x})&=E[\lambda(\theta)(\delta-\theta)^2 \mid \boldsymbol{x}] \\ &=\int_\Theta[\delta^2\lambda(\theta)-2\delta\theta\lambda(\theta)+\theta^2\lambda(\theta)]\pi(\theta \mid \boldsymbol{x})\mathrm{d}\theta\end{aligned}$$

对后验风险 $R(\delta|\boldsymbol{x})$关于 $\delta$ 求导并令导数为 0,可得

$$\frac{\mathrm{d}}{\mathrm{d}\delta}R(\delta \mid \boldsymbol{x})=2\delta\int_\Theta\lambda(\theta)\pi(\theta \mid \boldsymbol{x})\mathrm{d}\theta-2\int_\Theta\theta\lambda(\theta)\pi(\theta \mid \boldsymbol{x})\mathrm{d}\theta=0$$

解上方程,即得

$$\delta_B(\boldsymbol{x})=\hat{\theta}(\boldsymbol{x})=\frac{\int_{\Theta}\theta\lambda(\theta)\pi(\theta\mid\boldsymbol{x})\mathrm{d}\theta}{\int_{\Theta}\lambda(\theta)\pi(\theta\mid\boldsymbol{x})\mathrm{d}\theta}=\frac{E(\theta\lambda(\theta)\mid\boldsymbol{x})}{E(\lambda(\theta)\mid\boldsymbol{x})}$$

因为

$$\frac{\mathrm{d}^2}{\mathrm{d}\delta^2}R(\delta\mid\boldsymbol{x})=2\int_{\Theta}\lambda(\theta)\pi(\theta\mid\boldsymbol{x})\mathrm{d}\theta>0$$

所以 $\delta_B(\boldsymbol{x})$确实使后验风险达到最小，从而是 $\theta$ 的贝叶斯估计。

**例 5.14**　设样本 $X\sim\mathrm{Bin}(n,\theta)$，而参数 $\theta\sim\mathrm{Beta}(\alpha,\beta)$。请在损失函数

$$L(\theta,a)=\frac{(\theta-a)^2}{\theta(1-\theta)}$$

下寻求 $\theta$ 的贝叶斯估计。

**解**：贝塔分布是参数 $\theta$ 的共轭先验，所以不难求得 $\theta$ 的后验分布为 $\mathrm{Beta}(\alpha+x,\beta+n-x)$。又令

$$\lambda(\theta)=\frac{1}{\theta(1-\theta)}$$

那么

$$E[\lambda(\theta)\theta\mid x]=\frac{\Gamma(\alpha+\beta+n)}{\Gamma(\alpha+x)\Gamma(\beta+n-x)}\int_0^1\theta^{\alpha+x-1}(1-\theta)^{\beta+n-x-2}\mathrm{d}\theta$$

$$E[\lambda(\theta)\mid x]=\frac{\Gamma(\alpha+\beta+n)}{\Gamma(\alpha+x)\Gamma(\beta+n-x)}\int_0^1\theta^{\alpha+x-2}(1-\theta)^{\beta+n-x-2}\mathrm{d}\theta$$

由定理 5.3 并注意贝塔函数的性质，当 $1\leqslant x\leqslant n-1$ 时，$\theta$ 的贝叶斯估计为

$$\theta_B(x)=\delta_B(x)=\frac{E[\lambda(\theta)\theta\mid x]}{E[\lambda(\theta)\mid x]}=\frac{\alpha+x-1}{\alpha+\beta+n-2}$$

当 $x=0$ 时，如果 $\alpha>1$，$\delta_B(x)=\dfrac{\alpha-1}{\alpha+\beta+n-2}$(仍由上式得到)。如果 $0<\alpha\leqslant1$(上式则不可用了，因为分子小于等于 0)，令

$$C=\frac{\Gamma(\alpha+\beta+n)}{\Gamma(\alpha)\Gamma(\beta+n)}$$

直接考虑后验风险

$$\begin{aligned}R(\delta\mid x=0)&=\int_0^1\frac{\Gamma(\alpha+\beta+n)}{\Gamma(\alpha)\Gamma(\beta+n)}\theta^{\alpha-1}(1-\theta)^{\beta+n-1}\frac{(\theta-\delta)^2}{\theta(1-\theta)}\mathrm{d}\theta\\&=C\left[\int_0^1\theta^{\alpha}(1-\theta)^{\beta+n-2}\mathrm{d}\theta-2\delta\int_0^1\theta^{\alpha-1}(1-\theta)^{\beta+n-2}\mathrm{d}\theta+\delta^2\int_0^1\theta^{\alpha-2}(1-\theta)^{\beta+n-2}\mathrm{d}\theta\right]\end{aligned}$$

当 $0<\alpha\leqslant1$ 时，上式前两个定积分是常数，而第三个定积分趋于正无穷大，故为使它(后验风险)最小，必须有 $\delta_B(x)=0$。类似地，当 $x=n$ 时，如 $\beta>1$，$\delta_B(x)=\dfrac{\alpha+n-1}{\alpha+\beta+n-2}$。如 $0<\beta\leqslant1$，$\delta_B(x)=1$。

**例 5.15**　设 $\boldsymbol{x}=(x_1,\cdots,x_n)$是来自泊松分布

$$P(X=x)=\frac{\theta^x}{x!}\mathrm{e}^{-\theta},\quad x=0,1,\cdots$$

的样本，若 $\theta$ 的先验分布取其共轭先验 $\mathrm{Gamma}(\alpha,\lambda)$，即

$$\pi(\theta)=\frac{\lambda^{\alpha}}{\Gamma(\alpha)}\theta^{\alpha-1}\mathrm{e}^{-\lambda\theta},\quad \theta>0$$

其中,超参数 $\alpha$ 与 $\lambda$ 已知。容易看出 $\theta$ 的后验分布满足

$$\pi(\theta\mid \boldsymbol{x})\propto \theta^{n\bar{x}+\alpha-1}\mathrm{e}^{-(n+\lambda)\theta},\quad \theta>0$$

即 $\theta$ 的后验分布实际上为 $\mathrm{Gamma}(n\bar{x}+\alpha,n+\lambda)$,其中,$\bar{x}$ 为样本均值。由定理5.3可知,在平方损失函数下 $\theta$ 的贝叶斯估计是后验均值

$$\delta_B(\boldsymbol{x})=\frac{n\bar{x}+\alpha}{n+\lambda}$$

把它改写为加权平均形式则为

$$\delta_B(\boldsymbol{x})=\frac{n}{n+\lambda}\times\bar{x}+\frac{\lambda}{n+\lambda}\times\frac{\alpha}{\lambda}$$

其中,$\bar{x}$ 为样本均值,$\alpha/\lambda$ 是先验均值。从上式可见,$\theta$ 的贝叶斯估计是样本均值和先验均值的加权平均。特别是当 $n\gg\lambda$ 时,样本均值 $\bar{x}$ 在贝叶斯估计中起主导作用;当 $\lambda\gg n$ 时,则先验均值 $\alpha/\lambda$ 在贝叶斯估计中起主导作用。所以贝叶斯估计综合利用了先验信息和样本信息,较经典估计 $\bar{x}$ 更为合理。

单参数情形下平方损失函数的结果容易推广到多参数二次损失函数的情形,请看下面的定理。

**定理5.4** 在参数向量 $\boldsymbol{\theta}'=(\theta_1,\cdots,\theta_k)$ 的情形下,对二次型损失函数 $L(\boldsymbol{\theta},\boldsymbol{\delta})=(\boldsymbol{\delta}-\boldsymbol{\theta})'\boldsymbol{Q}(\boldsymbol{\delta}-\boldsymbol{\theta})$,其中 $\boldsymbol{Q}$ 为正定矩阵,$\boldsymbol{\theta}$ 的贝叶斯估计为后验均值向量

$$\boldsymbol{\delta}_B(\boldsymbol{x})=E(\boldsymbol{\theta}\mid\boldsymbol{x})=\begin{bmatrix}E(\theta_1\mid\boldsymbol{x})\\ \vdots\\ E(\theta_k\mid\boldsymbol{x})\end{bmatrix}$$

**证明**:在二次型损失函数下,决策函数向量 $\boldsymbol{\delta}(\boldsymbol{x})=(\delta_1(\boldsymbol{x}),\cdots,\delta_k(\boldsymbol{x}))'$ 的后验风险为

$$\begin{aligned}E[(\boldsymbol{\delta}-\boldsymbol{\theta})'\boldsymbol{Q}(\boldsymbol{\delta}-\boldsymbol{\theta})\mid\boldsymbol{x}]&=E\{[(\boldsymbol{\delta}-\boldsymbol{\delta}_B)+(\boldsymbol{\delta}_B-\boldsymbol{\theta})]'\boldsymbol{Q}[(\boldsymbol{\delta}-\boldsymbol{\delta}_B)+(\boldsymbol{\delta}_B-\boldsymbol{\theta})]\mid\boldsymbol{x}\}\\&=(\boldsymbol{\delta}-\boldsymbol{\delta}_B)'\boldsymbol{Q}(\boldsymbol{\delta}-\boldsymbol{\delta}_B)+E[(\boldsymbol{\delta}_B-\boldsymbol{\theta})'\boldsymbol{Q}(\boldsymbol{\delta}_B-\boldsymbol{\theta})\mid\boldsymbol{x}]\end{aligned}$$

上式第二个等式成立是因为 $E(\boldsymbol{\delta}_B-\boldsymbol{\theta}\mid\boldsymbol{x})=0$。因为上式第二个等式中的第二项为常量,而由假设 $\boldsymbol{Q}$ 为正定矩阵知,第一项仅在 $\boldsymbol{\delta}=\boldsymbol{\delta}_B(\boldsymbol{x})$ 时为零,在其他任何情形下都为正,因此后验风险当 $\boldsymbol{\delta}=\boldsymbol{\delta}_B(\boldsymbol{x})$ 时达到最小,即 $\boldsymbol{\delta}=\boldsymbol{\delta}_B(\boldsymbol{x})$ 是 $\boldsymbol{\theta}$ 的贝叶斯估计。

**例5.16** 设 $\boldsymbol{x}=(x_1,\cdots,x_r)$ 是来自多项分布 $\mathrm{M}(n;\theta_1,\cdots,\theta_r)$ 的一个样本,多项分布的概率分布函数为

$$p(\boldsymbol{x}\mid\theta_1,\cdots,\theta_r)=\frac{n!}{x_1!\cdots x_r!}\theta_1^{x_1}\cdots\theta_r^{x_r},\quad x_i\geqslant 0,\sum_{i=1}^{r}x_i=n$$

其中,参数向量 $(\theta_1,\cdots,\theta_r)$ 可取狄里克雷(Dirichlet)分布 $\mathrm{D}(\alpha_1,\cdots,\alpha_r)$(推广的贝塔分布)作为它的共轭先验分布,其密度函数是

$$\pi(\theta_1,\cdots,\theta_r)=\frac{\Gamma(\alpha_1+\cdots+\alpha_r)}{\Gamma(\alpha_1)\cdots\Gamma(\alpha_r)}\theta_1^{\alpha_1-1}\cdots\theta_r^{\alpha_r-1},\quad \theta_i\geqslant 0,\sum_{i=1}^{r}\theta_i=1$$

并且分量 $\theta_j$ 的期望为 $E(\theta_j)=\alpha_j\Big/\sum_{i=1}^{r}\alpha_i$。若超参数 $(\alpha_1,\cdots,\alpha_r)$ 给定,则不难得到 $(\theta_1,\cdots,\theta_r)$ 的后验分布为

$$\pi(\theta_1,\cdots,\theta_r \mid \boldsymbol{x}) \propto \prod_{i=1}^{r}\theta_i^{x_i+\alpha_i-1}$$

即后验分布是狄里克雷分布 $\mathrm{D}(x_1+\alpha_1,\cdots,x_r+\alpha_r)$。由定理 5.4 可知，在二次型损失函数下，$\theta_j$ 的贝叶斯估计为

$$\hat{\theta}_{jB}=E(\theta_j \mid \boldsymbol{x})=\frac{x_j+\alpha_j}{\sum_{i=1}^{r}(x_i+\alpha_i)},\quad j=1,\cdots,r$$

如果取 $\alpha_1=\cdots=\alpha_r=1$，则狄里克雷分布退化为单纯形

$$\Theta=\{(\theta_1,\cdots,\theta_r);\quad \sum_{i=1}^{r}\theta_i=1,\theta_1,\cdots,\theta_r\geqslant 0\}$$

上的均匀分布 $\pi(\theta_1,\cdots,\theta_r)\propto 1$，这是一个无信息先验分布。这时 $\theta_j$ 的贝叶斯估计化为

$$\hat{\theta}_{jB}=(x_j+1)\Big/\Big(\sum_{i=1}^{r}x_i+r\Big),\quad j=1,\cdots,r$$

**定理 5.5**　(1) 在绝对值损失函数 $L(\theta,\delta)=|\delta-\theta|$ 下，参数 $\theta$ 的贝叶斯估计 $\delta_B(\boldsymbol{x})$ 为后验分布 $\pi(\theta|\boldsymbol{x})$ 的中位数。

(2) 在线性损失函数

$$L(\theta,\delta)=\begin{cases}k_0(\theta-\delta), & \delta\leqslant\theta\\ k_1(\delta-\theta), & \delta>\theta\end{cases}\qquad k_0>0,k_1>0$$

下，$\theta$ 的贝叶斯估计 $\delta_B(\boldsymbol{x})$ 为后验分布 $\pi(\theta|\boldsymbol{x})$ 的 $k_0/(k_0+k_1)$ 分位数。

**证明**：(1) 显然是 (2) 的特例（取 $k_0=k_1=1$ 即可），所以只要证明 (2) 就好了。首先计算任意决策函数 $\delta=\delta(x)$ 的后验风险

$$\begin{aligned}R(\delta \mid \boldsymbol{x})&=\int_{-\infty}^{\infty}L(\theta,\delta)\pi(\theta \mid \boldsymbol{x})\mathrm{d}\theta\\&=k_1\int_{-\infty}^{\delta}(\delta-\theta)\pi(\theta \mid \boldsymbol{x})\mathrm{d}\theta+k_0\int_{\delta}^{\infty}(\theta-\delta)\pi(\theta \mid \boldsymbol{x})\mathrm{d}\theta\\&=(k_1+k_0)\int_{-\infty}^{\delta}(\delta-\theta)\pi(\theta \mid \boldsymbol{x})\mathrm{d}\theta+k_0[E(\theta \mid \boldsymbol{x})-\delta]\end{aligned}$$

利用微积分中求极小值点的方法，可得如下方程：

$$\frac{\mathrm{d}R(\delta \mid \boldsymbol{x})}{\mathrm{d}\delta}=(k_1+k_0)\int_{-\infty}^{\delta}\pi(\theta \mid \boldsymbol{x})\mathrm{d}\theta-k_0=0$$

解此方程即得

$$\int_{-\infty}^{\delta}\pi(\theta \mid \boldsymbol{x})\mathrm{d}\theta=\frac{k_0}{k_0+k_1}$$

又由于

$$\frac{\mathrm{d}^2R(\delta \mid \boldsymbol{x})}{\mathrm{d}\delta^2}=(k_1+k_0)\pi(\delta \mid \boldsymbol{x})>0$$

综上表明，$\delta$ 是后验分布 $\pi(\theta|\boldsymbol{x})$ 的 $k_0/(k_0+k_1)$ 分位数且使得后验风险最小，所以，$\theta$ 的贝叶斯估计 $\delta_B(\boldsymbol{x})$ 为后验分布 $\pi(\theta|\boldsymbol{x})$ 的 $k_0/(k_0+k_1)$ 分位数。

**例 5.17**　智商测验是心理学中常见的一项研究活动。考虑对一个儿童做智商测验，设测验结果 $X\sim \mathrm{N}(\theta,100)$，其中，$\theta$ 为这个儿童的智商。再设过去对这个儿童做过多次的智

商测验,从结果可认为 $\theta$ 的先验为正态分布 N(100,225)。如果该儿童在本次智商测验中得 115 分,且采用如下线性损失函数:

$$L(\theta,\delta)=\begin{cases}2(\theta-\delta), & \delta\leqslant\theta\\(\delta-\theta), & \delta>\theta\end{cases}$$

求该儿童的智商 $\theta$ 的贝叶斯估计。

**解**:由本书前面所学易知,在给定样本 $x$ 下,$\theta$ 的后验分布是正态分布

$$\mathrm{N}((400+9x)/13, 8.32^2)$$

将本次智商测验结果 115 分代入,则 $\theta$ 的后验分布为 $\mathrm{N}(110.38, 8.32^2)$。按照定理 5.5 的结论,因为 $k_0=2, k_1=1, k_0/(k_0+k_1)=2/3$,那么用如下 R 命令就可求出这个儿童的智商 $\theta$ 的贝叶斯估计为 113.963 7。

R 命令:

```
qnorm(2/3,mean = 110.38,sd = 8.32)
[1] 113.9637
```

**例 5.18** 设 $\boldsymbol{x}=(x_1,\cdots,x_n)$ 是来自均匀分布 $\mathrm{U}(0,\theta)$ 的一个样本,又设 $\theta$ 的先验分布为帕累托分布 Pareto$(\alpha,\theta_0)$,其分布函数与密度函数分别为

$$F(\theta)=1-(\theta_0/\theta)^{\alpha}, \theta\geqslant\theta_0, \quad \pi(\theta)=\alpha\theta_0^{\alpha}/\theta^{\alpha+1}, \theta\geqslant\theta_0$$

其中,超参数 $\alpha>1$、$\theta_0>0$ 为已知,并且它的数学期望 $E(\theta)=\alpha\theta_0/(\alpha-1)$。求:

(1) 在绝对值损失函数下,$\theta$ 的贝叶斯估计;

(2) 在平方损失函数下,$\theta$ 的贝叶斯估计。

**解**:在已知条件下,样本 $\boldsymbol{x}=(x_1,\cdots,x_n)$ 与 $\theta$ 的联合分布为

$$h(\boldsymbol{x},\theta)=\frac{\alpha\theta_0^{\alpha}}{\theta^{\alpha+n+1}}, \quad 0<x_i<\theta, i=1,\cdots,n, 0<\theta_0\leqslant\theta$$

设 $\theta_1=\max(x_1,\cdots,x_n,\theta_0)$,则样本 $\boldsymbol{x}=(x_1,\cdots,x_n)$ 的边际分布为

$$m(\boldsymbol{x})=\int_{\theta_1}^{\infty}\frac{\alpha\theta_0^{\alpha}}{\theta^{\alpha+n+1}}\mathrm{d}\theta=\frac{\alpha\theta_0^{\alpha}}{(\alpha+n)\theta_1^{\alpha+n}}, \quad 0<x_i<\theta_1, i=1,\cdots,n$$

由此得 $\theta$ 的后验密度函数

$$\pi(\theta\mid\boldsymbol{x})=\frac{h(\boldsymbol{x},\theta)}{m(\boldsymbol{x})}=\frac{(\alpha+n)\theta_1^{\alpha+n}}{\theta^{\alpha+n+1}}, \quad \theta>\theta_1$$

这是更新的帕累托分布 Pareto$(\alpha+n,\theta_1)$。

(1) 根据定理 5.5,在绝对值损失函数下,$\theta$ 的贝叶斯估计 $\hat{\theta}_{B1}$ 是后验分布的中位数,即 $\hat{\theta}_{B1}$ 是下列方程的解:

$$1-\left(\frac{\theta_1}{\theta_B}\right)^{\alpha+n}=\frac{1}{2}$$

解之,即得此时 $\theta$ 的贝叶斯估计

$$\hat{\theta}_{B1}=2^{1/(\alpha+n)}\theta_1=2^{1/(\alpha+n)}\max(x_1,\cdots,x_n,\theta_0)$$

(2) 在平方损失函数下,$\theta$ 的贝叶斯估计 $\hat{\theta}_{B2}$ 是后验均值,即

$$\hat{\theta}_{B2}=\frac{\alpha+n}{\alpha+n-1}\theta_1=\frac{\alpha+n}{\alpha+n-1}\max(x_1,\cdots,x_n,\theta_0)$$

### 5.3.5 贝叶斯决策下的假设检验

在实际应用中，不少贝叶斯统计决策问题只在有限多个行动中进行选择，这类问题就是有限行动决策问题，其中最重要的有限行动决策问题是假设检验问题。

设样本 $\boldsymbol{x}=(x_1,\cdots,x_n)$来自总体 $X\sim p(x|\theta),\theta\in\Theta$，参数 $\theta$ 的先验分布与后验分布分别为$\pi(\theta)$和 $\pi(\theta|\boldsymbol{x})$。再设有如下两个假设：

$$H_0:\theta\in\Theta_0,\quad H_1:\theta\in\Theta_1\quad(\Theta_0\cup\Theta_1=\Theta)$$

和两个行动 $a_0$ 和 $a_1$，其中，$a_0$ 表示接受原假设 $H_0$（拒绝备择假设 $H_1$），$a_1$ 表示接受备择假设 $H_1$（拒绝原假设 $H_0$）。

根据问题的性质，我们选用如下损失函数：

$$L(\theta,a_0)=\begin{cases}0, & \theta\in\Theta_0\\ k_0, & \theta\in\Theta_1\end{cases},\quad L(\theta,a_1)=\begin{cases}k_1, & \theta\in\Theta_0\\ 0, & \theta\in\Theta_1\end{cases}$$

于是，行动 $a_0$ 的后验风险为

$$R(a_0\mid\boldsymbol{x})=E^{\theta|\boldsymbol{x}}[L(\theta,a_0)]=\int_{\Theta_1}k_0\pi(\theta\mid\boldsymbol{x})\mathrm{d}\theta=k_0P(\theta\in\Theta_1\mid\boldsymbol{x})$$

类似地，行动 $a_1$ 的后验风险为

$$R(a_1\mid\boldsymbol{x})=k_1P(\theta\in\Theta_0\mid\boldsymbol{x})$$

依据后验风险准则，若

$$R(a_0\mid\boldsymbol{x})>R(a_1\mid\boldsymbol{x})\quad\text{即}\quad k_0P(\theta\in\Theta_1\mid\boldsymbol{x})>k_1P(\theta\in\Theta_0\mid\boldsymbol{x})$$

则选用行动 $a_1$，即拒绝原假设 $H_0$。由于 $\Theta_0\cup\Theta_1=\Theta$，故有

$$P(\theta\in\Theta_0\mid\boldsymbol{x})=1-P(\theta\in\Theta_1\mid\boldsymbol{x})$$

于是上面不等式等价于

$$P(\theta\in\Theta_1\mid\boldsymbol{x})>\frac{k_1}{k_0+k_1}$$

用经典统计的术语，贝叶斯检验的原假设拒绝域为

$$M=\left\{\boldsymbol{x}=(x_1,\cdots,x_n);\ P(\theta\in\Theta_1\mid\boldsymbol{x})>\frac{k_1}{k_0+k_1}\right\}$$

这与经典假设检验（如似然比检验等）的拒绝域有完全一样的形式，只不过在经典假设检验中拒绝域的临界值由显著性水平确定，而在贝叶斯假设检验中则由损失函数和先验分布决定。

**例 5.19**　设 $\boldsymbol{x}=(x_1,\cdots,x_n)$是来自正态分布 $\mathrm{N}(\theta,\sigma^2)$的一个样本，其中 $\sigma^2$ 已知，$\theta$ 的先验分布为其共轭先验 $\mathrm{N}(\mu,\tau^2)$。如果取损失函数

$$L(\theta,a_0)=\begin{cases}0, & \theta\in\Theta_0\\ k_0, & \theta\in\Theta_1\end{cases},\quad L(\theta,a_1)=\begin{cases}k_1, & \theta\in\Theta_0\\ 0, & \theta\in\Theta_1\end{cases}$$

试检验如下一对假设：

$$H_0:\theta\in[\theta_0,\infty)=\Theta_0,\quad H_1:\theta\in(-\infty,\theta_0)=\Theta_1$$

**解**：由本书前面所学知这里后验分布为 $\mathrm{N}(\mu_n(\boldsymbol{x}),\eta_n^2)$，其中，

$$\mu_n(\boldsymbol{x})=\frac{\dfrac{\sigma^2}{n}}{\dfrac{\sigma^2}{n}+\tau^2}\mu+\frac{\tau^2}{\dfrac{\sigma^2}{n}+\tau^2}\bar{x},\quad \eta_n^2=\frac{\sigma^2\tau^2}{\sigma^2+n\tau^2}$$

于是

$$P(\theta\in\Theta_1\mid\boldsymbol{x})=\frac{1}{\sqrt{2\pi}\,\eta_n}\int_{-\infty}^{\theta_0}\exp\left\{-\frac{[\theta-\mu_n(\boldsymbol{x})]^2}{2\eta_n^2}\right\}\mathrm{d}\theta$$

做标准化变化,令 $\lambda=[\theta-\mu_n(\boldsymbol{x})]/\eta_n$,有 $\mathrm{d}\theta=\eta_n\mathrm{d}\lambda$,从而上式成为

$$P(\theta\in\Theta_1\mid\boldsymbol{x})=\frac{1}{\sqrt{2\pi}}\int_{-\infty}^{[\theta_0-\mu_n(\boldsymbol{x})]/\eta_n}\exp\left\{-\frac{\lambda^2}{2}\right\}\mathrm{d}\lambda=\Phi\left[\frac{\theta_0-\mu_n(\boldsymbol{x})}{\eta_n}\right]$$

其中,$\Phi(\cdot)$是标准正态分布函数。因此原假设的拒绝域成为

$$M=\left\{\boldsymbol{x}=(x_1,\cdots,x_n);\ \Phi[(\theta_0-\mu_n(\boldsymbol{x}))/\eta_n]>\frac{k_1}{k_0+k_1}\right\}$$

如果给定了具体的数据,就可以决定拒绝还是接受原假设了。例如,设 $\sigma^2=100$,$n=1$,$\bar{x}=115$,$\theta$ 的先验分布为其共轭先验 $\mathrm{N}(100,15^2)$。取 $k_0=2$,$k_1=1$,$\theta_0=150$。那么容易算得 $\mu_n(\boldsymbol{x})=110.3846$,$\eta_n^2=69.2308$,以及$(\theta_0-\mu_n(\boldsymbol{x}))/\eta_n=4.7612$。再用如下 R 命令算出标准正态分布函数 $\Phi(4.7612)=0.9999$。

```
pnorm(4.7612,mean = 0,sd = 1)
[1] 0.999999
```

由于 $\Phi(4.7612)=0.9999>2/3=k_1/(k_0+k_1)$,因此样本落入原假设的拒绝域 $M$ 内,即原假设被拒绝了。

**注**:可以不用标准化为标准正态分布函数的形式而直接计算后验概率 $P(\theta\in\Theta_1|\boldsymbol{x})$。用 R 命令

```
pnorm(150,mean = 110.3846,sd = sqrt(69.2308))
```

即可,请读者自行用此命令算出结果并进行判决。

# 5.4 抽样的价值

我们已经能够利用抽样信息进行贝叶斯决策分析了,并且看到经抽样或试验等手段获得最新信息后再做决策往往会改善决策结果。但是,因为抽样或试验要花费人力、物力、财力等费用,从事实际管理工作的企业家或决策者不得不考虑对所做决策问题进行抽样或试验的经济价值问题。为了把取得抽样信息需要的费用与获得信息所带来的收益进行比较,必须先引入几个重要概念。

## 5.4.1 完全信息期望值

为了理解完全信息期望值这个概念,请先看如下例子。

**例 5.20** 某大学毕业生创办的公司准备生产一种新产品,产量可能采取的行动是小批、中批、大批,分别记为 $a_1$、$a_2$、$a_3$,而市场销量可分为畅销、一般、滞销三种状态,分别记为

$\theta_1$、$\theta_2$、$\theta_3$，同时通过市场调查，也得到状态的先验分布以及收益矩阵(单位：万元)：

$$\boldsymbol{G}=\begin{array}{c} \quad a_1 \quad a_2 \quad a_3 \\ \begin{bmatrix} 10 & 50 & 100 \\ 9 & 40 & 30 \\ 6 & -20 & -60 \end{bmatrix} \end{array}\begin{array}{l} \theta_1,\ p_1=0.6 \\ \theta_2,\ p_2=0.3 \\ \theta_3,\ p_3=0.1 \end{array}$$

在本例中，市场销量的三种状态的先验分布已经知道，它们中的任何一种状态都不是必然发生的(发生概率小于 1)。虽然如此，我们还是先来看看每种状态下的最大收益。在畅销($\theta_1$)状态下，如果能采取行动 $a_3$，那肯定是最优行动，因为这时收益最大：

$$\boldsymbol{G}(\theta_1,a_3)=\max_{a\in A}\boldsymbol{G}(\theta_1,a)=100$$

其中，$A=\{a_1,a_2,a_3\}$，类似地，当未来市场是 $\theta_2$ 或 $\theta_3$ 状态时，决策者选择行动 $a_2$ 或 $a_1$ 是相应的最优行动，因为这时的行动也使收益最大：

$$\boldsymbol{G}(\theta_2,a_2)=\max_{a\in A}\boldsymbol{G}(\theta_2,a)=40 \text{ 或 } \boldsymbol{G}(\theta_3,a_1)=\max_{a\in A}\boldsymbol{G}(\theta_3,a)=6$$

但是，除非你是无所不能的先知，对于未来市场，实际上不可能预先知道哪种状态会出现，我们只可能知道状态的先验概率分布，因此，我们只能按照先验分布求出最大收益的先验期望值(即最大收益平均值)，具体到本例，那就是

$$\begin{aligned} E^{\theta}[\max_{a\in A}\boldsymbol{G}(\theta,a)] &= p_1\max_{a\in A}\boldsymbol{G}(\theta_1,a)+p_2\max_{a\in A}\boldsymbol{G}(\theta_2,a)+p_3\max_{a\in A}\boldsymbol{G}(\theta_3,a) \\ &= 0.6\times100+0.3\times40+0.1\times6=72.6 \end{aligned}$$

然而，这个最大收益的先验期望值一般而言仍然仅是一种不可实现的美好愿望，因为这是用每个状态下的最大收益来求期望的。我们真正能期待的是先验期望收益的最大值(即用先验期望准则做决策)，本例的先验期望收益的最大值是

$$\max_{a\in A}E^{\theta}[\boldsymbol{G}(\theta,a)]=E^{\theta}[\boldsymbol{G}(\theta,a_3)]=63$$

这样，最大收益的先验期望值与先验期望收益的最大值之差为 72.6−63=9.6(万元)，这个就是完全信息给决策者带来的好处(虽然不可能实现)，由于它是在平均意义下算出的，故称为完全信息期望值(expected value of perfect information，EVPI)。注意 EVPI 是指完全信息给决策者带来的额外好处，虽然这额外好处实际上无法获得，但可让决策者思考是否值得进一步努力，如果 EVPI 很大，决策者就应该进一步考虑是否要取得更多的信息，以期待改善所做的决策，所以 EVPI 还是一个非常有实用价值的量。下面我们给出 EVPI 的正式定义。

**定义 5.6** 设某个决策问题有状态集 $\Theta=\{\theta\}$，其上有先验概率分布为 $\pi(\theta)$，另外，行动集 $A=\{a\}$，收益函数为 $\boldsymbol{G}(\theta,a)$。则此决策问题的**完全信息期望值**定义为

$$\text{EVPI}=E^{\theta}[\max_{a\in A}\boldsymbol{G}(\theta,a)]-\max_{a\in A}\{E^{\theta}[\boldsymbol{G}(\theta,a)]\}$$

显然，如 $a^*$ 是先验期望准则下的最优行动，则

$$\text{EVPI}=E^{\theta}[\max_{a\in A}\boldsymbol{G}(\theta,a)]-E^{\theta}[\boldsymbol{G}(\theta,a^*)]$$

不仅如此，如果已知与收益函数 $\boldsymbol{G}(\theta,a)$ 相应的损失函数为 $L(\theta,a)$，则还有如下定理。

**定理 5.6** 设在一个决策问题中，$\pi(\theta)$ 是状态集 $\Theta=\{\theta\}$ 上的先验分布，$a^*$ 是先验期望准则下的最优行动，则 $\text{EVPI}=E^{\theta}[L(\theta,a^*)]$，其中，$L(\theta,a)$ 是与收益函数 $\boldsymbol{G}(\theta,a)$ 相应的

损失函数。

**证明**：假设状态是连续情形，则

$$\mathrm{EVPI}=E^{\theta}[\max_{a\in A}\boldsymbol{G}(\theta,a)]-E^{\theta}[\boldsymbol{G}(\theta,a^{*})]$$

$$=E^{\theta}[\max_{a\in A}\boldsymbol{G}(\theta,a)-\boldsymbol{G}(\theta,a^{*})]=E^{\theta}[L(\theta,a^{*})]$$

如果状态是离散情形，结果类似可证。

**注**：由于定理 5.6 的简洁性，我们更常常把它作为完全信息期望值的定义来使用，即定义 $\mathrm{EVPI}=E^{\theta}[L(\theta,a^{*})]$。

在例 5.20 中，由收益矩阵可容易算得损失矩阵

$$\begin{array}{c} \quad\ \ a_1\quad a_2\quad a_3 \\ \boldsymbol{L}=\begin{bmatrix} 90 & 50 & 0 \\ 31 & 0 & 10 \\ 0 & 26 & 66 \end{bmatrix}\begin{matrix}\theta_1,p_1=0.6\\ \theta_2,p_2=0.3\\ \theta_3,p_3=0.1\end{matrix}\end{array}$$

而 $a_3$ 是这个决策问题在先验期望准则下的最优行动，所以

$$\mathrm{EVPI}=E^{\theta}[\boldsymbol{L}(\theta,a_3)]=0\times0.6+10\times0.3+66\times0.1=9.6(\text{万元})$$

这与前面算得的结果是一样的，而这里的计算更加简洁。

## 5.4.2 抽样信息期望值

完全信息期望值 EVPI 表示决策者若能掌握完全信息但却没有使用时的先验期望损失值。对后验分布显然也可以进行类似讨论。设 $\pi(\theta|\boldsymbol{x})$ 为样本 $\boldsymbol{x}=(x_1,\cdots,x_n)$ 给定下 $\theta$ 的后验分布，$\delta^{*}(\boldsymbol{x})$ 为据此后验分布所确定的贝叶斯决策函数，再用此后验分布计算在 $\delta^{*}(\boldsymbol{x})$ 下损失函数 $L(\theta,\delta^{*}(\boldsymbol{x}))$ 的后验期望值 $E^{\theta|\boldsymbol{x}}L(\theta,\delta^{*}(\boldsymbol{x}))$ 并称为**完全信息后验期望值**，记为

$$\mathrm{PEVPI}=E^{\theta|\boldsymbol{x}}L(\theta,\delta^{*}(\boldsymbol{x}))$$

显然，PEVPI 只有在样本 $\boldsymbol{x}$ 给定时才能计算出来，现在我们想进行抽样但还未执行，所以 PEVPI 仍是依赖于样本 $\boldsymbol{x}$ 的统计量，这样就无法事先评估抽样会给决策带来多少增益，为消除此种随机性影响，用样本 $\boldsymbol{x}$ 的边际分布 $m(\boldsymbol{x})$ 对 $E^{\theta|\boldsymbol{x}}\boldsymbol{L}(\theta,\delta^{*}(\boldsymbol{x}))$ 再求一次期望，并称为 **PEVPI 期望值**，于是

$$\mathrm{PEVPI}\ 期望值=E^{\boldsymbol{x}}E^{\theta|\boldsymbol{x}}\boldsymbol{L}(\theta,\delta^{*}(\boldsymbol{x}))$$

一般而言，抽样信息的获得会增加决策者对状态的了解，从而期望损失会减少，这个减少的数量称为抽样信息期望值(expected value of sampling information，EVSI)，它的定义如下。

**定义 5.7** 设在一个贝叶斯决策问题中，$a^{*}$ 是先验期望准则下的最优行动，$\delta^{*}(\boldsymbol{x})$ 是后验风险准则下的最优决策函数。则 EVPI 与 PEVPI 期望值的差值称为**抽样信息期望值**，并记为

$$\mathrm{EVSI}=E^{\theta}\boldsymbol{L}(\theta,a^{*})-E^{\boldsymbol{x}}E^{\theta|\boldsymbol{x}}\boldsymbol{L}(\theta,\delta^{*}(\boldsymbol{x}))$$

从上述定义看出，EVSI 是由于抽样给决策者带来的增益。下面的例子可以帮助我们理解上述概念和计算。

**例 5.21** 某机器制造厂的某一零件由某街道厂生产，每批 1 000 只，其次品率 $\theta$ 的概率

分布如表 5.4 所示。

**表 5.4 例 5.21 资料**

| $\theta$ | 0.02 | 0.05 | 0.10 |
|---|---|---|---|
| $\pi(\theta)$ | 0.45 | 0.39 | 0.16 |

机器制造厂在整机装备时，如发现装上零件是次品，则必须更换，并且每换一只，由街道厂赔偿损失费 2.20 元，但也可以在送装前采取全部检查的办法，使每批零件的次品率降为 1%，但街道厂必须支付检查费每只 0.10 元。现在街道厂面临如下两个行动的选择问题：

$a_1$：一批中不检查任何一只零件； $a_2$：一批中检查每一只零件。

若选择行动 $a_1$，每批零件街道厂需支付的检查费和赔偿费为

$$\boldsymbol{W}(\theta,a_1)=1\,000\theta\times 2.20=2\,200\theta$$

若选择行动 $a_2$，每批零件街道厂需支付的检查费和赔偿费共为

$$\boldsymbol{W}(\theta,a_2)=1\,000\times 0.10+1\,000\times 1\%\times 2.20=122$$

由此可写出支付矩阵与损失矩阵

$$\boldsymbol{W}=\overset{\begin{matrix}a_1 & a_2\end{matrix}}{\begin{bmatrix}44 & 122\\ 110 & 122\\ 220 & 122\end{bmatrix}},\quad \boldsymbol{L}=\overset{\begin{matrix}a_1 & a_2\end{matrix}}{\begin{bmatrix}0 & 78\\ 0 & 12\\ 98 & 0\end{bmatrix}}\begin{matrix}\theta_1\\ \theta_2\\ \theta_3\end{matrix}$$

并可算得 $a_1$ 与 $a_2$ 的先验期望损失：

$$E^{\theta}\boldsymbol{L}(\theta,a_1)=15.68\text{ 元},\quad E^{\theta}\boldsymbol{L}(\theta,a_2)=39.78$$

在先验期望准则下，$a_1$ 是最优行动，从而 EVPI＝15.68(元)。

如今决策者想从每批中任取 3 只零件进行检查，根据不合格品的个数(用 $x$ 表示)来决定是采取行动 $a_1$ 还是行动 $a_2$，并想知道如此抽样能否给决策者带来增益、增益是多少。为研究这个问题，我们首先要确定这个贝叶斯决策问题的最优决策函数是什么。由于试验结果 $x$ 可能取 0、1、2、3 这 4 个值中任何一个，所以由 $\{0,1,2,3\}$ 到 $\{a_1,a_2\}$ 上的任一映射 $\delta(x)$ 都是这个问题的决策函数。此种决策函数共有 16 个，为了寻找最优决策函数和抽样信息期望值，我们得分以下几步进行计算。

第一步，计算 $\theta$ 的后验分布。易知抽样结果 $x$ 服从二项分布 Bin$(3,\theta)$，即

$$P(x\mid\theta)=C_3^x\theta^x(1-\theta)^{3-x},\quad x=0,1,2,3$$

利用给定的先验分布 $\pi(\theta)$ 可以算出 $x$ 的边缘分布

$$m(x)=\sum_{i=1}^{3}P(x\mid\theta_i)\pi(\theta_i)$$

当 $x=0$ 时($x=1,2,3$ 类似可算)，

$$\begin{aligned}m(0)&=(1-\theta_1)^3\pi(\theta_1)+(1-\theta_2)^3\pi(\theta_2)+(1-\theta_3)^3\pi(\theta_3)\\&=0.98^3\times 0.45+0.95^3\times 0.39+0.90^3\times 0.16\\&=0.874\,5\end{aligned}$$

当然，我们应该充分利用 R 程序以减轻手工计算负担，R 命令如下：

```
library(BayesianStat)
```

```
Bindiscrete(x, n = 3, pi = c(0.02,0.05,0.10), pi.prior = c(0.45,0.39,0.16), n.pi = 3)
```

由 R 命令计算结果,可整理得表 5.5 和表 5.6。

**表 5.5　$X$ 的边际分布列**

| $X$ | 0 | 1 | 2 | 3 |
|---|---|---|---|---|
| $m(x)$ | 0.874 5 | 0.117 6 | 0.007 6 | 0.000 2 |

**表 5.6　参数 $\theta$ 后验分布列**

| $x$ | 0 | 1 | 2 | 3 |
|---|---|---|---|---|
| $\theta_1=0.02$ | 0.484 3 | 0.220 2 | 0.069 4 | 0.017 0 |
| $\theta_2=0.05$ | 0.382 4 | 0.449 0 | 0.364 3 | 0.229 6 |
| $\theta_3=0.10$ | 0.133 3 | 0.330 8 | 0.566 3 | 0.752 5 |

第二步,计算各行动的后验期望损失 $E^{\theta|x}\boldsymbol{L}(\theta,a)$。如在 $x=0$ 时用后验分布 $\pi(\theta|x=0)$ 可算得行动 $a_1$ 与 $a_2$ 的后验期望损失

$$E^{\theta|x=0}\boldsymbol{L}(\theta,a_1)=0\times 0.484\,3+0\times 0.382\,4+98\times 0.133\,3=13.063\,4$$

$$E^{\theta|x=0}\boldsymbol{L}(\theta,a_2)=78\times 0.484\,3+12\times 0.382\,4+0\times 0.133\,3=42.364\,2$$

类似地,可算得 $x=1$、2、3 时的各行动的后验期望损失并整理,如表 5.7 所示。

**表 5.7　后验期望损失(后验风险)**

| $x$ | 0 | 1 | 2 | 3 |
|---|---|---|---|---|
| $E^{\theta\|x}\boldsymbol{L}(\theta,a_1)$ | 13.063 4 | 32.418 4 | 55.448 4 | 95.863 6 |
| $E^{\theta\|x}\boldsymbol{L}(\theta,a_2)$ | 42.364 2 | 22.563 6 | 9.553 2 | 0.446 4 |

第三步,确定最优决策函数。根据后验风险越小越好的准则,利用表 5.7 就得到最优决策函数

$$\delta^*(x)=\begin{cases}a_1, & x=0\\ a_2, & x=1,2,3\end{cases}$$

第四步,计算完全信息后验期望值 PEVPI。因为抽样结果有 4 个,故有 4 个 PEVPI,它们分别为第二步表 5.7 中每个 $x$ 值下的最小后验期望损失,如表 5.8 所示。

**表 5.8　表 5.7 中每个 $x$ 值下的最小后验期望损失**

| $x$ | 0 | 1 | 2 | 3 |
|---|---|---|---|---|
| PEVPI | 13.063 4 | 22.563 6 | 9.553 2 | 0.446 4 |

第五步,计算 PEVPI 期望值

$$\begin{aligned}&E^{x}E^{\theta|x}\boldsymbol{L}(\theta,\delta^*(x))\\&=13.063\,4\times 0.874\,5+22.563\,6\times 0.117\,6+9.553\,2\times 0.007\,6+0.449\,4\times 0.000\,2\\&=14.150\,1\end{aligned}$$

第六步,计算抽样信息期望值

$$EVSI = EVPI - E^{x}E^{\theta|x}\boldsymbol{L}(\theta,\delta^{*}(x)) = 15.68 - 14.15 = 1.53(\text{元})$$

这表明，在每批产品(1 000 只)中随机抽 3 只进行检查，根据抽检结果 $x$ 定出的最优决策函数 $\delta^{*}(x)$ 要比抽样前的最优行动减少损失 1.53 元。或者说，在不考虑抽样费用的前提下抽样是值得去进行的。

## 5.4.3 最佳样本量的确定

在一个决策问题中，抽样往往可以给决策者增加有价值的信息，从而可能减少在决策中的失误，然而抽样需要大量的人力、物力，作为一个经营管理决策者，在抽样前自然就得思考："抽样是否值得进行？如果要抽样那么样本量多大为好？"这些问题 5.4.2 小节并没有给出回答。在本小节，我们试图来回答这些问题，我们引进"抽样净益期望值"和"最佳样本量"概念并讨论其计算方法。

一般抽样费用或抽样成本由固定成本 $C_f$ 与可变成本 $C_v \cdot n$($C_v$ 表示单位可变成本)两部分组成，抽样成本可用下式表示：

$$C(n) = C_f + C_v \cdot n \quad (n \geqslant 1)$$

显然，抽样成本是样本量 $n$ 的函数。当 $n=0$ 时，$C(n)$ 规定为零，显然这是符合实际的。

另外，在 5.4.2 小节，我们讨论了在不考虑抽样成本的前提下抽样的价值即抽样信息期望值(EVSI)，从而抽样信息期望值扣除抽样成本后，余下的就是由抽样所能获得的净增益，这个净增益称为**抽样净益期望值**(expected net gain from sampling，ENGS)，即

$$ENGS(n) = EVSI(n) - C(n)$$

由于抽样成本和抽样信息期望值都是样本量 $n$ 的函数，一般而言，它们都随 $n$ 的增大而增大，问题是增加速度可能不一样，以至于可能会使抽样净益出现负值。如果对任何自然数 $n$，都有 $ENGS(n) \leqslant 0$，这表明：用抽样来获取信息就费用而言是不合算的，因而不宜进行抽样。如果能找到一个 $n$，使 $ENGS(n) > 0$，则可以考虑进行抽样。

我们如能找到满足 $ENGS(n) > 0$ 的某个 $n$，这就说明该问题进行样本量为 $n$ 的抽样是值得的。但假如满足 $ENGS(n) > 0$ 的 $n$ 不止一个，那应该用哪一个呢？一般说来，样本量越大，抽样费用也越大。若样本量大的抽样能给我们带来大的抽样净益期望值，那样本量大一些自然可取。从这个角度出发，称使抽样净益期望值达到最大的样本量 $n^{*}$ 为最佳样本量，即满足以下方程的 $n^{*}$ 为最佳样本量：

$$ENGS(n^{*}) = \max_{n \geqslant 1} ENGS(n)$$

如果最佳样本量不止一个(这种情况不常见)，那就选其中最小的一个作为最佳样本量。

要使抽样可行，抽样成本 $C(n)$ 显然不应超过抽样信息期望值 $EVSI(n)$，而 $EVSI(n)$ 也不会超过完全信息期望值 EPVI。由此可知，最佳样本量 $n^{*}$ 应满足如下不等式：

$$C(n^{*}) \leqslant EVSI(n^{*}) \leqslant EVPI$$

显然上式第一个等号仅在 $n^{*}=0$ 时成立。将 $C(n) = C_f + C_v \cdot n$ 代入上式，可以得到最佳样本量 $n^{*}$ 的一个上界

$$n^{*} \leqslant \frac{EVPI - C_f}{C_v}$$

如果上式右端小于 1,则取 $n^*=0$,即不宜进行抽样;如果上式右端大于 1 但非正整数,则取其整数部分为 $n^*$ 的上界。

**例 5.22** 某商店考虑是否向一家公司订购电器。该公司生产的电器有一等品和二等品两个等级,一等品与二等品的数量之比在第一车间是 1∶1,在第二车间是 2∶1,第一车间和第二车间产量占比分别为 0.45 与 0.55,但买家每次随机抽到第一车间产品或第二车间产品。如果买到的是一等品,与一般市场价格相比较,每台可赚 10 元;如果买到二等品,每台则要亏 15 元。假如该公司允许在一批电器中抽取若干台进行检验,根据抽样结果决定是否订购该(900 台)电器,但抽样的费用为每台 20 元,总固定费用为零。请你帮助这个商店估算抽多少台做样本最合算。

**解**:记

$a_1$ 表示订购该公司生产的电器; $a_2$ 表示不订购该公司生产的电器

$\theta_1$ 表示在第一车间取得产品; $\theta_2$ 表示在第二车间取得产品

如果在第一车间取得产品,则行动 $a_1$ 的每台平均收益为

$$10\times\frac{1}{2}+(-15)\times\frac{1}{2}=-2.5$$

如果在第二车间取得产品,则行动 $a_1$ 的每台平均收益为

$$10\times\frac{2}{3}+(-15)\times\frac{1}{3}=\frac{5}{3}$$

因为商店打算订购 900 台,于是可以算得收益矩阵和损失矩阵如下(单位:元):

$$\boldsymbol{G}=\begin{array}{c}\begin{matrix}a_1 & \quad a_2\end{matrix}\\ \begin{bmatrix}-2\,250 & 0\\ 1\,500 & 0\end{bmatrix}\end{array}\begin{matrix}\theta_1,0.45\\ \theta_2,0.55\end{matrix},\quad \boldsymbol{L}=\begin{array}{c}\begin{matrix}a_1 & \quad a_2\end{matrix}\\ \begin{bmatrix}2\,250 & 0\\ 0 & 1\,500\end{bmatrix}\end{array}\begin{matrix}\theta_1,0.45\\ \theta_2,0.55\end{matrix}$$

从而行动 $a_1$ 和 $a_2$ 的先验期望损失

$$E^{\theta}[\boldsymbol{L}(\theta,a_1)]=1\,012.5,\quad E^{\theta}[\boldsymbol{L}(\theta,a_2)]=825$$

由此易见 $a_2$ 是最优行动,这时

$$\text{EVPI}=E^{\theta}[\boldsymbol{L}(\theta,a_2)]=825$$

再由最佳样本量 $n^*$ 的上界公式得

$$n^*<\frac{825}{20}=41.25$$

即 $n^*\leqslant 41$。这里 41 就是本例中最佳样本量的一个上界。

由于最佳样本量 $n^*$ 有明确上界,用穷举法将所有 EVSI($n$)和抽样成本 $C(n)$算出,从而可得 ENGS($n$),然后选出其中最大正值 ENGS($n$)所对应的 $n$ 即为最佳样本量 $n^*$。在本例,最佳样本量 $n^*$ 的上界为 41,以下来计算各种 $n(\leqslant 41)$下的抽样净益期望值 ENGS($n$),从而确定 $n^*$,以 $n=2$ 为例说明 ENGS($n$)的计算。

如果 $n=2$ 即抽取两台电器,用 $x_2$ 表示这两台中二等品的个数,可求得抽样净益如下。

第一步,计算 $\theta$ 的后验分布:

利用二项分布公式 $P(x_2|\theta)=C_2^{x_2}\theta^{x_2}(1-\theta)^{2-x_2}$,先计算出 $x_2$ 的具体分布,如表 5.9 所示,再计算边际分布 $m(x_2)$和 $\theta$ 的后验分布,如表 5.10 所示。

表 5.9　二等品个数 $x_2$ 的概率分布

| $\theta$ | $\theta_1=0.5$ | $\theta_2=0.3333$ |
|---|---|---|
| $\pi(\theta_i)$ | 0.45 | 0.55 |
| $P(X_2=0\|\theta_i)$ | 0.2500 | 0.4444 |
| $P(X_2=1\|\theta_i)$ | 0.5000 | 0.4444 |
| $P(X_2=2\|\theta_i)$ | 0.2500 | 0.1111 |

表 5.10　边际分布 $m(x_2)$和 $\theta$ 的后验分布

| $x_2$ | $m(x_2)$ | $\pi(\theta_1\|x_2)$ | $\pi(\theta_2\|x_2)$ |
|---|---|---|---|
| 0 | 0.3569 | 0.3152 | 0.6848 |
| 1 | 0.4695 | 0.4793 | 0.5207 |
| 2 | 0.1736 | 0.6480 | 0.3520 |

**注**：表 5.9 和表 5.10 可用如下 R 命令算得

```
Bindiscrete(x, n = 2, pi = c(0.5,1/3,0), pi.prior = c(0.45,0.55,0), n.pi = 3)
```

本来 n. pi=2，但此命令要求它大于 2，故人为增加了 $\theta$ 的一个取值 0，但其先验概率取 0，这样 n. pi=3 能符合命令的要求，同时能正确算出边际分布和后验分布。

第二步，计算后验完全信息期望值：

用后验分布对每一个行动 $a$ 求得损失的后验期望值，如表 5.11 所示。

表 5.11　　后验期望损失（后验风险）

| $x_2$ | $E^{\theta\|x_2}[\boldsymbol{L}(\theta,a_1)]$ | $E^{\theta\|x_2}[\boldsymbol{L}(\theta,a_2)]$ |
|---|---|---|
| 0 | 709 | 1027 |
| 1 | 1078 | 781 |
| 2 | 1458 | 528 |

这时，按照后验风险准则，最优决策函数为

$$\delta^*(x_2)=\begin{cases}a_1, & x_2=0\\ a_2, & x_2=1,2\end{cases}$$

故 PEVPI(2)的期望值

$$E^{x_2}\{E^{\theta|x_2}[\boldsymbol{L}(\theta,\delta^*(x_2))]\}=709\times0.3569+781\times0.4695+528\times0.1736=711$$

第三步，计算抽样信息期望值：

$$\text{EVSI}(2)=\text{EVPI}-\text{PEVPI}(2)\text{ 的期望值}=825-711=114$$

第四步，计算抽样净益期望值：

$$\text{ENGS}(2)=\text{EVSI}(2)-C(2)=114-40=74$$

以此类推，可以把各个样本量 $n$ 的抽样净益期望值算出，利用计算机编程可以很容易地进行计算。最后，可以算出抽样净益期望值最大为 101，相应的样本量 $n^*=7$ 为最佳样本量，这时抽样信息期望值则为 241。

# 本章要点小结

本章首先引进决策论的基本概念——决策三要素，包括行动集、状态集、收益函数或损失函数，并提出了判定最优行动的先验期望准则。然后，通过引入决策函数与后验风险准则而构建了贝叶斯(统计)决策的基本框架。需要指出的是，在通常的决策理论中，还有一个重要概念——效用函数，由于它很难一般化，我们没有论及，感兴趣的读者可参考有关著作。在本章，我们还讨论了对经营管理而言极为重要的问题——抽样的价值，包括完全信息期望值 EVPI、完全信息后验期望值 PEVPI、PEVPI 期望值、抽样信息期望值 EVSI、抽样净益期望值 ENGS 等。最后是探讨如何确定最佳样本量。

# 思考与练习

**5.1** 用自己的语言概要阐述决策三要素。

**5.2** 在例 5.4 给出的决策问题中，收益函数与先验分布为

$$\boldsymbol{G}(\theta,a)=\begin{array}{c} \begin{matrix} a_1 & \quad a_2 & \quad a_3 \end{matrix} \\ \begin{bmatrix} 700 & 980 & 400 \\ 250 & -500 & 90 \\ -200 & -800 & -30 \end{bmatrix} \end{array} \begin{matrix} \theta_1, p_1=0.6 \\ \theta_2, p_2=0.3 \\ \theta_3, p_3=0.1 \end{matrix}$$

假如把收益矩阵中每个元素除以 100 得到矩阵 $\boldsymbol{G}_1$，然后矩阵 $\boldsymbol{G}_1$ 的第 3 行各元素再加上 8 得矩阵 $\boldsymbol{G}_2$，即

$$\boldsymbol{G}\to\boldsymbol{G}_1=\begin{bmatrix} 7 & 9.8 & 4 \\ 2.5 & -5 & 0.9 \\ -2 & -8 & -0.3 \end{bmatrix}\to\boldsymbol{G}_2=\begin{bmatrix} 7 & 9.8 & 4 \\ 2.5 & -5 & 0.9 \\ 6 & 0 & 7.7 \end{bmatrix}$$

(1) 按先验期望准则，求收益矩阵 $\boldsymbol{G}_2$ 下的最优行动。

(2) 证明：(1)中的最优行动与原始收益矩阵 $\boldsymbol{G}$ 下的最优行动是一样的。

**5.3** 某花店的店主每天从农场以每棵 5 元的价格购买若干棵牡丹花，然后以每棵 10 元的价格出售。如果当天卖不完，余下的牡丹花免费送养老院，这样店主就要少赚钱，甚至当日要亏本。为了弄清楚市场需求情况，店主连续记录过去 50 天出售牡丹花的棵数，整理的记录见表 5.12。试问该店主每天应购进多少棵牡丹花出售，才为最优行动。

**表 5.12　牡丹花出售分布表**

| 出售量/(棵/日) | 频数/日 | 频率 |
|---|---|---|
| 14 | 4 | 0.08 |
| 15 | 11 | 0.22 |
| 16 | 10 | 0.20 |
| 17 | 7 | 0.14 |
| 18 | 7 | 0.14 |
| 19 | 6 | 0.12 |
| 20 | 5 | 0.10 |
| 累计 | 50 | 1.00 |

**5.4**　某厂考虑是否接受外单位一批原料加工问题，外单位提出两种加工费支付办法。

(1) 如果加工的废品率在 10%以下，支付加工费 100 元/吨；如果加工的废品率在 10%到 20%之间，支付加工费 30 元/吨；如果加工的废品率在 20%以上，工厂应赔偿损失费 50 元/吨。

(2) 不论加工质量如何，支付加工费 40 元/吨。该厂决策者根据本厂设备和技术力量认为加工这种原料的废品率 $\theta$ 服从贝塔分布 Beta(2,14)，请问采用哪一种收费办法对工厂有利？

**5.5**　设二行动线性决策问题的收益函数为

$$\boldsymbol{G}(\theta,a)=\begin{cases}18+20\theta, & \theta=a_1\\ -12+25\theta, & \theta=a_2\end{cases}$$

写出该决策问题的损失函数，假如 $\theta$ 服从(0,10)上的均匀分布，请在先验期望损失最小的原则下寻求最优行动。

**5.6**　在损失函数下比较先验期望准则与后验风险准则。

**5.7**　设 $\boldsymbol{x}=(x_1,\cdots,x_n)$ 是来自正态分布 $\mathrm{N}(\theta,1)$ 的一个样本。又设参数 $\theta$ 的先验分布为其共轭先验分布 $\mathrm{N}(0,\tau^2)$，其中 $\tau$ 已知，而损失函数为 0-1 损失函数

$$\boldsymbol{L}(\theta,\delta)=\begin{cases}0, & |\delta-\theta|\leqslant\varepsilon\\ 1, & |\delta-\theta|>\varepsilon\end{cases}$$

试求参数 $\theta$ 的贝叶斯估计并将它与经典估计进行比较。

**5.8**　设 $\boldsymbol{x}=(x_1,\cdots,x_r)$ 是来自伽玛分布 $\mathrm{Gamma}(\gamma,\theta)$ 的一个简单随机样本，其中 $\gamma$ 已知，期望为 $E(x_1)=\gamma\theta^{-1}$ 与 $\theta^{-1}$ 成正比。如今对 $\theta^{-1}$ 有兴趣并要作出估计。为此取伽玛分布 $\mathrm{Gamma}(\alpha,\beta)$ 作为 $\theta$ 的先验分布。

(1) 求平方损失函数 $L(\theta^{-1},\delta)=(\delta-\theta^{-1})^2$ 下 $\theta^{-1}$ 的贝叶斯估计。

(2) 求平方损失函数 $L(\theta,\delta)=(\delta-\theta)^2$ 下 $\theta$ 的贝叶斯估计。

(3) (1)和(2)的贝叶斯估计互为倒数吗？

**5.9**　设某产品的寿命 $T$ 服从指数分布，其分布函数为

$$F(t)=1-\mathrm{e}^{-\lambda t},\quad t>0$$

对指定时间 $t_0$ 后该产品才失效的概率 $R(t_0)=P(T>t_0)=\mathrm{e}^{-\lambda t_0}$ 称为该产品在 $t_0$ 时刻的可靠度。现要设法估计可靠度 $R(t_0)$。设对 $n$ 个该产品进行寿命试验。$n$ 个产品全失效需要很长时间，一般达到事先规定的失效数(譬如 $r\leqslant n$)试验就停止了。这样的寿命试验称为截尾寿命试验，所得的 $r$ 个失效时间 $t_1\leqslant t_2\leqslant\cdots\leqslant t_r$ 称为次序样本或截尾样本。该次序样本的联合密度函数为

$$\begin{aligned}&p(t_1,\cdots,t_r\mid\lambda)\\ &=\frac{n!}{(n-r)!}\prod_{i=1}^{r}p(t_i\mid\lambda)[1-F(t_r)]^{n-r}=\frac{n!}{(n-r)!}\lambda^r\mathrm{e}^{-\lambda(t_1+\cdots+t_r)}[\mathrm{e}^{-\lambda t_r}]^{n-r}=c\lambda^r\mathrm{e}^{-\lambda s}\end{aligned}$$

其中，$c=n!/(n-r)!$，$s=t_1+\cdots+t_r+(n-r)t_r$，称为总试验时间。容易获得 $\lambda$ 的最大似然估计 $\hat{\lambda}_L=r/s$。试寻求 $\lambda$ 的贝叶斯估计和可靠度 $R(t_0)$ 的贝叶斯估计。

**5.10**　在关于儿童智商的例 5.17 中，对被试儿童的智商作出如下三个假设：

$$H_1:\theta<90,\quad H_2:90\leqslant\theta\leqslant110,\quad H_3:\theta>110$$

又设有三个行动：$a_1$、$a_2$、$a_3$，其中，$a_i$ 表示接受 $H_i$，$i=1,2,3$。再设相应的损失为

$$L(\theta,a_1)=\begin{cases}0, & \theta<90\\ \theta-90, & 90\leqslant\theta\leqslant110\\ 2(\theta-90), & \theta>110\end{cases}$$

$$L(\theta,a_2)=\begin{cases}90-\theta, & \theta<90\\ 0, & 90\leqslant\theta\leqslant110\\ \theta-110, & \theta>110\end{cases}$$

$$L(\theta,a_3)=\begin{cases}2(110-\theta), & \theta<90\\ 110-\theta, & 90\leqslant\theta\leqslant110\\ 0, & \theta>110\end{cases}$$

试作出贝叶斯决策即检验这三假设问题。

**5.11** 证明状态是离散情形下的定理 5.6。

**5.12** 简要说明以下几个概念的含义：完全信息期望值 EVPI；完全信息后验期望值 PEVPI；PEVPI 期望值；抽样信息期望值 EVSI；抽样净益期望值 ENGS。

**5.13** 在例 5.21 中，若每次仅抽一只零件进行检查，其不合格品 $x$ 只能取 0 或 1。求最优决策函数和 EVSI。

**5.14** 在例 5.22 中，用 R 软件计算 $n=7$ 和 $x_7$(7 台电器中二等品的个数)下的 PEVPI 期望值。

**5.15** 编写一个 R 程序将例 5.22 中样本量 $1\leqslant n\leqslant41$ 对应的抽样净益期望值 ENGS($n$) 全部算出并由此确定最佳样本量。

**5.16** 某工厂的产品每 1 000 件装成一箱运送到售货商店。每箱中不合格品率有如下两种状态：

$$\theta_1=0.05,\quad \theta_2=0.10$$

根据过去的经验，工厂厂长认为这两种状态发生的主观概率为

$$\pi(\theta_1)=0.7,\quad \pi(\theta_2)=0.3$$

按合同，商店发现一件不合格品，厂方要赔偿 1.50 元。若该厂进行全数检查，每件的检查费是 0.1 元。如今厂长要在如下两个行动中作出选择：

$a_1$：一箱中全数检查；　$a_2$：一箱中一件也不检查

(1) 写出厂长的支付矩阵和损失矩阵，并按先验期望准则给出最优行动和 EVPI。

(2) 若厂长决定从每箱中任取两件进行检查，检查结果用 $x$ 表示不合格品个数。写出所有可能的决策函数。

(3) 用后验风险准则选出最优决策函数并计算 PEVPI。

(4) 求抽样信息期望值 EVSI 和抽样净益期望值 ENGS。

# 第6章 贝叶斯统计计算方法

简单的原理,复杂的应用。贝叶斯统计的基本理论和方法是简单易懂的,但是,当把贝叶斯统计运用到实际问题中时,由于后验分布的复杂性,往往无法得到它的解析表达式,从而得用随机模拟方法去估计有关的参数或做其他统计推断,而要做到这些,需要一整套的理论和方法。其实,近几十年来,由于电子计算机的高速发展以及优良算法的发明,随机模拟方法不但在统计学科也在众多其他学科中广泛运用,解决了许多经典方法难以解决的问题,从而越来越受到重视,是20世纪发明的创新性方法,任何对统计感兴趣的人都应该对它有所了解,更何况我们统计和数据科学专业的学生。本章就是对现在常用的随机模拟方法——MCMC方法做一个实用性的概要介绍。

## 6.1 什么是MCMC方法

MCMC是英文Markov Chain Monte Carlo的缩写,字面意思是马尔可夫链蒙特卡罗,实质是抽取马尔可夫链(Markov Chain,以下简称"马氏链")样本的随机模拟方法。它由两部分组成:马氏链和蒙特卡罗(Monte Carlo),下面我们来分别讨论它们。

### 6.1.1 蒙特卡罗法

蒙特卡罗原本只是欧洲历史上著名赌城的名字。当时,蒙特卡罗的赌徒为了赢得赌博,肯钻研、爱学习,遇到不易解决的赌博上的概率统计问题,往往会请教数学家和概率统计学家,如大名鼎鼎的拉普拉斯,从而客观上促进了概率统计的研究和发展,而蒙特卡罗也和概率统计沾上了关系。到了第二次世界大战时期,美国为了与德国竞赛研制原子弹,提出了著名的曼哈顿计划(Manhattan Project)。在研制原子弹的过程中,遇到了复杂的有关核反应的计算问题,波兰裔美国数学家斯塔尼斯拉夫·乌拉姆(Stanislaw Ulam)创造性地提出了随机模拟方法,用来计算遇到的问题,并由另一位大名鼎鼎的科学家冯·纽曼(von Neumann)在计算机上实现,当时第一台通用电子计算机ENIAC(电子数字积分计算机)刚在美国发明并制造出来。为了保密,就将该方法称为蒙特卡罗法,因此蒙特卡罗就变成了随机模拟的意思。这样,把蒙特卡罗方法与电子计算机的快速运算能力结合起来就迸发出巨大的能力,大大加快了原子弹的成功研制(但也有人认为制造氢弹时才用上蒙特卡罗方法)。1945年8月6日和9日,美国向日本的广岛和长崎各投下一颗原子弹,给日本造成了巨大的人员伤亡和财产损失,加速迫使日本天皇宣布日本无条件投降。

**蒙特卡罗方法**的基本思想是模拟从总体抽取样本,然后,利用抽取的模拟样本进行估计、假设检验等统计推断。模拟的实施主要在计算机上来进行,所以蒙特卡罗方法的兴起是和计算机的发展密切相关的,现代计算机的高速计算能力和优良的抽样算法使大多数模拟抽样可以轻而易举地实现,从而使蒙特卡罗方法发展成为现代极其重要且应用广泛的统计方法。下面我们来看几个用软件R产生模拟样本的例子。

**例 6.1** 分别模拟容量200的服从二项分布Bin(10,0.6)的样本和服从泊松分布Poisson(0.6)的样本,然后分别算出样本均值并与总体均值进行比较。

**解**:(1) 二项分布Bin(10,0.6)表示做10次独立试验而且每次的成功概率是0.6。产生模拟样本所用R命令如下:

```
rb <- rbinom(n = 200, size = 10, prob = 0.6)
mean(rb)
[1] 6.005
```

这里,R命令中参变量的意义一望可知,不需解释。样本均值为6.005,与总体均值$10\times0.6=6$非常接近。

(2) 泊松分布Poisson(0.6)表示其均值和方差是0.6。产生模拟样本所用R命令如下:

```
rp <- rpois(n = 200, lambda = 0.6)
mean(rp); var(rp)
[1] 0.595
[1] 0.603995
```

这里,样本均值为0.595,总体均值为0.6;样本方差与总体方差同样非常接近。

**例 6.2** 分别模拟容量500的服从均匀分布U(0,1)、正态分布N(1.2,25)和贝塔分布Beta(1.5,2)的样本,然后分别算出样本均值并与总体均值进行比较。

**解**:(1) 产生容量500的服从均匀分布U(0,1)的模拟样本所用R命令如下:

```
ru <- runif(n = 500, min = 0, max = 1)
mean(ru)
[1] 0.4979093
```

这里,样本均值为0.497 9,与总体均值0.5非常接近。

(2) 产生容量500的服从正态分布N(1.2,25)的模拟样本所用R命令如下:

```
rn <- rnorm(n = 500, mean = 1.2, sd = 5)
mean(rn)
[1] 0.9525769
```

这里,样本均值为0.952 6,与总体均值1.2有较大差距。

(3) 产生容量500的服从贝塔分布Beta(1.5,2)的样本所用R命令如下:

```
rbet <- rbeta(n = 500, shape1 = 1.5, shape2 = 2)
mean(rbet)
[1] 0.4389338
```

这里,样本均值为0.438 9与总体均值$1.5/(1.5+2)=0.428\,6$非常接近。

**注**:在(2)中,由容量500的服从正态分布N(1.2,25)的模拟样本计算所得的样本均值

0.952 6 与总体均值 1.2 有较大差距，这并不奇怪，主要原因是样本是随机的且容量不够大。事实上，根据强大数定律（见定理 6.1），当样本容量趋近于无穷大时，样本均值几乎必然收敛于总体均值。现在我们让样本容量增大到 10 000，再看看结果如何。

R 命令：

```
rn1 <- rnorm(n = 10000, mean = 1.2, sd = 5); rn2 <- rnorm(n = 10000, mean = 1.2, sd = 5)
mean(rn1); mean(rn2)
[1] 1.174578
[1] 1.136559
```

我们看到这时样本均值与总体均值就比较接近了。读者还可以让样本容量增大到 100 000 来看看结果如何。对于现代计算机来说，这个计算量是不值一提的。

虽然这里我们用模拟样本的均值只是估计了总体均值，但在连续情形，总体均值是由定积分来计算的。例如，贝塔分布 Beta(1.5,2)的均值

$$E(\theta)=\frac{\Gamma(3.5)}{\Gamma(1.5)\Gamma(2)}\int_0^1 \theta\theta^{1.5-1}(1-\theta)^{2-1}\mathrm{d}\theta$$

因此，我们也把一个定积分估计出来了，即

$$\frac{\Gamma(3.5)}{\Gamma(1.5)\Gamma(2)}\int_0^1 \theta^{1.5}(1-\theta)^{2-1}\mathrm{d}\theta = E(\theta)\approx\bar{\theta}=0.438\,9$$

这其实就是蒙特卡罗方法的基本思想，其理论基础之一是强大数定律。

**定理 6.1** （强大数定律）设 $X_1, X_2, \cdots$ 是独立同分布的随机序列，存在绝对值期望 $E\mid X_t\mid<\infty$，又设 $\overline{X}_T=(1/T)\sum_{t=1}^{T}X_t, E(X_t)=\mu$，那么

$$\lim_{T\to\infty}\overline{X}_T=\lim_{T\to\infty}\frac{1}{T}\sum_{t=1}^{T}X_t=E(X_t)=\mu \text{ a. s.}$$

其中，a. s. =almost surely 表示几乎必然成立，即以概率 1 成立。

一般地，设 $\pi(x)$是随机变量 $X$ 的概率密度函数，$h(x)$是任意但我们感兴趣的可积函数。考虑期望（定积分）

$$E^{\pi}[h(X)]=\int_{\chi}h(x)\pi(x)\mathrm{d}x$$

的估计问题。如果我们能够从概率密度函数 $\pi(x)$ 抽取独立同分布的样本$(X_1, X_2, \cdots, X_T)$，那么由强大数定律，均值

$$\bar{h}_T=\frac{1}{T}\sum_{i=1}^{T}h(X_i)$$

几乎必然收敛于 $E^{\pi}[h(X)]$。换句话说，只要样本容量足够大，就可以用 $\bar{h}_T$ 估计期望（定积分）$E^{\pi}[h(X)]$。另外，如果 $h(X)$的方差 $\mathrm{Var}[h(X)]$存在，就可以用

$$s_T^2=\frac{1}{T-1}\sum_{i=1}^{T}[h(x_i)-\bar{h}_T]^2$$

来估计，而且根据中心极限定理，$\sqrt{T}\{\bar{h}_T-E^{\pi}[h(X)]\}/s_T$ 渐近服从标准正态分布 N(0,1)，从而可以构造出相应的置信区间并对估计量 $\bar{h}_T$ 做检验，同时估计量 $\bar{h}_T$ 的标准误可以由下式估计：

$$se_{\bar{h}_T}=\sqrt{\frac{1}{T^2}\sum_{i=1}^{T}\mathrm{Var}[h(X_i)]}=\sqrt{\frac{1}{T}\mathrm{Var}[h(X)]}=\sqrt{\frac{1}{T(T-1)}\sum_{i=1}^{T}[h(x_i)-\bar{h}_T]^2}$$

以上所述就是经典蒙特卡罗方法的基本原理,估计量 $\bar{h}_T$ 也称为**蒙特卡罗估计量**。

显然,蒙特卡罗方法关键的一步是能够从概率密度函数 $\pi(x)$ 抽取独立同分布的样本,但不幸的是,在许多情形下无法容易地从 $\pi(x)$ 抽取独立同分布的样本。这时一个变通的方法是寻找一个容易抽样的概率密度函数 $g(x)$,它满足当 $h(x)\pi(x)\neq 0$ 时 $g(x)>0$,于是

$$E^{\pi}[h(X)]=\int_{\chi}\frac{h(x)\pi(x)}{g(x)}g(x)\mathrm{d}x=E^{g}\left[\frac{h(X)\pi(X)}{g(X)}\right]$$

从而就可以估计出 $E^{\pi}[h(X)]$ 为

$$E^{\pi}[h(X)]=E^{g}\left[\frac{h(X)\pi(X)}{g(X)}\right]\approx\frac{1}{T}\sum_{t=1}^{T}\frac{h(x_t^g)\pi(x_t^g)}{g(x_t^g)}$$

其中,$(x_1^g,x_2^g,\cdots,x_T^g)$是抽取自密度函数 $g(x)$ 的独立同分布样本。我们称密度函数 $g(x)$ 为**重要性(密度)函数**,这种方法为**重要性抽样法**。顾名思义,这是一种重要的应用很广的蒙特卡罗法。我们来看一个例子。现在要求期望(定积分)

$$E^{\pi}[h(X)]=\int_0^1\frac{1}{1+x^2}\frac{\exp(-x)}{1-\exp(-1)}\mathrm{d}x$$

其中,

$$\pi(x)=\exp(-x)/[1-\exp(-1)],\quad x\in[0,1]$$

被称为截尾指数分布密度函数。但它并不太好抽样。由于积分区间为[0,1],我们试着选取贝塔分布 Beta(3,2)为重要性密度函数。于是,

$$\begin{aligned}E^{\pi}[h(X)]&=\int_0^1\frac{1}{1+x^2}\frac{\exp(-x)}{1-\exp(-1)}\frac{\beta(3,2)}{x^2(1-x)}\frac{x^2(1-x)}{\beta(3,2)}\mathrm{d}x\\&\approx\frac{1}{T}\sum_{t=1}^{T}\frac{1}{1+x_t^2}\frac{\exp(-x_t)}{1-\exp(-1)}\frac{\beta(3,2)}{x_t^2(1-x_t)}\end{aligned}$$

其中,$(x_1,x_2,\cdots,x_T)$是抽取自贝塔分布 Beta(3,2)的独立同分布样本。以下就是相应的 R 程序。我们看到,由重要性抽样法估计出来的积分值与用数值分析方法计算出来的积分值几乎一样。当然,如果没有确定抽样种子或样本容量变了,则估计值都会有所变化。

```
T = 50000
set.seed(137)                                                #确定抽样种子
b = rbeta(n = T, shape1 = 3, shape2 = 2)
s = rep(0,T)                                                 #长度为 T,分量全为零的向量
for(t in 1:T)
{s[t] = beta(3,2) * exp( - b[t])/((1 - exp( - 1)) * (1 + b[t]^2) * (1 - b[t]) * b[t]^2)}
# beta(3,2)这里是贝塔函数,不是贝塔分布
mean(s)
[1] 0.8124166
f <- function(x){exp( - x)/((1 - exp( - 1)) * (1 + x^2))}   #被积函数,
> integrate(f,0,1)                                           #用数值分析法求积分
0.8302169 with absolute error < 9.2e - 15
```

应用经典蒙特卡罗法和重要性抽样法虽然可以解决不少期望(定积分)的估计问题,但

仍然无法解决许多定积分的估计问题，因为它们要求待抽样的密度函数具有完全已知的解析表达式，但是，待抽样的密度函数[称为目标分布(密度)]，以贝叶斯统计的后验分布 $\pi(\theta|\boldsymbol{x})$ 为例，往往没有完全的解析表达式，这样就不能用以上所讨论的抽样方法去直接抽样进而估计后验期望和进行别的统计推断，而必须去寻找新的方法。1953 年，物理学家梅切波利斯(Metropolis，1953)等学者从粒子物理的计算问题得到启发，发明了一套算法，可以得到具有马尔可夫性(以下简称"马氏性")而且近似于来自待抽样的密度函数的样本，从而使大量极其复杂的定积分的估计问题得到解决。为了理解这套算法，我们首先要知道什么是马氏性和马氏链。

### 6.1.2 马氏链

马氏链是一种具有马氏性的特别随机过程，它的取值空间称为状态空间 $S$，为简单和易于理解起见，我们假设状态空间 $S$ 中的元素是可数的。马氏链的正式定义如下。

**定义 6.1**　一列有序随机变量 $\{X_t\}$ 称为**马氏链**，如果已知现在 $X_t$、过去 $\{X_i;\ 0\leqslant i\leqslant t-1\}$ 与将来 $X_{t+1}$ 相互独立。这个性质称为**马氏性**，用公式表示为

$$
\begin{aligned}
&P(X_{t+1}=s_{t+1},X_{t-1}=s_{t-1},\cdots,X_0=s_0\mid X_t=s_t)\\
&=P(X_{t+1}=s_{t+1}\mid X_t=s_t)P(X_{t-1}=s_{t-1},\cdots,X_0=s_0\mid X_t=s_t)
\end{aligned}
$$

**注**：以上公式等价于

$$P(X_{t+1}=s_{t+1}\mid X_t=s_t,X_{t-1}=s_{t-1},\cdots,X_0=s_0)=P(X_{t+1}=s_{t+1}\mid X_t=s_t)$$

即将来 $X_{t+1}$ 只依赖于现在 $X_t$，而不依赖于过去 $\{X_i;\ 0\leqslant i\leqslant t-1\}$。

**定义 6.2**　马氏链 $\{X_t\}$ 称为**时间齐次的**(简称为"时齐的")，如果对任何时间点 $t$，任何两个状态 $i,j\in S$，有

$$P(X_{t+1}=j\mid X_t=i)=P(X_1=j\mid X_0=i)=p_{ij}$$

并且称 $p_{ij}$ 为状态 $i$ 到状态 $j$ 的**一步转移概率(转移核，马氏核)**，$\boldsymbol{P}=(p_{ij})$ 为**转移概率矩阵**。另外，$p_{ij}(t)=P(X_t=j|X_0=i)$ 称为 $t$ 步转移概率。

**时齐马氏链 $\{X_t\}$ 的性质**：时齐马氏链的任意有限维分布可由转移概率和初始(值)分布表示：

$$
\begin{aligned}
&P(X_t=s_t,X_{t-1}=s_{t-1},\cdots,X_0=s_0)\\
&=P(X_t=s_t\mid X_{t-1}=s_{t-1},\cdots,X_0=s_0)P(X_{t-1}=s_{t-1},\cdots,X_0=s_0)\\
&=p_{s_{t-1}s_t}P(X_{t-1}=s_{t-1},\cdots,X_0=s_0)\\
&=p_{s_{t-1}s_t}\cdots p_{s_0s_1}P(X_0=s_0)
\end{aligned}
$$

这就是说，只要给定转移概率(矩阵)和初始分布，那么时齐马氏链的统计规律也就确定了。以下总是设马氏链 $\{X_t\}$ 是时齐马氏链。

**例 6.3**　随机序列 $\{X_t\}$ 的状态空间为整数集，而且对任意时间 $t$ 满足

$$P(X_{t+1}=i-1\mid X_t=i)=p,\quad P(X_{t+1}=i+1\mid X_t=i)=q$$

其中，$0<p<1$，$q=1-p$，则它是一个时齐马氏链。

**解**：易知对任时间 $t$ 有

$$P(X_{t+1}=j\mid X_t=i)=p_{ij}=\begin{cases}p, & j=i-1\\ q, & j=i+1\\ 0, & \text{其余情形}\end{cases}$$

因上式右端与时间 $t$ 无关,故$\{X_t\}$是时齐马氏链,同时,它的一步转移概率为 $p_{ij}$。

**例 6.4** 给定初始值 $\theta_1$,通过转移核 $p(\theta|\theta_t)$产生的随机序列$\{\theta_t\}$就是一个时齐马氏链。例如,设 $\theta|\theta_t \sim \mathrm{N}(0.6\theta_t,4)$,初始值 $\theta_1=20$,那么就产生了一个时齐马氏链(模拟样本),再让 $\theta_1=-20$ 就又产生了另一个时齐马氏链(模拟样本)。从图 6.1(称为马氏链的**轨迹图**)可以看出,虽然初始值(出发点)完全不同,但经过几次迭代,它们就没有什么区别了,并且趋于平稳。这里所用的 R 程序如下:

```
theta = c()
theta[1] = 20
for(t in 2:1000){theta[t] = rnorm(1, mean = 0.6 * theta[t - 1],sd = 2)}   # for是迭代语句
plot(ts(theta),xlab = "迭代次数", ylab = "样本值", ylim = c( - 20,20))
                                                   #参变量 ylim 表示 y 轴的取值范围
theta[1] = - 20
for(t in 2:1000){theta[t] = rnorm(1, mean = 0.6 * theta[t - 1],sd = 2)}
lines(1:1000, theta, col = "blue")
#命令 lines 是把第二个马氏链的图形附加到第一个链的图形中
```

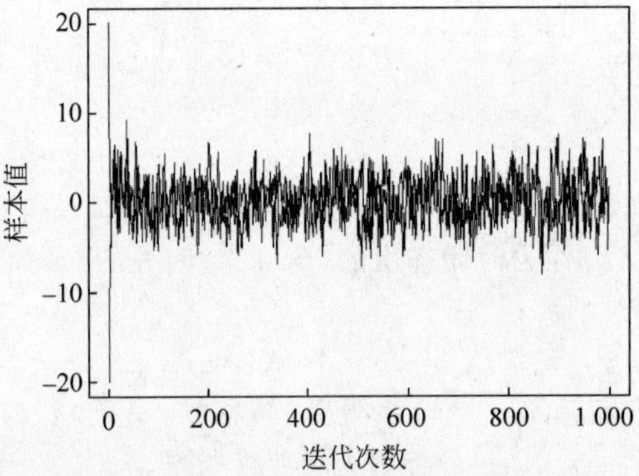


**图 6.1 马氏链的轨迹图**

**定义 6.3(不可约性)** 如果对马氏链$\{X_t\}$的任何两个状态 $i,j\in S$ 存在时点 $t>0$ 使得 $t$ 步转移概率 $p_{ij}(t)>0$,那么称马氏链$\{X_t\}$为不可约的。

换句话说,不可约性就是从任意一个状态出发总可以到达任意的另一个状态。

**定义 6.4(非周期性)** 称马氏链的状态 $i$ 是非周期的,如果

$$\gcd\{t;\ P(X_t=i \mid X_0=i)>0\}=1$$

其中,gcd 表示最大公约数。称马氏链$\{X_t\}$为非周期的,如果它的所有状态都是非周期的。

**定义 6.5(正常返性)** 设 $X_0=i,i\in S,T_i=\min\{t\geqslant 1;\ X_t=i\}$。如果概率 $P(T_i<\infty)=1$,称状态 $i$ 是常返的。如果 $E(T_i)<\infty$,称状态 $i$ 是正常返的。如果马氏链$\{X_t\}$的所有状态都是正常返的,那么称该马氏链$\{X_t\}$为正常返的。

**注**:$T_i=\min\{t\geqslant 1;\ X_t=i\}$表示首次返回状态 $i$ 的时间。

**定义 6.6(遍历性)** 如果马氏链的状态 $i$ 是非周期且正常返的,那么称该状态 $i$ 是遍历的。如果马氏链$\{X_t\}$是不可约的而且所有状态是遍历的,那么称该马氏链$\{X_t\}$是遍历的。

**定义 6.7** 状态空间 $S$ 上的分布 $\pi=\{\pi_j\}$称为马氏链$\{X_t\}$的**平稳分布(不变分布)**,如果由它是初始值 $X_0$ 的分布可以推出对任意时点 $t$,它也是 $X_t$ 的分布。

**注**：具有平稳分布的马氏链本身显然是(严)平稳的。

以下几个定理是 MCMC 的理论基础。如果读者有兴趣，它们的证明可参考有关马氏链的专著。而有了这些准备，我们就可以讨论 MCMC 本身了。

**定理 6.2**　如果马氏链$\{X_t\}$是不可约、非周期和正常返的(即遍历的)，那么它具有唯一的平稳分布 $\pi=\{\pi_j\}$满足对于任意状态 $i,j\in S$

$$\lim_{t\to\infty}p_{ij}(t)=\lim_{t\to\infty}P(X_t=j\mid X_0=i)=\pi_j$$

并且是方程 $\pi P=\pi$、$\sum_{j=0}^{\infty}\pi_j=1$ 唯一的非负解。

**定理 6.3(马氏链强大数定律，也称为遍历定理)**　如果马氏链$\{X_t\}$是不可约的且具有唯一的平稳分布 $\pi$，随机变量 $X\sim\pi$，函数 $h(x)$满足 $E^{\pi}|h(X)|<\infty$，那么

$$\lim_{T\to\infty}\frac{1}{T}\sum_{t=1}^{T}h(X_t)=E^{\pi}[h(X)]=\int_{\chi}h(x)\pi(x)\mathrm{d}x\ \text{a.s.}$$

**注**：从定义 6.6 和定理 6.2 可知，如果马氏链$\{X_t\}$是遍历的，则马氏链强大数定律成立。

**定义 6.8**　如果对于任意状态 $i,j\in S$ 和时间 $t$，存在常数 $\rho<1$ 和 $C_{ij}<\infty$使得$|p_{ij}(t)-\pi_j|\leqslant C_{ij}\rho^t$，则称马氏链$\{X_t\}$是**几何遍历的**，如果还有 $\sup\{C_{ij}\}<\infty$，则称马氏链$\{X_t\}$是**一致几何遍历的**。

**定理 6.4(马氏链中心极限定理)**　如果马氏链$\{\mathrm{X_t}\}$是一致几何遍历的，则

$$\sqrt{T}\left[\frac{\bar{h}-E^{\pi}[h(X)]}{\sqrt{\mathrm{Var}[h(X)]}}\right]\xrightarrow{d}\mathrm{N}(0,1)\quad(\text{依分布收敛})$$

其中，$\bar{h}=\sum_{i=1}^{T}h(X_i)/T$，而 $\mathrm{Var}[h(X)]$ 可用$\bar{h}$ 的方差

$$\sigma_{\bar{h}}^2=\frac{\sigma_h}{T}\left[1+2\sum_{i=1}^{\infty}\rho(h)\right]$$

来代替。

## 6.1.3　马氏链蒙特卡罗法

前面谈到，为了寻找新的估计复杂定积分方法，1953 年，物理学家梅切波利斯(Metropolis，1953)等学者从粒子物理的优化计算问题得到启发，发明了一套算法。现在从定理 6.3，我们看到只要抽取的样本是满足一定条件的马氏链(不要求独立!)，那么就可以用它来估计期望(定积分)，从而使大量极其复杂的定积分的估计问题得到解决。这套算法开始时叫作梅切波利斯算法，后来，哈斯廷斯(Hastings，1970)意识到这个算法的重大意义并将它进行了一般化。现在人们普遍把它称为梅切波利斯-哈斯廷斯算法(Metropolis-Hastings algorithm，MH 算法)。

1984 年，吉曼(Geman，1984)兄弟在研究数字图像恢复问题时提出了吉布斯抽样(Gibbs sampling)法并给予其该名称，虽然它的来源不同，但可以看成 MH 算法的一个特例，同时它也有独立存在的意义，因为它实现的形式是不同的，而且特别适用于处理缺失数据问题、高维定积分和潜变量模型等。除了 MH 算法和吉布斯抽样法之外，类似的方法还

有模拟退火(simulated annealing)法,这是由应用数学家提出来的。现在人们将这三种方法和各种各样的推广统称为**马氏链蒙特卡罗方法**。

比较蹊跷的一件事是国际统计学界在长达 30 多年的时间里,对于马氏链蒙特卡罗法几乎无动于衷,没有意识到它对于统计学的开创性的重要性,直到 1990 年,盖尔芳德和史密斯(Gelfand and Smith,1990)才使统计学界开始认识到马氏链蒙特卡罗法在统计计算中的威力,并引发了大量的理论研究和实际应用研究,取得了许多重要成果。

## 6.2 吉布斯抽样

6.1 节简要讨论了马氏链蒙特卡罗法的发展历史以及马氏链的基本概念和性质。本节讨论吉布斯抽样的具体方法。一般而言,一元分布的抽样当然比多元分布的抽样容易,而吉布斯抽样的特点是可以通过来自目标分布的一元(或较低维)分布的抽样来获得多元分布本身的样本,因此很适合用于高维问题的场合。另外,与 MH 算法相比,吉布斯抽样的结果不会被拒绝(参看 6.3 节)。

### 6.2.1 二阶段吉布斯抽样

为了使初学者更好地理解吉布斯抽样,我们从二维的情形开始讨论。设随机向量 $\boldsymbol{X}=(X_1,X_2)\sim\pi(x_1,x_2)$(分布密度或概率函数),那么我们有两个边际分布密度(按照习惯积分区域略去不写)

$$\pi_1(x_1)=\int\pi(x_1,x_2)\mathrm{d}x_2,\quad \pi_2(x_2)=\int\pi(x_1,x_2)\mathrm{d}x_1$$

和两个条件分布密度(称为**满条件分布密度**)

$$\pi(x_1\mid x_2)=\frac{\pi(x_1,x_2)}{\pi_2(x_2)},\quad \pi(x_2\mid x_1)=\frac{\pi(x_1,x_2)}{\pi_1(x_1)}$$

我们称如下抽样为**二阶段吉布斯抽样**。

(1) 给定初始值 $\boldsymbol{x}^{(0)}=(x_1^{(0)},x_2^{(0)})$(其实只要给定 $x_1^{(0)}$ 或 $x_2^{(0)}$)。

(2) 对于 $t=1,2,\cdots,T$,产生样本 $\boldsymbol{x}^{(t)}=(x_1^{(t)},x_2^{(t)})$,做法是:

① 从条件密度 $\pi(x_1\mid x_2^{(t-1)})$ 抽取 $x_1^{(t)}$;

② 从条件密度 $\pi(x_2\mid x_1^{(t)})$ 抽取 $x_2^{(t)}$。

(3) 对于 $t+1$,回到第二步。

这样依次抽取就得到一个样本 $\{\boldsymbol{x}^{(t)}=(x_1^{(t)},x_2^{(t)});\ 1\leqslant t\leqslant T\}$,从抽样的过程可以看出,如果已知现在 $\boldsymbol{x}^{(t)}$,则将来 $\boldsymbol{x}^{(t+1)}$ 与过去 $\{\boldsymbol{x}^{(i)};\ i<t\}$ 无关,因此它是马氏链,而且在一定的条件下,其平稳分布就是 $\pi(x_1,x_2)$。不仅如此,还可以证明两个分量样本序列 $\{x_1^{(t)};\ 1\leqslant t\leqslant T\}$ 和 $\{x_2^{(t)};\ 1\leqslant t\leqslant T\}$ 是分别具有平稳分布

$$\pi_1(x_1)=\int\pi(x_1,x_2)\mathrm{d}x_2,\quad \pi_2(x_2)=\int\pi(x_1,x_2)\mathrm{d}x_1$$

的马氏链。另外,使人惊奇的是,两个一维的满条件分布 $\pi(x_1\mid x_2)$ 和 $\pi(x_2\mid x_1)$ 合在一起就包含了联合发布 $\pi(x_1,x_2)$ 的全部信息,即后者可由前两者表示出来

$$\pi(x_1,x_2)=\frac{\pi(x_2 \mid x_1)}{\int[\pi(x_2 \mid x_1)/\pi(x_1 \mid x_2)]\mathrm{d}x_2}$$

事实上

$$\int[\pi(x_2 \mid x_1)/\pi(x_1 \mid x_2)]\mathrm{d}x_2=\int\frac{\pi(x_1,x_2)}{\pi_1(x_1)}\times\frac{\pi_2(x_2)}{\pi(x_1,x_2)}\mathrm{d}x_2$$

$$=\int\frac{\pi_2(x_2)}{\pi_1(x_1)}\mathrm{d}x_2=\frac{1}{\pi_1(x_1)}$$

**例 6.5**　利用吉布斯抽样法产生来自二元正态分布 $\mathrm{N}(\mu_1,\sigma_1^2;\mu_2,\sigma_2^2;\rho)$的马氏链样本 $X^{(t)}=(X_1^{(t)},X_2^{(t)})$,要求参数为$(1.1,3^2;1.8,4^2;0.6)$,样本量为 5 000。然后,考察样本服从的分布是什么。最后,利用样本计算 5 个参数$(\mu_1,\sigma_1^2;\mu_2,\sigma_2^2;\rho)$的估计值并与参数真值进行比较。

**解**:二元正态分布密度函数为

$$f(x_1,x_2)=\frac{1}{2\pi\sigma_1\sigma_2\sqrt{1-\rho^2}}\times \mathrm{e}^{-\frac{1}{2(1-\rho^2)}\left[\frac{(x_1-\mu_1)^2}{\sigma_1^2}-2\rho\frac{(x_1-\mu_1)(x_2-\mu_2)}{\sigma_1\sigma_2}+\frac{(x_2-\mu_2)^2}{\sigma_2^2}\right]}$$

不难证明其两个边际分布也是正态分布,两个满条件分布密度分别是

$$\pi(x_1 \mid x_2)\sim \mathrm{N}\left(\mu_1+\rho\frac{\sigma_1}{\sigma_2}(x_2-\mu_2),\quad(1-\rho^2)\sigma_1^2\right)$$

$$\pi(x_2 \mid x_1)\sim \mathrm{N}\left(\mu_2+\rho\frac{\sigma_2}{\sigma_1}(x_1-\mu_1),\quad(1-\rho^2)\sigma_2^2\right)$$

因此,利用吉布斯抽样法就能将二元抽样化为一元抽样。本例的吉布斯抽样以及相关的 R 命令如下(各参变量的含义一望可知):

```
library(BayesianStat)
X <- Normsig12Gibbs(n = 5000, mu1 = 1.1, sigma1 = 3, mu2 = 1.8, sigma2 = 4, rho = 0.6)
#抽样并赋予 X
plot(X, xlab = bquote(X[1]), ylab = bquote(X[2]))    #画出马氏链两分量的散点图
library(mvnormtest)                                  #此包要先下载安装
mshapiro.test(t(X))                  #多元正态性 Shapiro - Wilk 检验,t(X)是转置样本矩阵 X
        Shapiro - Wilk normality test
data:  Z
W = 0.9979, p - value = 0.2326
colMeans(X)                                          #计算均值(期望)向量
[1] 1.110254  1.828138
cov(X)                                               #计算协方差矩阵
        [,1]       [,2]
[1,] 9.292905 7.227893
[2,] 7.227893 16.175961
cor(X)                                               #计算相关系数
         [,1]       [,2]
[1,] 1.0000000 0.5895232
[2,] 0.5895232 1.0000000
```

马氏链两分量的散点图(图 6.2)显示出二元正态分布密度等高线所具有的椭圆特征以及相关系数为 0.6 的正相关特征,初步判断马氏链样本可以看成来自二元正态分布。为了

进一步明确这个断言,我们对样本进行多元正态性 Shapiro-Wilk 检验,从 $p$-值可以确认样本服从二元正态分布。此外,从以上 R 命令的计算结果可以看出,参数的样本估计值为(1.11,9.29; 1.83,16.18; 0.59),与参数真值($1.1,3^2$; $1.8,4^2$; 0.6)非常接近,估计精度相当高。综合以上两个结论可以进一步断言,给定的二元正态分布是模拟马氏链的平稳分布。

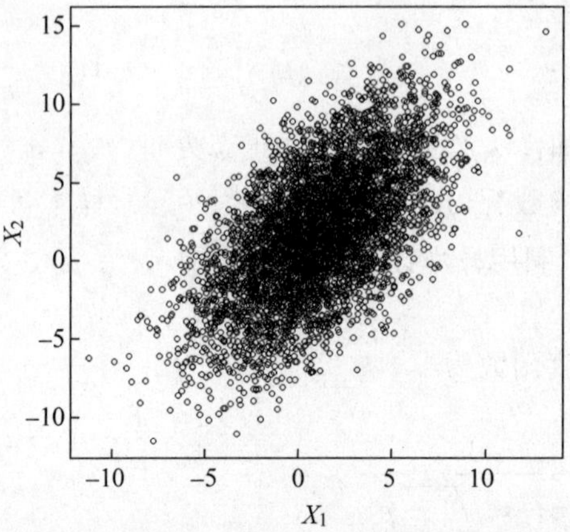


**图 6.2 吉布斯抽样产生的马氏链两个分量的散点图**

**注**:对马氏链的第一个分量序列进行 Shapiro-Wilk 正态性检验:

```
shapiro.test(X[,1])
 p - value = 0.3551
```

从 $p$-值看出,第一个分量服从正态分布,同时其样本均值为 1.11,方差为 9.29,即样本可以说来自正态分布 N(1.11,9.29),另外,边际分布为 $N(1.1,3^2)$,因此两个正态分布可以说是相同的,即第一个分量序列的平稳分布是边际分布 $\pi_1(x_1)=N(1.1,3^2)$。同样可知,第二个分量的平稳分布是 $\pi_2(x_2)=N(1.8,4^2)$。

**例 6.6** 在 4.4.3 节,我们得知当正态分布 $N(\mu,\sigma^2)$ 的两参数取无信息先验(杰弗里斯先验)$\pi(\mu,\sigma^2)=1/\sigma^2$ 时,后验分布

$$\pi(\mu,\sigma^2 \mid \boldsymbol{x}) \propto p(\boldsymbol{x} \mid \mu,\sigma^2)\pi(\mu,\sigma^2) \propto (\sigma^2)^{-(\frac{n}{2}+1)} \exp\left(-\frac{s^2+n(\mu-\bar{x})^2}{2\sigma^2}\right)$$

其中,$\boldsymbol{x}=(x_1,\cdots,x_n)$ 为样本,$s^2=\sum_{i=1}^{n}(x_i-\bar{x})^2$。作为二元后验分布,我们无法断定其核是什么分布,因此,直接抽样不可能做到。但是,当 $\sigma^2$ 给定时,我们已知 $\mu$ 的条件后验分布为

$$\pi(\mu \mid \sigma^2,\boldsymbol{x}) = N(\bar{x},\sigma^2/n)$$

另外,当 $\mu$ 给定时,$\sigma^2$ 的条件后验分布为

$$\pi(\sigma^2 \mid \mu,\boldsymbol{x}) \propto (\sigma^2)^{-(\frac{n}{2}+1)} \exp\left(-\frac{s^2+n(\mu-\bar{x})^2}{2\sigma^2}\right)$$

令

$$y=[s^2+n(\mu-\bar{x})^2]/\sigma^2 \quad \text{或} \quad \sigma^2=[s^2+n(\mu-\bar{x})^2]/y$$

则

$$\pi(\sigma^2 \mid \mu, \boldsymbol{x}) \propto (y)^{\frac{n+4}{2}-1} \exp\left(-\frac{y}{2}\right)$$

上式右边是自由度为 $n+4$ 的卡方分布 $\chi^2(n+4)$ 的核，这表明

$$Y \mid (\mu, \boldsymbol{x}) = [s^2 + n(\mu - \bar{x})^2]/\sigma^2 \mid (\mu, \boldsymbol{x}) \sim \chi^2(n+4)$$

从而能抽取出 $Y$ 的样本，进而就能得到 $\sigma^2$ 的样本。综上知可用吉布斯抽样来获取样本，其算法如下。

(1) 给定初始值 $\sigma^{2(0)}$。

(2) 对于 $t=1,2,\cdots,T$，产生样本 $(\mu^{(t)}, \sigma^{2(t)})$，做法是：

① 由 $\mu \mid (\sigma^{2(t-1)}, \boldsymbol{x}) \sim \mathrm{N}(\bar{x}, \sigma^{2(t-1)}/n)$ 抽取 $\mu^{(t)}$；

② 由 $Y \mid (\mu^{(t)}, \boldsymbol{x}) \sim \chi^2(n+4)$ 抽取 $y$ 并令

$$\sigma^{2(t)} = [s^2 + n(\mu^{(t)} - \bar{x})^2]/y$$

(3) 对于 $t+1$，回到第 2 步。

现在就用这个吉布斯抽样，对案例 4.3 中正态分布的两个参数进行 MCMC 估计，其 R 命令如下：

```
library(BayesianStat)
data(marathontime)
attach(marathontime)              #此命令让我们可用数据的抬头 mtime 作为数据(对象)名
musigma <- NormmusigGibbs(n = 5000, x = mtime, sig0 = 6)
#吉布斯抽样,其中 sig0 为初始值
ts.plot(musigma[,1], xlab = "迭代次数",ylab = "mu")
#第一个参数马氏链轨迹图,平稳特征明显
ts.plot(musigma[,2], xlab = "迭代次数",ylab = "sigma^2")
#第二个参数马氏链轨迹图,结论同上
mean(musigma[,1]); mean(musigma[,2])
[1] 277.6602
[1] 2229.949
```

从图 6.3 我们看到，模拟的马氏链样本应该是平稳的，当然这里的证据还很弱，在 6.4 节将进一步讨论马氏链的收敛性。两个参数 $(\mu, \sigma^2)$ 的估计也容易地算出来了。

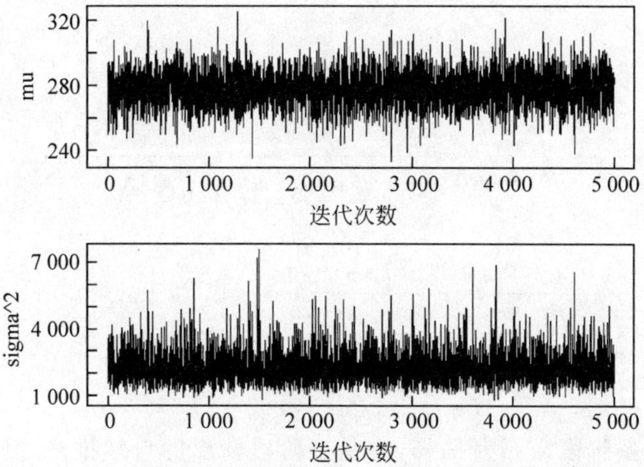


**图 6.3　吉布斯抽样产生的马氏链**

**注**：案例 4.3 中两个参数的估计值到底与参数真值有多接近无从判断。但是，可以做一个随机模拟来说明 MCMC 估计的优良性。令正态分布为 $N(200,10^2)$，模拟容量为 1 000 的样本 $Z$，然后假定两个参数未知，用上面的吉布斯抽样来估计两个参数，所用 R 命令如下：

```
Z<-rnorm(1000,200,10)
X<-NormmusigGibbs(n=2000,x=Z,sig0=20)
mean(X[,1]); mean(X[,2])
[1] 200.3305
[1] 100.2064
```

我们看到用 MCMC 方法估计出来的参数值与参数真值$(200,10^2)$非常近似。

## 6.2.2 多阶段吉布斯抽样

现在设随机向量 $\boldsymbol{X}=(X_1,\cdots,X_n)\sim\pi(\boldsymbol{x})$，其中，$\boldsymbol{x}=(x_1,\cdots,x_n)$。称条件概率密度函数 $\pi_i(x_i|x_1,\cdots,x_{i-1},x_{i+1},\cdots,x_n)$，$i=1,\cdots,n$ 为满(或全)条件概率密度，它们是一元密度(也可以是低维的多元密度)，而吉布斯抽样只要用到它们就可以了，这通常是一大优势，使抽样容易进行。另外，关于满条件概率密度函数还有一个不易想到的性质，即联合密度 $\pi(\boldsymbol{x})$可以反过来通过其满条件密度函数表示。这点我们在二元情形已经看到了，现在考虑多元情形，为此需要先引入一个定义。

**定义 6.9** 设 $\pi(\boldsymbol{x})$的边际密度为 $\pi_i(x_i)$，$i=1,\cdots,n$，如果由 $\prod_{i=1}^{n}\pi_i(x_i)>0$ 可以推出 $\pi(\boldsymbol{x})>0$，则称联合密度 $\pi(\boldsymbol{x})$ 满足**正性条件**。

**定理 6.5** (Hammersley and Clifford，1970；Besag，1974)如果联合密度 $\pi(\boldsymbol{x})$满足正性条件，那么对任意的点 $\boldsymbol{x}'=(x'_1,\cdots,x'_n)\in\mathcal{X}$，有

$$\pi(\boldsymbol{x})=\pi(x_1,\cdots,x_n)\propto\prod_{i=1}^{n}\frac{\pi_i(x_i\mid x_1,\cdots,x_{i-1},x'_{i+1},\cdots,x'_n)}{\pi_i(x'_i\mid x_1,\cdots,x_{i-1},x'_{i+1},\cdots,x'_n)}$$

这其实就是说联合密度 $\pi(\boldsymbol{x})$可由它的满条件密度表示。我们知道联合密度的边际密度做不到这点。这个奇妙定理不容易想到，但它的证明并不难。事实上

$$\begin{aligned}
\pi(\boldsymbol{x})&=\pi_n(x_n\mid x_1,\cdots,x_{n-1})\pi(x_1,\cdots,x_{n-1})\\
&=\frac{\pi_n(x_n\mid x_1,\cdots,x_{n-1})}{\pi_n(x'_n\mid x_1,\cdots,x_{n-1})}\pi(x_1,\cdots,x_{n-1},x'_n)\\
&=\frac{\pi_n(x_n\mid x_1,\cdots,x_{n-1})}{\pi_n(x'_n\mid x_1,\cdots,x_{n-1})}\frac{\pi_{n-1}(x_{n-1}\mid x_1,\cdots,x_{n-2},x'_n)}{\pi_{n-1}(x'_{n-1}\mid x_1,\cdots,x_{n-2},x'_n)}\pi(x_1,\cdots,x'_{n-1},x'_n)\\
&\ \ \vdots\\
&=\prod_{i=1}^{n}\frac{\pi_i(x_i\mid x_1,\cdots,x_{i-1},x'_{i+1},\cdots,x'_n)}{\pi_i(x'_i\mid x_1,\cdots,x_{i-1},x'_{i+1},\cdots,x'_n)}\pi(x'_1,\cdots,x'_{n-1},x'_n)\\
&\propto\prod_{i=1}^{n}\frac{\pi_i(x_i\mid x_1,\cdots,x_{i-1},x'_{i+1},\cdots,x'_n)}{\pi_i(x'_i\mid x_1,\cdots,x_{i-1},x'_{i+1},\cdots,x'_n)}
\end{aligned}$$

现在转入讨论**多阶段**吉布斯**抽样**，它是二阶段情形的自然推广，其具体抽样步骤如下(这里每个分量本身可以是向量)。

(1) 给定初始值 $\boldsymbol{x}^{(0)}=(x_1^{(0)},\cdots,x_n^{(0)})$。

(2) 对于 $t=1,2,\cdots,T$，产生样本 $\boldsymbol{x}^{(t)}=(x_1^{(t)},\cdots,x_n^{(t)})$，做法是：

① 从条件密度 $\pi_1(x_1|x_2^{(t-1)},\cdots,x_n^{(t-1)})$抽取 $x_1^{(t)}$；

② 从条件密度 $\pi_2(x_2|x_1^{(t)},x_3^{(t-1)},\cdots,x_n^{(t-1)})$抽取 $x_2^{(t)}$；

⋮

ⓝ 从条件密度 $\pi_n(x_n|x_1^{(t)},x_2^{(t)},\cdots,x_{n-1}^{(t)})$抽取 $x_n^{(t)}$。

(3) 对于 $t+1$，回到第 2 步。

这样依次抽取就得到了一个样本$\{\boldsymbol{x}^{(t)}=(x_1^{(t)},\cdots,x_n^{(t)});\ 1\leqslant t\leqslant T\}$，从抽样的做法可知，这个样本形成了一个马氏链，而且只要它是不可约的，它的平稳分布就是 $\pi(\boldsymbol{x})$(目标分布)，从而由定理 6.3，对可积函数 $h(\boldsymbol{x})$有

$$\lim_{T\to\infty}\frac{1}{T}\sum_{t=1}^{T}h(\boldsymbol{x}^{(t)})=E^{\pi}[h(\boldsymbol{X})]=\int h(\boldsymbol{x})\pi(\boldsymbol{x})\mathrm{d}\boldsymbol{x}\ \text{a. s.}$$

那么，什么时候这个马氏链是不可约的呢？我们有如下定理：

**定理 6.6**　如果密度 $\pi(\boldsymbol{x})$满足正性条件，则马氏链$\{\boldsymbol{x}^{(t)};\ 1\leqslant t\leqslant T\}$是不可约的。

**例 6.7**　已知二元正态分布 $\mathrm{N}(\mu_1,\sigma_1^2;\ \mu_2,\sigma_2^2;\ \rho)$的密度为

$$f(x_1,x_2)=\frac{1}{2\pi\sigma_1\sigma_2\sqrt{1-\rho^2}}\times \mathrm{e}^{-\frac{1}{2(1-\rho^2)}\left[\frac{(x_1-\mu_1)^2}{\sigma_1^2}-2\rho\frac{(x_1-\mu_1)(x_2-\mu_2)}{\sigma_1\sigma_2}+\frac{(x_2-\mu_2)^2}{\sigma_2^2}\right]}$$

(1) 当参数为$(1.1,3^2;\ 1.8,4^2;\ 0.6)$时，模拟出容量为 1 000 的二元正态样本。

(2) 现在假定参数真值遗失了，但得知均值向量和方差协方差阵参数$(\boldsymbol{\mu},\boldsymbol{\Sigma})$的杰弗里斯无信息先验为 $\pi(\boldsymbol{\mu},\boldsymbol{\Sigma})\propto|\boldsymbol{\Sigma}|^{-3/2}$。试利用(1)得到的样本和 MCMC 抽样计算参数的贝叶斯估计并与参数真值进行比较。

**解**：先将二元正态密度的矩阵形式写出，令 $\boldsymbol{x}=(x_1,x_2)'$，那么矩阵形式为

$$f(\boldsymbol{x}\mid\boldsymbol{\mu},\boldsymbol{\Sigma})=(2\pi)^{-1}\mid\boldsymbol{\Sigma}\mid^{-1/2}\exp\left[-\frac{1}{2}(\boldsymbol{x}-\boldsymbol{\mu})'\boldsymbol{\Sigma}^{-1}(\boldsymbol{x}-\boldsymbol{\mu})\right]$$

由已知条件，均值向量和方差协方差矩阵是

$$\boldsymbol{\mu}=\begin{bmatrix}\mu_1\\ \mu_2\end{bmatrix}=\begin{bmatrix}1.1\\ 1.8\end{bmatrix},\quad \boldsymbol{\Sigma}=\begin{bmatrix}\sigma_1^2 & \rho\sigma_1\sigma_2\\ \rho\sigma_1\sigma_2 & \sigma_2^2\end{bmatrix}=\begin{bmatrix}9 & 7.2\\ 7.2 & 16\end{bmatrix}$$

(1) 模拟容量为 1 000 的二元正态样本所用 R 程序如下：

```
library(MASS)
#此包自动随基本包 base 一起下载，下面的二元正态抽样函数在此包中
mu <- c(1.1,1.8); Sigma <- matrix(c(9,7.2,7.2,16),2,2)
X <- mvrnorm(n = 1000, mu, Sigma)               #抽取二元正态样本
```

(2) 给定样本 $\boldsymbol{X}=(\boldsymbol{x}_1,\boldsymbol{x}_2,\cdots,\boldsymbol{x}_n)'$，那么后验分布(维数 $d=2$)

$$\pi(\boldsymbol{\mu},\boldsymbol{\Sigma}\mid\boldsymbol{X})\propto|\boldsymbol{\Sigma}|^{-(n+3)/2}\exp\left[-\frac{1}{2}\sum_{i=1}^{n}(\boldsymbol{x}_i-\boldsymbol{\mu})'\boldsymbol{\Sigma}^{-1}(\boldsymbol{x}_i-\boldsymbol{\mu})\right]$$

这个分布无法直接抽样(因为不知是何分布)。但是，当方差协方差矩阵$\boldsymbol{\Sigma}$ 已知时，与一元情

形类似,可推出$\boldsymbol{\mu} \mid (\boldsymbol{\Sigma}, \boldsymbol{X}) \sim \mathrm{N}(\bar{x}, \boldsymbol{\Sigma}/n)$;当均值向量$\boldsymbol{\mu}$已知时,可推出$\boldsymbol{\Sigma} \mid (\boldsymbol{\mu}, \boldsymbol{X}) \sim \mathrm{IWishart}((\boldsymbol{X}-\boldsymbol{\mu})'(\boldsymbol{X}-\boldsymbol{\mu}), n)$(自由度为 $n$ 的逆维希特分布,维希特分布本身是卡方分布的多维推广)。既然$\boldsymbol{\mu}$和$\boldsymbol{\Sigma}$的条件分布都是有名有姓可直接抽样的分布,可应用**吉布斯**抽样法,其 R 程序如下:

```
library(BayesianStat)                          #以下吉布斯抽样函数在此包中
PP <- MultiNormGibbs(n = 6000,D = X)
#二元正态参数的吉布斯抽样,初值内部给定了
colMeans(PP)                                   #计算模拟马氏链样本均值
     mu1        sig1         mu2        sig2         rho
 1.2473983   9.1671717   1.8556234  16.1507389   0.5921878
```

从以上计算结果看出参数的贝叶斯点估计与参数真值相当一致,结果令人满意。

**注**:这里没有诊断马氏链的收敛性,当然无理,不过我们将在 6.4 节进行分析。另外,此例明显可推广到一般多维正态分布的情形。

## 6.3 梅切波利斯-哈斯廷斯算法

梅切波利斯-哈斯廷斯算法是马氏链蒙特卡罗方法中的核心抽样法并具有一般性,被誉为 20 世纪最重要的十大算法之一,由此可知它的重要性。MH 算法的出发点是我们有一个待抽样的目标分布 $\pi(x)$,但它难以直接抽样。为了利用 MH 算法,要挑选一个适当的条件分布 $q(y|x)$,它在抽样中作为一个工具来使用,因此被称为工具分布[也称为建(提)议分布],是比较容易抽样的。由此,可以给出 MH 算法的一般步骤如下。

任意给定 $x^{(1)}$,对 $t=1,2,\cdots,T$:

(1) 分别抽取 $y_t \sim q(y|x^{(t)})$和 $u \sim \mathrm{U}(0,1)$(均匀分布);

(2) 如果 $u \leqslant \alpha(x^{(t)}, y_t)$,则取 $x^{(t+1)}=y_t$,否则,取 $x^{(t+1)}=x^{(t)}$,其中

$$\alpha(x,y)=\min\{1, \pi(y)q(x \mid y)/\pi(x)q(y \mid x)\}$$

(3) 对于给定的 $x^{(t+1)}$,回到第一步。

反复进行这些步骤,我们就得到一个马氏链(样本)$\{x^{(t)}\}$。另外,函数 $\alpha(x,y)$称为**接受概率**。可以证明定理 6.7,这一定理表明 MH 算法广泛的适用性。

**定理 6.7** 只要工具分布的支撑$\{y;\ q(y|x)>0\}$包含目标分布的支撑$\{y;\ \pi(y)>0\}$,则目标分布 $\pi(x)$就是马氏链$\{x^{(t)}\}$的平稳分布。

**注**:从接受概率的表达式可知,对于目标分布 $\pi(x)$,我们只要知道它的密度核即可。另外,好的工具分布 $q(y|x)$至少应当容易抽样且其支撑$\{y;\ q(y|x)>0\}$包含目标分布的支撑$\{y;\ \pi(y)>0\}$。

现在我们来看看工具分布 $q(y|x)$的一些特殊情形。

(1) 如果工具分布是对称的,即 $q(y|x)=q(x|y)$,那么接受概率 $\alpha(x,y)=\min\{1, \pi(y)/\pi(x)\}$。这时抽样就直接称为梅切波利斯抽样,是梅切波利斯等人早在 1953 年提出的。

(2) 如果工具分布 $q(y|x)$独立于 $x$,即 $q(y|x)=q(y)$,则称抽样为独立 MH 抽样,这时接受概率简化为

$$\alpha(x,y)=\min\{1,\pi(y)q(x)/\pi(x)q(y)\}$$

(3) 如果工具随机变量 $Y\sim q(y|x)$ 按方式 $Y_t=X^{(t)}+\varepsilon_t$ 产生,其中 $\varepsilon_t$ 具有独立于 $X^{(t)}$ 的分布,那么称抽样为随机游动 MH 抽样。这时的工具分布具有形式 $q(y|x)=q(y-x)$(这是因为 $Y_t-X^{(t)}=\varepsilon_t$)。例如:

当 $\varepsilon_t\sim U(0,1)$ 时,有 $Y_t-X^{(t)}\sim U(0,1)$,即 $Y_t\sim U(x^{(t)},x^{(t)}+1)$

当 $\varepsilon_t\sim N(0,\sigma^2)$ 时,有 $Y_t-X^{(t)}\sim N(0,\sigma^2)$,即 $Y_t\sim N(x^{(t)},\sigma^2)$

如果 $q(z)$ 还是原点对称函数,即满足 $q(-z)=q(z)$,那么,接受概率就简化为 $\alpha(x,y)=\min\{1,\pi(y)/\pi(x)\}$。

**例 6.8** 已知目标分布 $\pi(x)$ 为贝塔分布 Beta(2.4,5.1),取工具分布为均匀分布 U(0,1)。利用 MH 算法抽取马氏链样本 $\{X^{(t)}\}$,然后回答:

(1) 马氏链 $\{X^{(t)}\}$ 的平稳分布是贝塔分布 Beta(2.4,5.1)吗?

(2) 利用样本计算样本均值和方差并与总体均值和方差进行比较。

**解**:本例 MH 算法的抽样以及其他相关 R 命令如下:

```
library(BayesianStat)                          #以下抽样函数在此包中
X<-BetaMH(n=500,a=2.4, b=5.1)
#a, b 是贝塔分布的两个参数,此命令抽取马氏链样本
ts.plot(X, xlab="迭代次数",col="blue") #画马氏链轨迹图(图 6.4)
ks.test(X,"pbeta",2.4,5.1)                     #对马氏链样本进行柯尔莫哥洛夫-斯米尔诺夫检验
        One-sample Kolmogorov-Smirnov test
data:  X
D = 0.046, p-value = 0.2396
mean(X); var(X)
[1] 0.3210151,[1] 0.02958076
2.4/(2.4+5.1); 2.4*5.1/((2.4+5.1)^2*(2.4+5.1+1)) #计算贝塔分布的均值和方差
[1] 0.32,[1] 0.0256
```

从 MH 算法模拟得到的马氏链轨迹图(图 6.4),我们看到从工具分布抽取的候选点有的被拒绝了,所以样本轨迹有时是水平前行的。

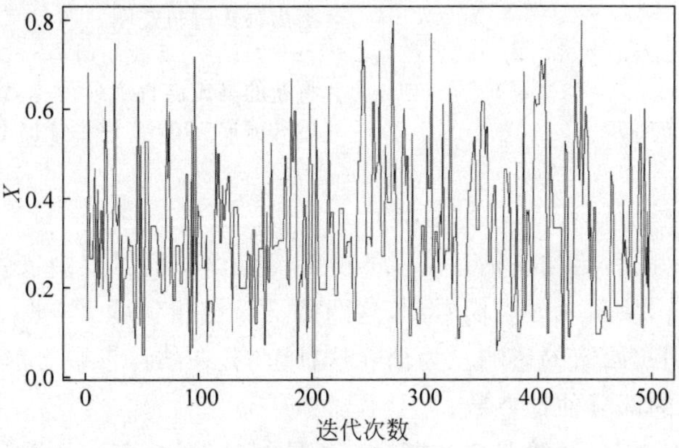


**图 6.4 MH 算法模拟得到的马氏链**

(1) 对马氏链进行柯尔莫哥洛夫-斯米尔诺夫检验(Kolmogorov-Smirnovtest)。根据 $P$ 值,我们可以接受马氏链样本来自贝塔分布 Beta(2.4,5.1),即马氏链的平稳分布是贝塔分

布 Beta(2.4,5.1)。

(2) 利用样本计算所得样本均值为 0.321 0、方差为 0.029 6,与理论均值 0.32、方差 0.025 6 非常近似。

**注**:为了消除人为初始值的影响,从例 6.5 到例 6.8 都抛弃了最初的 1 000 个样本。但是,即使如此,也不见得每次抽取的样本都是收敛的,碰到不收敛的情形,就要重新抽样或加大样本长度。这也表明检验收敛性的重要性。

**例 6.9** 已知二元正态分布 N(0,1; 0,1; $\rho$)的密度为

$$f(x_1,x_2 \mid \rho)=\frac{1}{2\pi\sqrt{1-\rho^2}}\exp\left[-\frac{x_1^2-2\rho x_1 x_2+x_2^2}{2(1-\rho^2)}\right]$$

其容量为 1 000 的样本在 R 包 BayesianStat 中,文件名为 mydata。现在知道相关系数 $\rho$ 的杰弗里斯无信息先验为 $\pi(\rho)\propto(1-\rho^2)^{-3/2}$。试利用贝叶斯和 MCMC 方法估计参数 $\rho$。

**解**:设给定样本为 $\boldsymbol{X}=(\boldsymbol{x}_1,\boldsymbol{x}_2,\cdots,\boldsymbol{x}_n)'$,其中,$\boldsymbol{x}_i=(x_{1i},x_{2i})'$,那么样本的联合分布为 $g(\boldsymbol{X} \mid \rho)=\prod_{i=1}^{n} f(\boldsymbol{x}_i \mid \rho)$,相关系数 $\rho$ 的后验分布为

$$\pi(\rho \mid \boldsymbol{X}) \propto g(\boldsymbol{X} \mid \rho)\pi(\rho) \propto (1-\rho^2)^{-\frac{n+3}{2}}\exp\left[-\frac{\sum x_{1i}^2-2\rho\sum x_{1i}x_{2i}+\sum x_{2i}^2}{2(1-\rho^2)}\right]$$

这里看不出后验分布的核属于什么分布,因此无法直接抽样,也无法用吉布斯抽样法。现在我们利用独立 MH 算法,取贝塔分布 Beta($a$,$b$)为工具(提议)分布,那么其核为 $x^{a-1}(1-x)^{b-1}$,因此接受概率

$$\alpha(x,y)=\min\{1,\pi(y \mid \boldsymbol{X})x^{a-1}(1-x)^{b-1}/\pi(x \mid \boldsymbol{X})y^{a-1}(1-y)^{b-1}\}$$

在本例中,取 $a=2$,$b=2.5$,初值 rho0=0.9,那么相应的 R 命令如下:

```
library(BayesianStat)                          #以下抽样函数在此包中
data(mydata)
X <- mydata                                    #样本
Rho <- MNormrhoInM(n = 6000,X,rho0 = 0.9,a = 2,b = 2.5)   #独立 MH 抽样,rho0 为初值
ts.plot(Rho, xlab = "迭代次数", ylab = expression(rho), ylim = c(0,0.99))
                                               #画出马氏链轨迹图
Rhoo <- MNormrhoInM(n = 6000,X,rho0 = 0.1,a = 2,b = 2.5)   #改初值为 rho0 = 0.1 再抽样
lines(1:6000,Rhoo,col = "blue")                #将新的马氏链轨迹画在前面的图中
RRho <- Rho[1001: 6000]                        #把最前面 1000 个样本烧掉不要,以消除初值影响
mean(RRho)
[1] 0.591974
```

我们得到相关系数 $\rho$ 的后验均值估计为 0.592 0。这里,我们以差距较大的两个初始值为起点抽取了两条马氏链,从图 6.5 我们看到,这两条马氏链很快收敛(平稳或混合)在一起,但是其最初各自都受到初始值的影响。为消除这种影响,在估计参数之前,把最前面一段链切除,然后再应用剩下的部分估计参数。

**注**:由于 MCMC 抽样(无论是**吉布斯**抽样还是 MH 算法)有人为给定的初始值(图 6.5),因此开始一段的数据链一般不是平稳马氏链的一部分,我们在使用模拟马氏链之前,要把开始一段的数据剔除,以使留下的部分成为平稳马氏链,这样才能加以应用。至于何时模拟的马氏链平稳,这是一个相当复杂的问题,称为 MCMC 抽样的收敛性问题,将在 6.4 节做讨论。

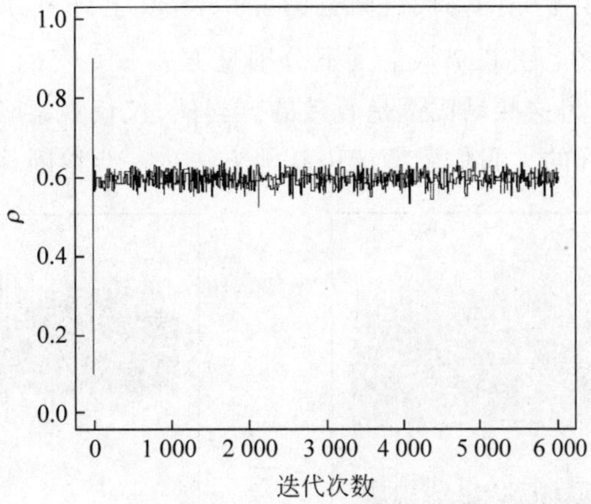


**图 6.5　MH 算法模拟得到的初值不同的马氏链**

# 6.4　MCMC 的收敛性问题

6.1 节至 6.3 节讨论了 MCMC 的思想和实现问题，我们知道只有当模拟的马氏链收敛于平稳分布(目标分布)时，才有理由利用该马氏链来估计有关参数或进行其他统计推断，因此诊断 MCMC(算法)的收敛性(即 MCMC 产生的马氏链的收敛性)在 MCMC 的应用中是至关重要的问题。在 6.1 节至 6.3 节的各个例子中，有的从某个侧面验证了产生的马氏链收敛，有的没有验证，严格而言这当然是不行的，因而我们将弥补这点。本节将对模拟的马氏链的收敛性从实用的角度加以扼要介绍，但必须知道的是，诊断马氏链是否收敛是一个复杂的问题，最好用多种方法从不同侧面进行验证。如果多种方法一致认定马氏链收敛，那么结论的说服力自然就强。总的来看，MCMC 产生的马氏链的收敛性受三个因素的影响：①初始值；②后验密度(目标分布密度)；③工具分布。

(1) **初始值**。在用计算机进行模拟时总是要有一个开头，这就是初始值。我们要利用一切可得的信息尽量使初始值离参数真值较近。参数真值当然是未知的，不过可能也有信息可以利用。例如，某个参数是大于零的，那么初始值最好取正数。如果对后验分布密度有所了解，那么初始值就应当在后验高密度也就是中心区域。另外，为了消除初始值的影响，应该把开始一段的马氏链弃之不用。

(2) **后验密度(目标分布密度)**。如果后验密度的形状是单峰的，问题相对简单。如果后验密度的形状是多峰的，则要小心伪收敛现象，即陷入非最大值的其他极值点这个现象。

(3) **工具分布**。它对模拟马氏链收敛性的影响是不言而喻的，好的工具分布的中心区域应与后验密度(目标分布密度)的中心区域有较多重合，尾部较厚，支撑包含后验密度的支撑。

MCMC 方法的收敛性的检验(诊断)可以从图形和数量两方面来考虑，有时数量也可以通过图形来表示，以增加直观性。在 R 包 coda 中有许多诊断马氏链收敛性的函数，把它下载安装后，可多加应用。下面介绍一些常用的方法。

(1) 马氏链轨迹图检验法。收敛的马氏链应该没有趋势和周期，而是在一水平线上下小幅波动。图 6.1、图 6.3、图 6.4 和图 6.5 显示的马氏链都可以看成是收敛的马氏链。下面我们来画例 6.7 中 5 个参数的马氏链轨迹图,图 6.6 从上到下分别是均值 $\mu_2$ 和 $\mu_1$ 与相关系数 $\rho$ 的马氏链轨迹图;图 6.7 从上到下分别是方差 $\sigma_2^2$、$\sigma_1^2$ 的马氏链轨迹图,从各个马氏链轨迹图,我们可以认为这些马氏链是收敛的。当然,仅仅观察马氏链轨迹图就断定马氏链收敛的说服力是不够强的。我们要继续用其他方法进一步诊断这些马氏链的收敛性。

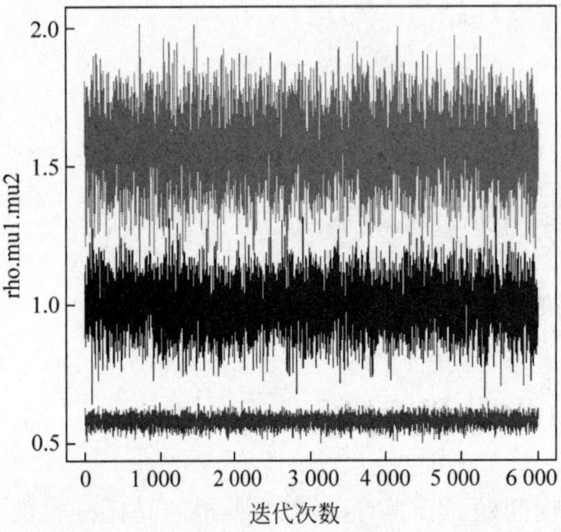


图 6.6 例 6.7 中两个均值参数和相关系数的马氏链轨迹

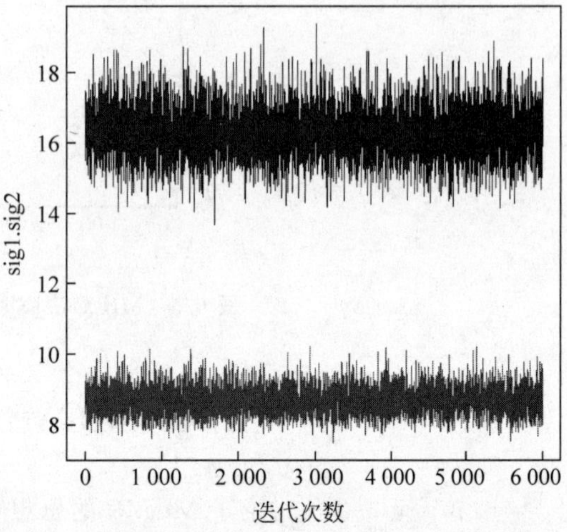


图 6.7 例 6.7 中两个方差参数的马氏链轨迹

(2) Geweke 检验法。该法由 Geweke (1992)提出,它实际上由数量诊断和图形诊断两部分组成,图形诊断是由 Steve Brooks 建议的。它利用如果马氏链收敛了,那么它来自同一平稳分布,因而它的前一部分与后一部分的均值应该相等这一事实。在马氏链前一部分与后一部分渐进独立的假设条件下,Geweke 构造的检验统计量渐进服从标准正态分布(因此是 $Z$ 检验)。需要注意的是,由于假定马氏链前一部分与后一部分渐进独立,在应用 Geweke 检验法时,马氏链前一部分与后一部分不可以重叠。实际应用时,Geweke 检验对每个分量马氏链算出检验统计量的值,当值的绝对值小于 2 时,马氏链被认为是收敛的。但是,Geweke 检验法的数量诊断每次仅算出一个统计量值,不如其图形诊断来的合理。图形诊断的做法是用与数量诊断同样的方法算出一个统计量值,然后,把最前面的一小段马氏链切除掉,再次用同样的方法算出第二个统计量值,以此类推,一共算出若干(默认 20)个统计量值,最后在坐标系上画出它们的位置,同时,用虚线画出置信度为 0.95 的置信区间形成的置信带。如果绝大多数统计量值在置信带内,则可以认为马氏链是收敛的。以下是例 6.7 中 5 个参数的马氏链 Geweke 检验的 R 命令和相关结果,我们看到,无论是数量诊断还是图形诊断都可以断定 5 个参数的马氏链收敛了(第 4 个参数的马氏链从数量诊断不能断定其收敛,但从图形诊断可以断定其收敛)(图 6.8)。最后,注意 Geweke 检验中的样本容量要小于 10 万。

R 命令:

```
library(coda)                                   # 首先要下载安装 coda
geweke.diag(as.mcmc(PP))
   mu1       sig1       mu2        sig2       rho
```

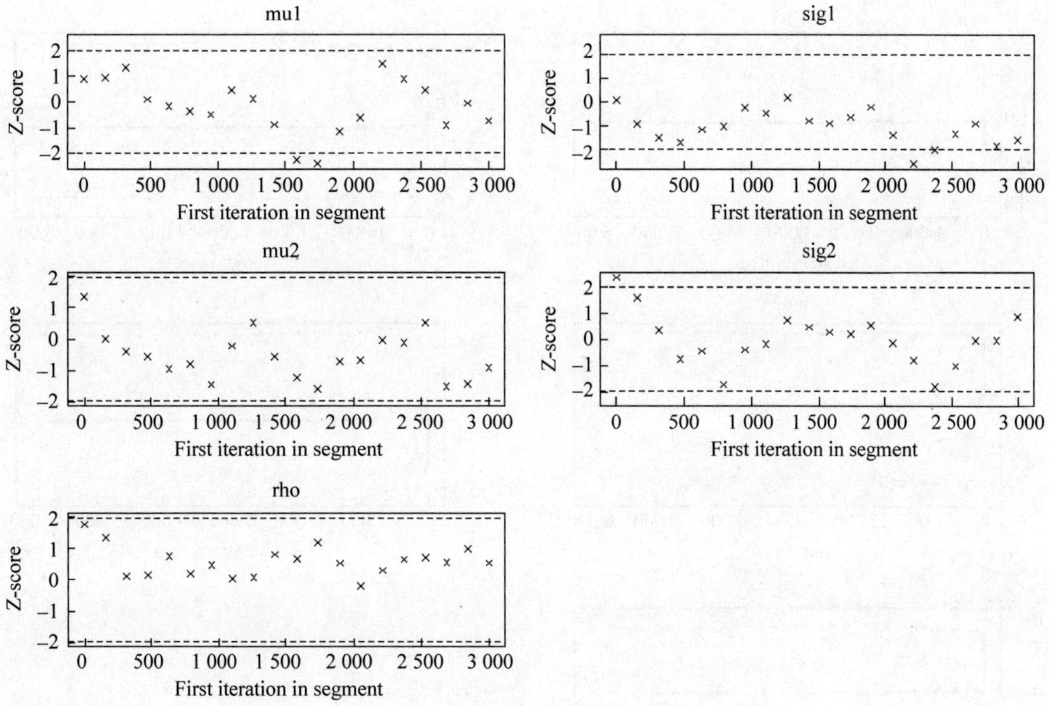


**图 6.8　例 6.7 中 5 个参数的马氏链收敛性的 Geweke 检验**

```
0.90857  0.07986  1.35443  2.35802  1.75345          #检验统计量的值
geweke.plot(as.mcmc(PP))                             #画诊断图
```

(3) 分位数检验法。该法滚动利用经验(累积)分布函数计算 0.025、0.5、0.975 分位数,如果马氏链收敛,则 3 个分位数应该逐步形成水平直线。以下是例 6.7 中 5 个参数的马氏链的分位数检验及其 R 命令,我们看到每个参数的马氏链对应的 3 个分位数线都逐渐形成水平直线,因此 5 个参数的马氏链都可以看成是收敛的(图 6.9)。

R 命令:

```
cumuplot(as.mcmc(PP))
```

(4) Heidelberger 检验法。此检验由两部分组成:第一部分为马氏链平稳性检验,是利用 Cramer-von Mises 统计量检验马氏链是否来自同一个平稳分布。如果不能通过检验则会指示要产生更长的马氏链;如果通过了检验则会报告收敛从何时开始。因此,这个检验方法可以用来控制产生马氏链的迭代的次数。第二部分为半宽检验(halfwidth test),它先是利用谱分析方法把渐进方差估计出来,而后用方差和已通过收敛检验的那段马氏链去估计置信度 0.95 的均值的置信区间。所谓半宽(halfwidth)就是指这个置信区间的一半宽度。最后,将半宽与均值的估计值进行对比,如果比值的绝对值小于 0.1,则检验通过,即认为马氏链的长度已能使均值的估计足够精确;否则,检验不能通过,即还要增加马氏链的长度以获得足够精确的均值估计,换句话说,半宽检验只是考察均值估计的精度是否足够,意义较小。

**注**:半宽与均值的估值的比值的绝对值小于 0.1 意味着置信区间很窄,从而估值的

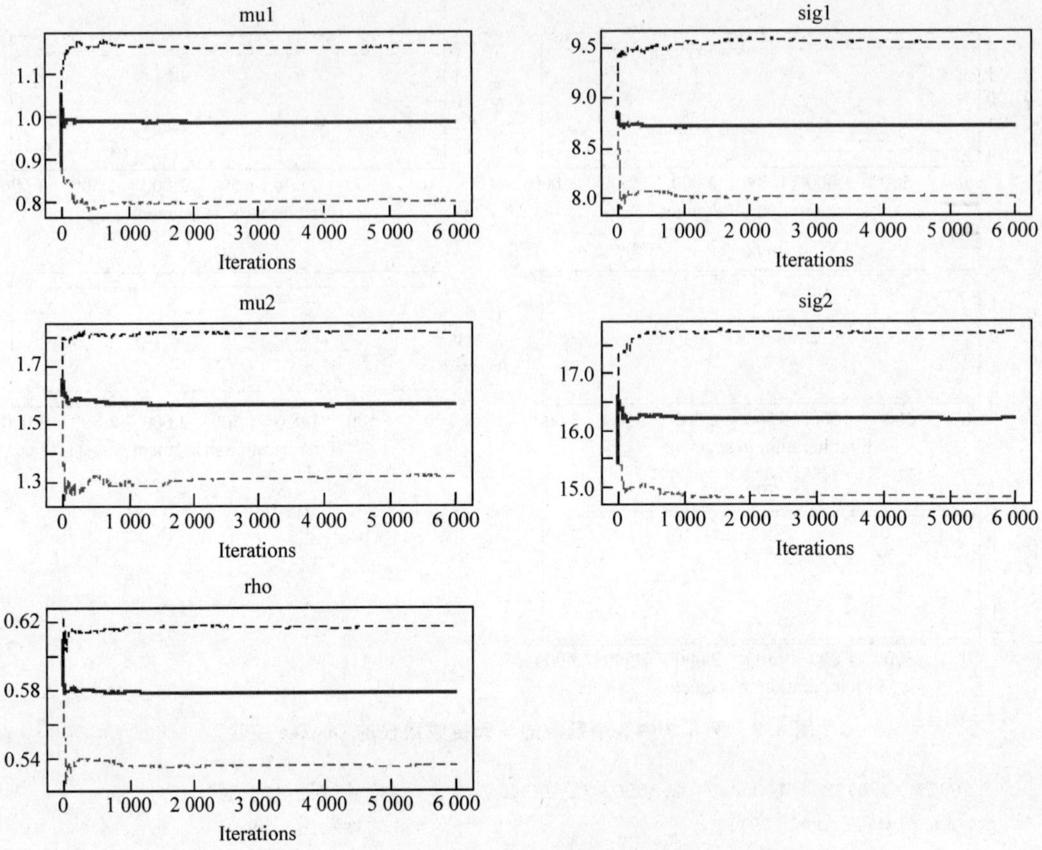


图 6.9　例 6.7 中 5 个参数的马氏链收敛性的分位数检验

精度高。

以下是例 6.7 中 5 个参数的马氏链的 Heidelberger 检验。从第一部分看到 5 个参数的马氏链都通过了平稳性检验,而且从第一次迭代开始就收敛了(其实已经抛弃了受初始值影响的最初一段)。从第二部分看到 5 个参数的马氏链都通过了半宽检验,而且不难看出半宽与均值的估值的比值的绝对值都远远小于 0.1。

R 命令:

```
heidel.diag(as.mcmc(PP))
      Stationarity   start        p-value
      test           iteration
mu1   passed         1            0.605
sig1  passed         1            0.213
mu2   passed         1            0.794
sig2  passed         1            0.446
rho   passed         1            0.302

       Halfwidth  Mean     Halfwidth
       test
mu1   passed      0.997     0.002340
sig1  passed      8.690     0.009997
```

```
mu2  passed    1.567     0.003222
sig2 passed   16.307     0.018718
rho  passed    0.580     0.000493
```

(5) Gelman 检验法。Gelman 和 Rubin(1992)发现，仅用一条马氏链样本去诊断马氏链的收敛性有时会出现误判，即把未真正收敛的马氏链诊断为收敛。为了解决这一问题，他们提出同时考察多条初值尽可能分散的马氏链样本，如果这些马氏链都是平稳(收敛)的，那么它们的统计特征就应该是一样的。比如，样本均值和样本方差应该相等，进而利用与方差分析中的类似做法，构造出一个统计量用以诊断马氏链的收敛性。现在设随机变量 $\varphi$ 的分布是目标分布，具有均值 $\mu$ 和方差 $\sigma^2$。再设通过 MCMC 方法产生了长度都为 $n$ 的 $m$ 条马氏链样本 $\{\varphi_{jt}\}$，其中，$j=1,2,\cdots,m$ 表示第 $j$ 马氏链，$t=1,2,\cdots,n$ 表示第 $t$ 次迭代，那么，与方差分析中的做法类似，令

$$\bar{\varphi}_{j.}=\frac{1}{n}\sum_{t=1}^{n}\varphi_{jt},\quad \bar{\varphi}_{..}=\frac{1}{nm}\sum_{j=1}^{m}\sum_{t=1}^{n}\varphi_{jt}$$

则链间方差为

$$A=\frac{1}{m-1}\sum_{j=1}^{m}(\bar{\varphi}_{j.}-\bar{\varphi}_{..})^2$$

链内方差为

$$W=\frac{1}{m(n-1)}\sum_{j=1}^{m}\sum_{t=1}^{n}(\varphi_{jt}-\bar{\varphi}_{j.})^2$$

令 $B=nA$，用 $W$ 和 $B$ 的加权平均来估计方差 $\sigma^2$ 得

$$\hat{\sigma}_{+}^2=\frac{n-1}{n}W+\frac{B}{n}$$

如果初始值就来自目标分布(此时所有马氏链是收敛的)，那么，估计量 $\hat{\sigma}_{+}^2$ 是 $\sigma^2$ 的无偏估计量。如果初始值相对于目标分布而言是过度分散的，那么 $\hat{\sigma}_{+}^2$ 将高估 $\sigma^2$(因为波动得比目标分布剧烈)。

**注**：从方差分析，我们知道总变差

$$\sum_{j=1}^{m}\sum_{t=1}^{n}(\varphi_{jt}-\bar{\varphi}_{..})^2=\sum_{j=1}^{m}\sum_{t=1}^{n}(\varphi_{jt}-\bar{\varphi}_{j.})^2+n\sum_{j=1}^{m}(\bar{\varphi}_{j.}-\bar{\varphi}_{..})^2$$

因此方差 $\sigma^2$ 可用下式估计：

$$\begin{aligned}\frac{1}{mn}\sum_{j=1}^{m}\sum_{t=1}^{n}(\varphi_{jt}-\bar{\varphi}_{..})^2&=\frac{1}{mn}\sum_{j=1}^{m}\sum_{t=1}^{n}(\varphi_{jt}-\bar{\varphi}_{j.})^2+\frac{1}{m}\sum_{j=1}^{m}(\bar{\varphi}_{j.}-\bar{\varphi}_{..})^2\\&=\frac{n-1}{n}W+\frac{(m-1)}{m}\frac{B}{n}=\tilde{\sigma}^2<\hat{\sigma}_{+}^2\end{aligned}$$

考虑到抽样的波动性，将 $\hat{\sigma}_{+}^2$ 再放大一点点，令

$$\hat{V}=\frac{n-1}{n}W+\frac{m+1}{m}\frac{B}{n}$$

有 $\tilde{\sigma}^2<\hat{\sigma}_{+}^2<\hat{V}$，因此，估计量 $\hat{V}$ 是从上方趋近于方差 $\sigma^2$。考虑两个估计量 $\hat{V}$ 和 $W$ 的比值的正开方

$$R=\sqrt{\hat{V}/W}$$

称 $R$ 为**潜尺度缩减因子**(potential scale reduction factor,PSRF),当样本量(迭代次数)增大时(从而马氏链趋向收敛),$R$ 从上方趋近于 1。因此,可以用潜尺度缩减因子来诊断马氏链的收敛性,一般而言,$R \leqslant 1.1$ 可以作为收敛的标准。后来,Brooks 和 Gelman(1998)对潜尺度缩减因子进行了微小的改进,得到修正的潜尺度缩减因子如下:

$$R_c = R\sqrt{(d+3)/(d+1)} = \sqrt{\hat{V}(d+3)/[W(d+1)]}$$

其中,$d$ 是目标分布的估计分布即 $t$ 分布的自由度,可用矩估计为 $d = 2\hat{V}^2/\mathrm{Var}(\hat{V})$。

Gelman 检验法在 R 包 coda 上的实施由两个命令组成:一个命令是 gelman.diag,它计算出潜尺度缩减因子的点估计和一个可信度 97.5%的可信上限,据以诊断马氏链的收敛性。但是,只看一个数值有时会产生误诊,因为在未收敛时,偶尔潜尺度缩减因子也会很接近于 1。因此,在包 coda 中用另一个命令 gelman.plot 来滚动算出一系列潜尺度缩减因子的可信度 97.5%的可信上限并做出图来直观显示可信上限的演变,从而用以诊断马氏链的收敛性,这时可信上限被简称为缩减因子(shrink factor)。下面来看个例子。

**例 6.10** (例 6.9 续)对例 6.9 中的问题产生 4 条初始值分别为 0.9、0.7、0.4、0.01 的马氏链,然后用 Gelman 检验法诊断其收敛性。

**解**:产生 4 条初始值不同的马氏链和做收敛性诊断的命令如下:

```
RR = matrix(0, 2000,4)   #产生一个 2000 * 4 的矩阵
RR[,1]<- MNormrhoInM(n = 2000,X,rho0 = 0.9,a = 2,b = 2.5)
RR[,2]<- MNormrhoInM(n = 2000,X,rho0 = 0.7,a = 2,b = 2.5)
RR[,3]<- MNormrhoInM(n = 2000,X,rho0 = 0.4,a = 2,b = 2.5)
RR[,4]<- MNormrhoInM(n = 2000,X,rho0 = 0.01,a = 2,b = 2.5)
ZZ <- mcmc.list(mcmc(RR[,1]),mcmc(RR[,2]),mcmc(RR[,3]),mcmc(RR[,4]))
gelman.diag(ZZ)  #数量诊断
Potential scale reduction factors:
     Point est.   Upper C.I.
[1,]        1.01         1.02
gelman.plot(ZZ)    #图形诊断
```

从命令 gelman.diag 的结果,我们看到潜尺度缩减因子的点估计为 1.01,可信度 97.5%的可信上限为 1.02,因此似乎可以断定马氏链收敛了。但要注意的问题是,如果我们只产生 450 左右长度的马氏链,那么潜尺度缩减因子及其可信度 97.5%的可信上限同样很接近于 1,这时断定马氏链收敛那就是误判了(图 6.10)。因此,为了诊断正确,我们还要用命令 gelman.plot 进行图形诊断。从图 6.10 看到,可信度 97.5%的可信上限形成的折线(或称为缩减因子线)在 1 500 这个时点之前是有比较大波动的(偶尔很接近于 1),只有在 1 500 这个时点之后,这条折线才明显收敛于 1,换句话说,1 500 这个时点之后的马氏链才是真正收敛的(图 6.10 中的"中位线"仅是参考,可以不管它)。

在结束本章之前,我们提及有关软件的一件事,就是在应用领域,免费软件 BUGS (Bayesian Inference Using Gibbs Sampling)有不少人在使用,介绍它的书籍也很多,有兴趣者可自行下载并研习,其 Windows 操作系统下的版本是 WinBUGS,可以独立使用它,但是,如果你安装好了 WinBUGS,又在 R 平台上下载安装并调入 R 包 R2WinBUGS,那你也可以在 R 平台上调入并使用 WinBUGS,而且由 WinBUGS 产生的马氏链的收敛性往往也需要用包 coda 中的命令加以诊断。在 R 中,自然还有许多贝叶斯统计和 MCMC 抽样的软

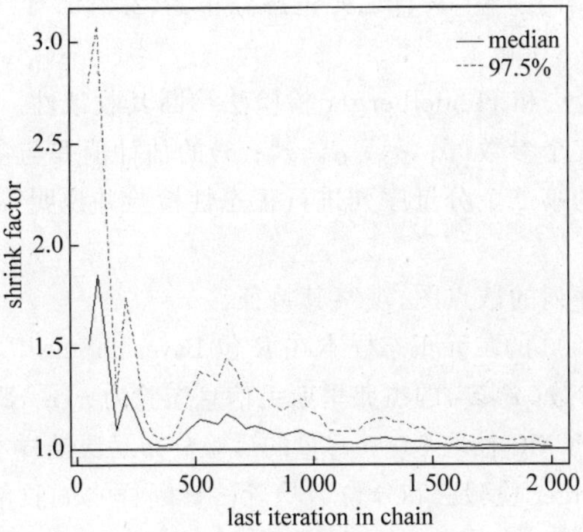


图 6.10　缩减因子演化图

件包可以参考并加以利用。

## 本章要点小结

本章从实用的角度介绍了马氏链蒙特卡罗方法的思想和简史,重点是吉布斯抽样和梅切波利斯-哈斯廷斯算法这两大算法如何在计算机上实现,最后讨论抽取到的马氏链样本的收敛检验问题,其方法包括马氏链轨迹图检验法、Geweke 检验法、分位数检验法、Heidelberger 检验法、Gelman 检验法等。马氏链蒙特卡罗方法不仅在统计和数据科学而且在包括人工智能在内的众多其他学科都有重要应用。

## 思考与练习

**6.1**　简要阐述 MCMC 方法及其来源。

**6.2**　分别模拟容量 10 万的服从二项分布 Bin(10,0.6)、正态分布 N(1.2,25)和贝塔分布 Beta(1.5,2)的样本,然后分别算出样本均值并与总体均值进行比较。

**6.3**　试用贝塔分布 Beta(2,3)为重要性密度函数来估算积分

$$\int_0^1 \frac{1}{1+x^2}\,\frac{\exp(-x)}{1-\exp(-1)}\mathrm{d}x$$

**6.4**　在第 4 章的案例 4.1 中,已经通过后验均值和后验密度曲线图的比较得出没大学文凭的妇女平均生育率 $\theta_1$ 与有大学文凭的妇女平均生育率 $\theta_2$ 有明显差别而且 $\theta_1>\theta_2$。现在用蒙特卡罗法估算后验概率 $P(\theta_1>\theta_2\mid\boldsymbol{X})$,然后判断 $\theta_1>\theta_2$ 的可信度[提示:先从 $\theta_1$、$\theta_2$ 各自的后验分布抽取容量 10 000 的样本 $X_1$、$X_2$,然后用命令 mean($X_1>X_2$)估算 $P(\theta_1>\theta_2\mid\boldsymbol{X})$]。

**6.5**　写出吉布斯抽样的步骤并说明满条件分布的性质。

**6.6**　试用马氏链轨迹图检验法、Geweke 检验法、Heidelberger 检验法这三种方法诊断例 6.6 中案例 4.3 的正态分布的两个参数的马氏链是否收敛。

**6.7** 利用吉布斯抽样法产生来自二元正态分布 N(2.2,9; 1.1,4; −0.8)的马氏链样本$\{X^{(t)}\}$,要求样本量为 8 000。

(1) 用 Geweke 检验法和 Heidelberger 检验法诊断其收敛性。

(2) 利用样本计算 5 个参数($\mu_1,\sigma_1^2$; $\mu_2,\sigma_2^2$; $\rho$)的估计值并与参数真值进行比较。

(3) 对马氏链样本的第二个分量序列进行正态性检验并说明第二个分量序列的平稳分布是什么。

(4) 画出二个分量序列的散点图,观察其特征。

**6.8** 已知容量为 1 000 的二元正态样本在 R 包 BayesianStat 中,文件名为 mydata1,取均值向量和方差协方差阵参数($\boldsymbol{\mu},\boldsymbol{\Sigma}$)的杰弗里斯无信息先验为$\pi(\boldsymbol{\mu},\boldsymbol{\Sigma})\propto|\boldsymbol{\Sigma}|^{-3/2}$。

(1) 试利用样本和 MCMC 抽取 6 000 容量的后验分布马氏链样本;

(2) 分别用 Heidelberger 检验法和分位数检验法诊断样本的收敛性;

(3) 计算参数($\mu_1,\sigma_1^2$; $\mu_2,\sigma_2^2$; $\rho$)的贝叶斯估计(提示:首先用命令 as.matrix()将样本矩阵化,同时参考例 6.7)。

**6.9** 写出梅切波利斯-哈斯廷斯算法的步骤并列举它的三种特殊情形。

**6.10** 已知目标分布$\pi(x)$为贝塔分布 Beta(6,2.1),取工具分布为均匀分布 U(0,1)。利用 MH 算法抽取容量 8 000 的马氏链样本$\{X^{(t)}\}$。

(1) 用 Gelman 检验法诊断马氏链的收敛性。

(2) 利用样本计算样本均值和方差并与总体均值和方差进行比较(提示:抽样函数在包 BayesianStat 中为 Beta2MH)。

**6.11** 已知二元正态分布 N(0,1; 0,1; $\rho$)的密度为

$$f(x_1,x_2\mid\rho)=\frac{1}{2\pi\sqrt{1-\rho^2}}\exp\left[-\frac{x_1^2-2\rho x_1x_2+x_2^2}{2(1-\rho^2)}\right]$$

其容量为 1 000 的样本在 R 包 BayesianStat 中,文件名为 mydata。现在知相关系数$\rho$的杰弗里斯无信息先验为$\pi(\rho)\propto(1-\rho^2)^{-3/2}$,并取贝塔分布 Beta(2,4)为工具(提议)分布。

(1) 分别对初始值(0.99,0.7,0.5,0.25,0.01)抽取马氏链样本并画出马氏链轨迹图。

(2) 用 Gelman 检验法诊断马氏链的收敛性。

(3) 用 Geweke 检验法诊断初值为 0.99 的马氏链的收敛性。

(4) 计算参数$\rho$的贝叶斯点估计和可信度 95%的区间估计(提示:用包 coda 中的命令 spectrum0.ar 将样本均值的方差估计出来)。

# 第7章 统计决策概要

本章概要介绍主要由瓦尔德提出的统计决策理论，他于1950年出版了著作《统计决策函数》(*Statistical Decision Functions*)。统计决策理论以决策概念为框架把经典统计的各种推断如点估计、区间估计、假设检验等都纳入这个框架，此外，这个理论通过引入贝叶斯风险(准则)把经典统计和贝叶斯统计有机地融合到一起，得到了很优美的理论结果。

## 7.1 风险函数

### 7.1.1 风险函数与一致最优决策函数

我们知道状态集 $\Theta=\{\theta\}$、行动集 $A=\{a\}$ 和损失函数 $L(\theta,a)$ 是描述决策问题的三个基本要素。在第5章我们用状态的先验分布 $\pi(\theta)$ 和后验分布 $\pi(\theta|\boldsymbol{x})$ 定义了两种期望损失，即行动 $a$ 的先验期望损失

$$\bar{L}(a)=E^{\theta}[L(\theta,a)]=\int_{\Theta}L(\theta,a)\pi(\theta)\mathrm{d}\theta$$

和决策函数 $\delta(\boldsymbol{x})$ 的后验期望损失(后验风险)

$$R(\delta\mid\boldsymbol{x})=E^{\theta|\boldsymbol{x}}[L(\theta,\delta(\boldsymbol{x}))]=\int_{\Theta}L(\theta,\delta(\boldsymbol{x}))\pi(\theta\mid\boldsymbol{x})\mathrm{d}\theta$$

在样本 $\boldsymbol{x}$ 给定的情况下，先验期望损失 $\bar{L}(a)$ 和后验风险 $R(\delta|\boldsymbol{x})$ 都是一个数量，即一个行动对应一个先验期望损失 $\bar{L}(a)$ 或一个决策函数 $\delta(\boldsymbol{x})$ 对应一个后验风险 $R(\delta|\boldsymbol{x})$。然后，根据这个数量的大小来评定和比较一个行动或一个决策函数的优良性。

现在我们假设样本 $\boldsymbol{x}=(x_1,\cdots,x_n)$ 还没有获得，那么后验分布 $\pi(\theta|\boldsymbol{x})$ 就还无法确定而损失函数 $L(\theta,\delta(\boldsymbol{x}))$ 就是随机的。为了消除这种不确定性，假定样本分布 $p(\boldsymbol{x}|\theta)$ 已知，如当总体分布为 $p(x|\theta)$ 而且样本为简单随机样本时样本分布

$$p(\boldsymbol{x}\mid\theta)=\prod_{i=1}^{n}p(x_i\mid\theta)$$

我们将损失函数 $L(\theta,\delta(\boldsymbol{x}))$ 对样本分布 $p(\boldsymbol{x}|\theta)$ 求期望，于是形成风险函数概念，现在正式定义如下。

**定义7.1** 设 $\delta(\boldsymbol{x})$ 是某个统计决策问题中的决策函数，样本 $\boldsymbol{x}=(x_1,\cdots,x_n)$，$\boldsymbol{X}=\{\boldsymbol{x}\}$ 为抽样空间，那么损失函数 $L(\theta,\delta(\boldsymbol{x}))$ 对样本分布 $p(\boldsymbol{x}|\theta)$ 的期望

$$R(\theta,\delta)=E^{\boldsymbol{x}|\theta}[L(\theta,\delta(\boldsymbol{x}))]=\int_{\boldsymbol{X}}L(\theta,\delta(\boldsymbol{x}))p(\boldsymbol{x}\mid\theta)\mathrm{d}\boldsymbol{x}$$

称为**决策函数 $\delta(\boldsymbol{x})$ 的风险函数**。

**注**：决策函数 $\delta(\boldsymbol{x})$ 的风险函数是将它的损失函数对样本分布积分的结果，因此风险函数已经与样本无关了，仅是状态(参数)$\theta$ 与决策函数 $\delta$(看成一个自变量)的函数。于是，当 $\theta$ 固定不变时，风险函数是决策函数 $\delta$ 的泛函(以决策函数 $\delta$ 为自变量的函数)。另外，决策函数 $\delta(\boldsymbol{x})$ 的风险函数 $R(\theta,\delta)$ 显然是非负的。

显然，不同的决策函数有不同的风险函数，对于一个确定的决策函数，其风险函数是状态 $\theta$ 的函数。在这种条件下，比较两个决策函数 $\delta_1(\boldsymbol{x})$ 与 $\delta_2(\boldsymbol{x})$ 的优劣就是要观察它们的风险函数 $R(\theta,\delta_1)$ 和 $R(\theta,\delta_2)$ 的大小，下面给出比较风险函数大小的定义。

**定义 7.2** 设 $\delta_1(\boldsymbol{x})$ 和 $\delta_2(\boldsymbol{x})$ 是某统计决策问题中的两个决策函数，假如它们的风险函数在参数空间 $\Theta$ 上一致地有

$$R(\theta,\delta_1) \leqslant R(\theta,\delta_2), \quad \forall \theta \in \Theta$$

且存在至少一个 $\theta \in \Theta$ 使上式中的严格不等式成立，则称**决策函数 $\delta_1(\boldsymbol{x})$ 一致优于 $\delta_2(\boldsymbol{x})$**；假如对任意 $\theta \in \Theta$，风险函数间有

$$R(\theta,\delta_1) \equiv R(\theta,\delta_2), \quad \forall \theta \in \Theta$$

则称**决策函数 $\delta_1(\boldsymbol{x})$ 与 $\delta_2(\boldsymbol{x})$ 等价**。

**定义 7.3** 设 $D=\{\delta(\boldsymbol{x})\}$ 是某统计决策问题中决策函数全体。假如在决策函数类 $D$ 中存在这样一个决策函数 $\delta^*=\delta^*(\boldsymbol{x})$，使得对任一个决策函数 $\delta(\boldsymbol{x}) \in D$ 都有

$$R(\theta,\delta^*) \leqslant R(\theta,\delta), \quad \forall \theta \in \Theta$$

则称 $\delta^*(\boldsymbol{x})$ 为 $D$ 中**一致最小风险决策函数**或**一致最优决策函数**(**一致最优解**)，如所讨论的统计决策问题是点估计问题，则 $\delta^*(\boldsymbol{x})$ 称为 $\theta$ 的**一致最小风险估计**(**一致最优估计**)。这个决策准则可称为**一致最优准则**。

有了统计决策的这些概念，经典统计推断的三种基本形式：点估计、区间估计和假设检验都可看作是在特定的损失函数和特定的决策函数类 $D$ 下的统计决策问题，从而可用统一的观点描述它们。

## 7.1.2 统计决策框架中的经典推断

设 $\boldsymbol{x}=(x_1,\cdots,x_n)$ 是来自总体 $p(x|\theta)$ 的一个样本，在寻求参数 $\theta$ 的点估计问题中，常把行动集 $A$ 就取为参数空间 $\Theta$，估计量 $\hat{\theta}=\hat{\theta}(\boldsymbol{x})$ 就是从抽样空间 $\boldsymbol{X}=\{\boldsymbol{x}\}$ 到 $A$ 上的一个决策函数，损失函数 $L(\theta,\hat{\theta})$ 就是用 $\hat{\theta}$ 去估计真值 $\theta$ 时所引起的损失，这样一来，点估计问题就是一个特殊的统计决策问题。

假设选用最常见的平方损失函数 $L(\theta,\hat{\theta})=(\hat{\theta}-\theta)^2$，那么风险函数就是估计量 $\hat{\theta}$ 的均方误差

$$R(\theta,\hat{\theta})=E^{\boldsymbol{x}|\theta}[\hat{\theta}(\boldsymbol{x})-\theta]^2=\mathrm{MSE}[\hat{\theta}(\boldsymbol{x})]$$

这时最小均方误差估计就是 $\theta$ 的一致最优估计。遗憾的是，如果不对决策函数类 $D$ 做任何限制，这样的估计在 $D$ 中可能不存在！事实上，若这样的估计存在并记为 $\theta^*=\theta^*(\boldsymbol{x})$，我们可对 $\Theta$ 中任一点 $\theta_0$ 构造一个决策函数

$$\delta_0(\boldsymbol{x}) \equiv \theta_0, \quad \forall \boldsymbol{x} \in \boldsymbol{X}$$

从而风险函数 $R(\theta,\delta_0)$ 在 $\theta=\theta_0$ 处为零，而 $\theta^*$ 是一致最优(风险最小)决策函数，故 $\theta^*$ 在

$\theta=\theta_0$ 处的风险值 $R(\theta_0,\theta^*)=0$，由于 $\theta_0$ 的任意性，就有

$$R(\theta,\theta^*)=0,\quad \forall\theta\in\Theta$$

这表明 $\theta^*(\boldsymbol{x})=\theta$ 处处成立，这样的 $\theta^*$ 不是统计量，更不是估计量。

如果把决策函数类限制于 $\theta$ 的无偏估计类 $D_1$ 中，那么风险函数就是 $\hat{\theta}$ 的方差，这时 $\theta$ 在 $D_1$ 中的一致最优估计就是 $\theta$ 的一致最小方差无偏估计(UMVUE)。换句话说，可用经典统计中寻找 $\theta$ 的 UMVUE 的方法求出 $\theta$ 的一致最优估计。

现在转入考虑区间估计问题。在寻求参数 $\theta$ 的区间估计问题时，可把行动集取为某个给定的区间集合，如直线上所有的有界区间组成的集合 $A$。这时 $A$ 中一个区间就是一个行动，决策函数就是定义在抽样空间 $\boldsymbol{X}=\{\boldsymbol{x}\}$ 上而在 $A$ 中取值的函数

$$\delta(\boldsymbol{x})=[d_1,d_2]=[d_1(\boldsymbol{x}),d_2(\boldsymbol{x})]$$

取如下损失函数：

$$L(\theta,\delta(\boldsymbol{x}))=m_1(d_2-d_1)+m_2[1-I_{\delta(\boldsymbol{x})}(\theta)]$$

其中，$m_1$ 和 $m_2$ 为两个给定正常数，$I_B(\cdot)$表示集合 $B$ 的示性函数，第一项表示区间 $\delta(\boldsymbol{x})$ 长短引起的损失，长度越长则损失越大；第二项表示当 $\theta$ 不属于区间 $\delta(\boldsymbol{x})$时引起的损失。这时风险函数为

$$R(\theta,\delta(\boldsymbol{x}))=m_1E^{\boldsymbol{x}|\theta}(d_2-d_1)+m_2P^{\boldsymbol{x}|\theta}(\theta\notin\delta(\boldsymbol{x}))$$

但是，此时要寻求 $\theta$ 的一致最优区间估计不是容易的事。

现在讨论假设检验问题。设 $\Theta_0$ 与 $\Theta_1$ 为参数空间 $\Theta=\{\theta\}$中两个不相交的非空子集，原假设 $H_0:\theta\in\Theta_0$；备择假设 $H_1:\theta\in\Theta_1$。在用统计决策语言描述假设检验问题时，常把行动集 $A$ 取为仅由两个行动(接受与拒绝)组成的集合，即 $A=\{0(\text{接受 }H_0),1(\text{拒绝 }H_0)\}$，这时决策函数 $\delta(\boldsymbol{x})$就是抽样空间 $\boldsymbol{X}=\{\boldsymbol{x}\}$到 $A$ 上的一个函数，所有这种决策函数的全体记为 $D$。对给定的决策函数 $\delta(\boldsymbol{x})\in D$，记

$$W=\{\boldsymbol{x};\ \delta(\boldsymbol{x})=1\}\subset\boldsymbol{X}$$

则决策函数 $\delta(\boldsymbol{x})$可表示为拒绝域 $W$ 上的示性函数，即

$$\delta(\boldsymbol{x})=I_W(\boldsymbol{x})=\begin{cases}1, & \boldsymbol{x}\in W\\ 0, & \boldsymbol{x}\notin W\end{cases}$$

反之，对于抽样空间 $\boldsymbol{X}$ 的任一子集 $B$，其示性函数 $I_B(\boldsymbol{x})$就是该检验问题的一个决策函数。

最后来确定损失函数 $L(\theta,\delta)$，它可看作 $\theta$ 为真时，采取行动 $\delta=\delta(\boldsymbol{x})$所引起的损失，这种损失函数常采取 0-1 损失函数

$$L(\theta,0)=\begin{cases}0, & \theta\in\Theta_0\\ 1, & \theta\in\Theta_1\end{cases},\quad L(\theta,1)=\begin{cases}1, & \theta\in\Theta_0\\ 0, & \theta\in\Theta_1\end{cases}$$

到此，一个假设检验问题就可看作一个统计决策问题了，这时任一决策函数 $\delta(\boldsymbol{x})$的风险函数为

$$\begin{aligned}R(\theta,\delta)&=E^{\boldsymbol{x}|\theta}L(\theta,\delta(\boldsymbol{x}))\\&=\int_W L(\theta,1)p(\boldsymbol{x}\mid\theta)\mathrm{d}\boldsymbol{x}+\int_{\overline{W}}L(\theta,0)p(\boldsymbol{x}\mid\theta)\mathrm{d}\boldsymbol{x}\\&=\begin{cases}P^{\boldsymbol{x}|\theta}(\boldsymbol{x}\in W), & \theta\in\Theta_0\\ P^{\boldsymbol{x}|\theta}(\boldsymbol{x}\notin W), & \theta\in\Theta_1\end{cases}\end{aligned}$$

这就是说,当 $\theta\in\Theta_0$ 时,$\delta(\boldsymbol{x})$的风险函数值相当于犯第Ⅰ类错误(拒真错误)的概率;当 $\theta\in\Theta_1$ 时其风险函数值相当于犯第Ⅱ类错误(纳伪错误)的概率。

回顾经典概率论,我们知道奈曼-皮尔逊假设检验理论的基本思想是在限制犯第Ⅰ类错误的概率不超过某一个给定的正数 $\alpha$ 的条件下,寻找犯第Ⅱ类错误概率尽可能小的拒绝域。在统计决策理论中,这等价于寻找这样的决策函数 $\delta^*(\boldsymbol{x})$,其满足

$$\sup_{\theta\in\Theta_0} R(\theta,\delta^*(\boldsymbol{x}))\leqslant a$$

而且对抽样空间 $\boldsymbol{X}$ 中任一子集的示性函数即决策函数 $\delta=\delta(\boldsymbol{x})$有

$$\forall\,\theta\in\Theta_1,\quad R(\theta,\delta^*)\leqslant R(\theta,\delta)$$

所以假设检验问题仍是特定损失函数下的统计决策问题。

**注**:至此我们已经看到,经典统计推断的三种基本形式都可纳入统计决策理论框架,看作是特定行动集和特定损失函数下的统计决策问题。但是,从应用的角度看,这里的做法对于实际进行统计推断并没有什么帮助,其意义仅仅是理论上的。

## 7.2 决策函数的容许性与最小最大准则

### 7.2.1 容许性

从 7.1 节我们看到,对给定的统计决策问题,按照风险函数一致最小原则,在某个决策函数类 $D$ 中寻求一致最优决策函数常常难以实现,这一般是由于对于 $D$ 中的决策函数没有一定的要求引起的,所以,我们先对决策函数加上一个被称为容许性的要求,其一般定义如下。

**定义 7.4** 对给定的统计决策问题和决策函数类 $D$,对于决策函数 $\delta_1=\delta_1(\boldsymbol{x})$,假如在 $D$ 中存在另一个决策函数 $\delta_2=\delta_2(\boldsymbol{x})$ 一致优于 $\delta_1$,则称 $\delta_1$ 为**非容许决策函数**(**解**)。假如在 $D$ 中不存在一致优于 $\delta_1$ 的决策函数 $\delta_2$,则称 $\delta_1(\boldsymbol{x})$为**容许决策函数**(**解**)。在统计决策问题为参数估计问题时,相应的估计量分别称为**非容许估计**和**容许估计**。

**注**:从此定义可见,非容许决策函数肯定不是一致最优的。然而遗憾的是,即使决策函数类 $D$ 中所有决策函数都是容许的,在 $D$ 中也可能不存在一致最优决策函数,请看下面的例子。

**例 7.1** 某公司的产品每 100 件装成一箱运交客户。在向客户交货前,面临如下两个行动的选择:

$$a_1:\text{一箱中逐一检查产品},a_2:\text{一箱中一件产品也不检查}$$

如果公司选择行动 $a_1$,则可保证交货时每件产品都是合格品,但因每件产品的检查费为 0.8 元,为此公司要支付检查费 80 元/箱。如果公司选择行动 $a_2$,则无检查费要支付,但客户发现不合格品时,按合同不仅允许更换,而且每件要支付 12.5 元的赔偿费。在做决策之前,公司决定从仓库随机取出一箱并抽取两件产品进行检查,设 $\theta$ 表示一箱中的产品不合格率,$X$ 为不合格产品数,则 $X\sim\text{Bin}(2,\theta)$(二项分布),将分布列写出就是

$$P_\theta(X=x)=p_\theta(x)=\binom{2}{x}\theta^x(1-\theta)^{2-x},\quad x=0,1,2$$

这时公司的支付函数为

$$W(\theta,a)=\begin{cases}80, & a=a_1\\ 1.6+1\,250\theta, & a=a_2\end{cases}$$

相应的损失函数为

$$L(\theta,a_1)=\begin{cases}78.4-1\,250\theta, & \theta\leqslant\theta_0\\ 0, & \theta>\theta_0\end{cases},\quad L(\theta,a_2)=\begin{cases}0, & \theta\leqslant\theta_0\\ -78.4+1\,250\theta, & \theta>\theta_0\end{cases}$$

其中,平衡值 $\theta_0=0.062\,72$。本例实际上就是例 5.10 中我们讨论过的二行动决策问题,在那里我们已得抽样空间 $\boldsymbol{X}=\{0,1,2\}$、行动集 $A=\{a_1,a_2\}$ 而且决策函数类 $D$ 共有 8 个决策函数。我们还利用 $\theta$ 的先验分布 U(0,0.12)算出这 8 个决策函数的后验期望损失(即后验风险),得到 $\delta_5(x)$ 是后验风险准则下的最优决策函数。现在来计算这 8 个决策函数的风险函数,以 $\delta_5(x)$ 的风险函数为例:

$$\begin{aligned}R(\theta,\delta_5)&=E^{x|\theta}L(\theta,\delta_5(x))\\&=L(\theta,\delta_5(0))\times p_\theta(0)+L(\theta,\delta_5(1))\times p_\theta(1)+L(\theta,\delta_5(2))\times p_\theta(2)\\&=L(\theta,a_2)\times(1-\theta)^2+L(\theta,a_1)\times 2\theta(1-\theta)+L(\theta,a_1)\times\theta^2\end{aligned}$$

把损失函数代入,不难得到

$$R(\theta,\delta_5)=\begin{cases}(78.4-1\,250\theta)[1-(1-\theta)^2], & \theta\leqslant\theta_0\\ (-78.4+1\,250\theta)(1-\theta)^2, & \theta>\theta_0\end{cases}$$

类似地可算出其他 7 个决策函数的风险函数,如

$$R(\theta,\delta_2)=\begin{cases}(78.4-1\,250\theta)(1-\theta^2), & \theta\leqslant\theta_0\\ (-78.4+1\,250\theta)\theta^2, & \theta>\theta_0\end{cases}\quad R(\theta,\delta_8)=\begin{cases}0, & \theta\leqslant\theta_0\\ (-78.4+1\,250\theta), & \theta>\theta_0\end{cases}$$

最后,将风险函数在不合格品率 $\theta$ 于 0 和 0.12 之间几个点位的值算出并编制成表 7.1。虽然只算出几个点位的值,从此表已经可以看出,这 8 个决策函数组成的类中没有一个是非容许决策函数(即全是容许决策函数),然而,这个决策函数类中并不存在一致最优决策函数,面对这 8 个容许决策函数,决策者仍然两眼茫茫、无所适从,这从一个侧面表明,一致最优准则过于严苛,不是一个适宜的准则。为了计算表 7.1 中的风险函数值,我们可以编写一个小程序来进行,以 $\delta_5(x)$ 的风险函数为例,其风险函数值计算程序如下:

**表 7.1　例 7.1 中 8 个风险函数在 $\theta$ 的几个点位上的值**

| $R(\theta,\delta)$ | 0 | 0.02 | 0.04 | 0.06 | 0.08 | 0.10 | 0.12 |
|---|---|---|---|---|---|---|---|
| $R(\theta,\delta_1)$ | 78.4 | 53.40 | 28.40 | 3.40 | 0 | 0 | 0 |
| $R(\theta,\delta_2)$ | 78.4 | 53.38 | 28.35 | 3.39 | 0.14 | 0.47 | 1.03 |
| $R(\theta,\delta_3)$ | 78.4 | 51.31 | 26.22 | 3.02 | 3.18 | 8.39 | 15.12 |
| $R(\theta,\delta_4)$ | 78.4 | 51.29 | 26.17 | 3.00 | 3.32 | 8.85 | 16.15 |
| $R(\theta,\delta_5)$ | 0 | 2.11 | 2.23 | 0.40 | 18.28 | 37.75 | 55.45 |
| $R(\theta,\delta_6)$ | 0 | 2.09 | 2.18 | 0.38 | 18.42 | 38.21 | 56.48 |
| $R(\theta,\delta_7)$ | 0 | 0.02 | 0.05 | 0.01 | 21.46 | 46.13 | 70.57 |
| $R(\theta,\delta_8)$ | 0 | 0 | 0 | 0 | 21.60 | 46.60 | 71.60 |

```
f <- function(x){if(x <= 0.06272){(78.4 - 1250 * x) * (2 * x - x^2)}
                 else {( - 78.4 + 1250 * x) * (1 - x)^2}}
x <- c(0, 0.02, 0.04, 0.06, 0.08, 0.10, 0.12)
y <- c( )
for(t in 1:7){y[t] = f(x[t])}
y
[1]  0.00000  2.11464  2.22656  0.39576  18.28224  37.74600  55.44704
```

### 7.2.2 最小最大准则

从 7.2.1 小节我们已经看到,即使一个决策函数类全由容许决策函数构成,一致最优决策函数也不见得存在,因为一致最优是要求最优决策函数 $\delta^*$ 的风险函数在任何状态下比任意别的决策函数的风险函数优良,这是非常苛刻的要求。如果只要求对决策函数的风险函数 $R(\theta,\delta)$的某一特征进行比较,则往往是可行的。例如,考虑风险函数在状态(参数)空间 $\Theta$ 上的最大值$\max\limits_{\theta\in\Theta}R(\theta,\delta)$,它表示决策者选用决策函数 $\delta=\delta(\boldsymbol{x})$后可能引发的最大风险。许多决策对象如高铁、江河大坝、桥梁、海底隧道等的安全要求很高,其决策者一般都是稳健或偏保守的,只能从最坏处做打算同时又希望结果最好,这就产生一种思想:让最大风险最小化。最大风险最小化准则由此产生,由于这个准则的英文名是 Minimax,所以最大风险最小化准则又称为最小最大准则,其正式定义如下。

**定义 7.5** 在统计决策问题中,$\boldsymbol{x}=(x_1,\cdots,x_n)$是来自总体 $p(x|\theta)$的一个样本,$\theta\in\Theta$(参数空间),$D=\{\delta(\boldsymbol{x})\}$是决策函数类。那么风险值

$$\widetilde{R}=\min_{\delta\in D}\ \max_{\theta\in\Theta}R(\theta,\delta)=\min_{\delta\in D}\ \max_{\theta\in\Theta}E^{\boldsymbol{x}|\theta}L(\theta,\delta(\boldsymbol{x}))$$

称为**损失函数** $L(\theta,\delta)$**下的最小最大风险**。如果存在决策函数 $\delta^*\in D$,使得

$$\max_{\theta\in\Theta}R(\theta,\delta^*)=\widetilde{R}$$

则称 $\delta^*$ 为该统计决策问题**在最小最大准则下的最优决策函数**,或称**最小最大决策函数**(**最小最大解**)。当该统计决策问题为参数估计或检验问题时,$\delta^*$ 还称为**最小最大估计**或**最小最大检验**。

**注**:我们也可称最小最大决策函数、最小最大解等。

**例 7.2** 在例 7.1 中,有 8 个决策函数组成的类 $D$ 而且参数空间 $\Theta$ 为[0, 0.12]即不合格品率 $\theta$ 在 0~0.12。虽然表 7.1 不是全部风险函数值而只是几个点位上的风险值,但还是容易看出 $D$ 中每个决策函数 $\delta=\delta(x)$所具有的最大风险(表 7.2),从中立即可得 $\delta_5(x)$是最小最大风险准则下的最优决策函数(最小最大函数),而且采用 $\delta_5(x)$所引起的最大平均损失是 55.45 元/箱,这就是它的最小最大风险。

**表 7.2 8 个风险函数的最大值**

| $\delta$ | $\max R(\theta,\delta)$ | $\delta$ | $\max R(\theta,\delta)$ |
|---|---|---|---|
| $\delta_1$ | 78.4 | $\delta_5$ | 55.45 |
| $\delta_2$ | 78.4 | $\delta_6$ | 56.48 |
| $\delta_3$ | 78.4 | $\delta_7$ | 70.57 |
| $\delta_4$ | 78.4 | $\delta_8$ | 71.60 |

**例 7.3** 设 $x$ 是从正态总体 $N(\theta,1)$ 抽取的容量为 1 的样本，参数 $\theta\in R$（实数集），决策函数类和损失函数分别为

$$D=\{\delta_c;\ \delta_c(x)=cx, c\in R\},\quad L(\theta,\delta_c)=(cx-\theta)^2$$

(1) 求参数 $\theta$ 的一致最小风险估计；

(2) 求参数 $\theta$ 的最小最大估计。

**解**：依条件这里样本分布就是总体分布 $N(\theta,1)$，若取平方损失作为损失函数，则 $D$ 中任一个估计 $\delta_c$ 的风险函数为

$$\begin{aligned}R(\theta,\delta_c)&=E^{x|\theta}(cx-\theta)^2\\&=E^{x|\theta}[c(x-\theta)+(c-1)\theta)]^2=c^2+(c-1)^2\theta^2\end{aligned}$$

(1) 容易看出，当 $c=1$ 时，作为 $\theta$ 的函数，$R(\theta,\delta_1)\equiv1$ 为一条直线，当 $|c|<1$ 时，风险函数 $R(\theta,\delta_c)$ 作为 $\theta$ 的函数是开口朝上的抛物线而且最小值为 $c^2<1$，因此都上穿直线 $R(\theta,\delta_1)\equiv1$，换言之，这些风险函数没有一个是始终最小的，所以在决策函数类 $D$ 中没有一致最小风险估计。

(2) 决策函数 $\delta_c$ 的最大风险

$$M(\delta_c)=\max_{\theta\in R}R(\theta,\delta_c)=\max_{\theta\in R}[c^2+(c-1)^2\theta^2]=\begin{cases}1, & c=1\\ \infty, & c\neq1\end{cases}$$

可见，按最小最大准则，$\delta_1(x)=x$ 是 $\theta$ 在 $D$ 中的最小最大估计。

**注**：容易看出，当 $c=1$ 时，$R(\theta,\delta_1)\equiv1$。对任意 $c>1$ 时，有

$$\forall\theta\in R,\quad R(\theta,\delta_1)<R(\theta,\delta_c)$$

所以当 $c>1$ 时，$\delta_1$ 一致优于 $\delta_c$。因此，当决策函数类取为

$$D=\{\delta_c;\ \delta_c(x)=cx, c\in[1,\infty)\}$$

时，存在一致最小风险估计 $\delta_1(x)=x$。当然，这里把决策函数类 $D$ 缩小了。

下面我们来讨论最小最大解与容许解的关系，有以下两个定理。

**定理 7.1** 在给定的统计决策问题中，决策函数类为 $D$，如果 $\delta_0(\boldsymbol{x})$ 是唯一的最小最大解，则 $\delta_0(\boldsymbol{x})$ 是容许的。

**证明**：用反证法。若 $\delta_0=\delta_0(\boldsymbol{x})$ 是非容许的，则存在另一个决策函数 $\delta_1\neq\delta_0$，使得

$$\forall\theta\in\Theta,\quad R(\theta,\delta_1)\leqslant R(\theta,\delta_0)$$

且在 $\Theta$ 中至少存在一个 $\theta$ 使上述严格不等式成立，又 $\delta_0$ 是最小最大解，因此有

$$\max_{\theta\in\Theta}R(\theta,\delta_1)\leqslant\max_{\theta\in\Theta}R(\theta,\delta_0)=\min_{\delta\in D}\ \max_{\theta\in\Theta}R(\theta,\delta)$$

从而 $\delta_1(x)$ 也是 $\theta$ 的最小最大解，这与 $\delta_0$ 是唯一的最小最大解矛盾。

**定理 7.2** 在一个统计决策问题中，决策函数类为 $D$，假如 $\delta_0(\boldsymbol{x})$ 是容许解，且在参数空间 $\Theta$ 上是常数风险，则 $\delta_0(\boldsymbol{x})$ 也是最小最大解。

**证明**：用反证法。由于 $\delta_0=\delta_0(\boldsymbol{x})$ 的风险函数是常数，故有

$$\max_{\theta\in\Theta}R(\theta,\delta_0)=R(\theta,\delta_0)\equiv c$$

若 $\delta_0$ 不是最小最大解，则存在另一个决策函数 $\delta_1\neq\delta_0$，其在 $\Theta$ 上的最大风险不应超过 $\delta_0$ 的常数风险，即

$$\max_{\theta\in\Theta}R(\theta,\delta_1)\leqslant R(\theta,\delta_0)\equiv c$$

从而有

$$\forall\theta\in\Theta,\quad R(\theta,\delta_1)\leqslant R(\theta,\delta_0)\equiv c$$

这与 $\delta_0$ 是容许解矛盾。

# 7.3 贝叶斯风险准则与贝叶斯解

## 7.3.1 贝叶斯风险准则

在7.1节和7.2节,我们讨论的一致最优准则和最小最大准则都没有利用先验信息,因此属于经典统计决策的范畴,但是,我们在前面的各章已经看到先验信息的重要作用,所以现在我们把先验信息加入统计决策问题,从而把经典统计与贝叶斯统计联系起来,我们将看到一些重要而优美的结果。

**定义7.6** 对给定的统计决策问题和给定的决策函数类 $D$,设决策函数 $\delta=\delta(\boldsymbol{x})\in D$ 的风险函数为 $R(\theta,\delta)$,$\theta$ 的先验分布为 $\pi(\theta)$,则风险函数对先验分布的期望

$$R(\delta)=E^{\pi}R(\theta,\delta)=\int_{\Theta}R(\theta,\delta)\pi(\theta)\mathrm{d}\theta$$

称为 $\delta(\boldsymbol{x})$ 的**贝叶斯风险**,如果在决策函数类 $D$ 中存在决策函数 $\delta^*(\boldsymbol{x})$ 满足

$$R(\delta^*)=\min_{\delta\in D}R(\delta)$$

则称 $\delta^*(\boldsymbol{x})$ 为**贝叶斯风险准则下的最优决策函数**,也称为**贝叶斯决策函数**或**贝叶斯解**,当决策问题是估计问题时则称为**贝叶斯估计**。

从上述定义可见,当决策函数 $\delta=\delta(\boldsymbol{x})\in D$ 给定时,贝叶斯风险 $R(\delta)$ 是一个非负实数,决策函数类 $D$ 中每个决策函数都有一个贝叶斯风险,其中具有最小贝叶斯风险的决策函数就是贝叶斯风险准则下的最优决策函数。

**例7.4** 在例7.1中对8个决策函数分别计算出了相应的风险函数,若取均匀分布U[0,0.12]作为 $\theta$ 的先验分布,计算它们的贝叶斯风险。

**解**:以计算 $\delta_1$ 与 $\delta_2$ 的贝叶斯风险作为例子,其余6个贝叶斯风险的计算结果列于表7.3中,它们的计算作为练习。

$$R(\delta_1)=\frac{1}{0.12}\int_0^{\theta_0}(78.4-1\,250\theta)\mathrm{d}\theta=20.488\,5$$

$$R(\delta_2)=\frac{1}{0.12}\int_0^{\theta_0}(78.4-1\,250\theta)(1-\theta^2)\mathrm{d}\theta+\frac{1}{0.12}\int_{\theta_0}^{0.12}(-78.4+1\,250\theta)\theta^2\mathrm{d}\theta$$
$$=20.652\,2$$

为了减轻计算负担,可以编个小小的R程序来计算这些贝叶斯风险,以 $\delta_2$ 的贝叶斯风险为例,其计算程序为

```
f1 <- function(x){(78.4 - 1250 * x) * (1 - x^2)}
f2 <- function(x){( - 78.4 + 1250 * x) * x^2}
integrate(f1,0.0,0.06272) $ value/0.12 + integrate(f2,0.06272,0.12) $ value/0.12
[1] 20.65221
```

从表7.3容易得到,按照贝叶斯风险准则,该决策问题的最优决策函数(贝叶斯决策函

表 7.3　例 7.1 中 8 个决策函数的贝叶斯风险

| $\delta$ | $R(\delta)$ | $\delta$ | $R(\delta)$ |
|---|---|---|---|
| $\delta_1$ | 20.4885 | $\delta_5$ | 14.6601 |
| $\delta_2$ | 20.6522 | $\delta_6$ | 14.8370 |
| $\delta_3$ | 22.7401 | $\delta_7$ | 16.9249 |
| $\delta_4$ | 22.9168 | $\delta_8$ | 17.0885 |

数)是 $\delta_5(x)$。比较这个结果与例 5.9 与例 5.9 续中用后验风险准则获得的结果,我们发现在两种不同的决策准则下得到的最优决策函数是一模一样的！我们不禁想问：这一现象是偶然的吗？下面就来讨论这个有趣而且重要的问题。

为了讨论这个问题,首先建立贝叶斯风险 $R(\delta)$ 与后验风险 $R(\delta|\boldsymbol{x})$ 之间的关系。由贝叶斯风险的定义以及风险函数的定义,我们有

$$R(\delta)=\int_{\Theta}R(\theta,\delta)\pi(\theta)\mathrm{d}\theta=\int_{\Theta}\left[\int_{\boldsymbol{X}}L(\theta,\delta)p(\boldsymbol{x}\mid\theta)\mathrm{d}\boldsymbol{x}\right]\pi(\theta)\mathrm{d}\theta$$

交换积分次序并利用贝叶斯公式

$$p(\boldsymbol{x}\mid\theta)\pi(\theta)=\pi(\theta\mid\boldsymbol{x})m(\boldsymbol{x})$$

其中,$\pi(\theta|\boldsymbol{x})$为 $\theta$ 的后验密度函数,$m(\boldsymbol{x})$为样本 $\boldsymbol{x}$ 的边际密度函数,即得

$$R(\delta)=\int_{\boldsymbol{X}}\left[\int_{\Theta}L(\theta,\delta)\pi(\theta\mid\boldsymbol{x})\mathrm{d}\theta\right]m(\boldsymbol{x})\mathrm{d}\boldsymbol{x}=\int_{\boldsymbol{X}}R(\delta\mid\boldsymbol{x})m(\boldsymbol{x})\mathrm{d}\boldsymbol{x}$$

这就是说,贝叶斯风险是后验风险对边际分布 $m(\boldsymbol{x})$的数学期望。为保证上述积分次序可交换,需要一定条件,可以证明这个条件就是贝叶斯风险在整个决策函数类 $D$ 上的最小值是有限的,即

$$\min_{\delta\in D}R(\delta)<\infty$$

这个条件在实际应用中是容易满足的,因为当条件不满足时,那就意味着所有的决策函数 $\delta\in D$ 的贝叶斯风险为无穷大,这种决策函数类 $D$ 无论是在理论上或在实际上都是意义不大的,是没有必要考虑的。利用这个关系,就可以证明下面这个重要定理了。

**定理 7.3**　对给定的统计决策问题和决策函数类 $D$,若先验分布 $\pi(\theta)$使贝叶斯风险满足条件 $\min\limits_{\delta\in D}R(\delta)<\infty$,则贝叶斯风险准则与后验风险准则等价,即使后验风险最小的决策函数同时也使贝叶斯风险最小；反之亦然。

**证明**：设 $\delta^*$ 为贝叶斯风险准则下的最优决策函数,$\delta^{**}$ 为后验风险准则下的最优决策函数。由 $\delta^*$ 定义和定理条件可知

$$R(\delta^*)=\min_{\delta\in D}R(\delta)=\min_{\delta\in D}\int_{\boldsymbol{X}}R(\delta\mid\boldsymbol{x})m(\boldsymbol{x})\mathrm{d}\boldsymbol{x}\geqslant\int_{\boldsymbol{X}}\min_{\delta\in D}R(\delta\mid\boldsymbol{x})m(\boldsymbol{x})\mathrm{d}\boldsymbol{x}$$

再由 $\delta^{**}$ 的定义知

$$R(\delta^{**}\mid\boldsymbol{x})=\min_{\delta\in D}R(\delta\mid\boldsymbol{x})$$

综上可得

$$R(\delta^*)\geqslant\int_{\boldsymbol{X}}R(\delta^{**}\mid\boldsymbol{x})m(\boldsymbol{x})\mathrm{d}\boldsymbol{x}=R(\delta^{**})\geqslant\min_{\delta\in D}R(\delta)=R(\delta^*)$$

即

$$R(\delta^{**})=\min_{\delta\in D}R(\delta)=R(\delta^{*})$$

这就是说,使后验风险最小的决策函数 $\delta^{**}$ 同时也使贝叶斯风险最小。

另外,由上述推理还得 $R(\delta^{*})=R(\delta^{**})$,于是

$$\int_{\boldsymbol{X}}[R(\delta^{*}\mid\boldsymbol{x})-R(\delta^{**}\mid\boldsymbol{x})]m(\boldsymbol{x})\mathrm{d}\boldsymbol{x}=\int_{\boldsymbol{X}}R(\delta^{*}\mid\boldsymbol{x})m(\boldsymbol{x})\mathrm{d}\boldsymbol{x}-\int_{\boldsymbol{X}}R(\delta^{**}\mid\boldsymbol{x})m(\boldsymbol{x})\mathrm{d}\boldsymbol{x}$$
$$=R(\delta^{*})-R(\delta^{**})=0$$

由于 $\delta^{**}$ 是使后验风险最小的决策函数,所以上式被积函数

$$R(\delta^{*}\mid\boldsymbol{x})-R(\delta^{**}\mid\boldsymbol{x})\geqslant 0$$

于是

$$R(\delta^{*}\mid\boldsymbol{x})=R(\delta^{**}\mid\boldsymbol{x})=\min_{\delta\in D}R(\delta\mid\boldsymbol{x})$$

这就是说,使贝叶斯风险最小的决策函数 $\delta^{*}$ 同时也使后验风险最小。

**注:**

(1) 贝叶斯风险(准则)把经典统计决策和贝叶斯统计决策有机联系在一起,而贝叶斯风险准则与后验风险准则的等价性使我们没有必要区分经典统计决策和贝叶斯统计决策。该等价性也是使这两种准则下的最优决策函数可以统称为贝叶斯决策函数(贝叶斯解、贝叶斯估计)的原因。

(2) 在离散情形,定理 7.3 仍然是正确的,请读者自行证明。

## 7.3.2 贝叶斯解的性质

本节讨论贝叶斯解的性质,即贝叶斯解何时会是容许解或最小最大解。首先讨论贝叶斯解的容许性,我们将看到在一定的条件下许多贝叶斯解是容许的。

**定理 7.4** 在给定的统计决策问题中,决策函数类为 $D$,设 $\delta_0=\delta_0(\boldsymbol{x})$ 是一个贝叶斯解,如果先验分布 $\pi(\theta)$ 在 $\Theta$ 上任开子集的概率为正;$\delta_0$ 的风险函数 $R(\theta,\delta_0)$ 是 $\theta$ 的连续函数;$\delta_0$ 的贝叶斯风险 $R(\delta_0)$ 是有限的,则 $\delta_0$ 是容许的。

**证明:** 用反证法。若 $\delta_0$ 是非容许的,则存在另一个决策函数 $\delta_1=\delta_1(\boldsymbol{x})$,满足

$$\forall\,\theta\in\Theta,\quad R(\theta,\delta_1)\leqslant R(\theta,\delta_0)$$

且至少对某个 $\theta_1\in\Theta$,使上述严格不等式成立,即

$$R(\theta_1,\delta_1)<R(\theta_1,\delta_0)$$

由 $R(\theta,\delta_0)$ 是 $\theta$ 的连续函数知,存在一个正数 $\varepsilon$ 以及 $\theta_1$ 的邻域 $S_\varepsilon$,使得

$$\forall\,\theta\in S_\varepsilon,\quad R(\theta,\delta_1)<R(\theta,\delta_0)-\varepsilon$$

于是 $\delta_1$ 的贝叶斯风险

$$\begin{aligned}R(\delta_1)&=\int_{S_\varepsilon}R(\theta,\delta_1)\pi(\theta)\mathrm{d}\theta+\int_{\bar{S}_\varepsilon}R(\theta,\delta_1)\pi(\theta)\mathrm{d}\theta\\&\leqslant\int_{S_\varepsilon}[R(\theta,\delta_0)-\varepsilon]\pi(\theta)\mathrm{d}\theta+\int_{\bar{S}_\varepsilon}R(\theta,\delta_0)\pi(\theta)\mathrm{d}\theta\\&=R(\delta_0)-\varepsilon P_\pi(\theta\in S_\varepsilon)\end{aligned}$$

由假设知 $P_\pi(\theta\in S_\varepsilon)>0$,故 $R(\delta_1)<R(\delta_0)$。这与 $\delta_0$ 是贝叶斯解矛盾。

**注:** 条件"先验分布 $\pi(\theta)$ 在 $\Theta$ 上任开子集的概率为正"显然可用条件"先验分布密度

$\pi(\theta)$在$\Theta$上处处为正”代替。

**定理 7.5**　在给定的贝叶斯决策问题中，决策函数类为$D$，如果在先验分布$\pi(\theta)$下的贝叶斯解$\delta_0=\delta_0(\boldsymbol{x})$是唯一的，则它是容许的。

**证明**：用反证法。若$\delta_0$是非容许的，则存在另一个决策函数$\delta_1=\delta_1(\boldsymbol{x})$，满足

$$\forall\theta\in\Theta,\quad R(\theta,\delta_1)\leqslant R(\theta,\delta_0)$$

且严格不等式至少对某个$\theta\in\Theta$成立。将上不等式两边对先验分布求期望，有

$$R(\delta_1)=E^{\theta}R(\theta,\delta_1)\leqslant E^{\theta}R(\theta,\delta_0)=R(\delta_0)$$

这样，$\delta_1(\boldsymbol{x})$也是在先验分布$\pi(\theta)$下的贝叶斯解，这与$\delta_0$的唯一性矛盾。

接下来我们讨论给定先验分布下的贝叶斯解在什么条件下也是最小最大解以及别的有趣推论。

**定理 7.6**　在给定的贝叶斯决策问题中，决策函数类为$D$，若$\delta_0=\delta_0(\boldsymbol{x})$是先验分布$\pi(\theta)$下的贝叶斯解且它的贝叶斯风险满足

$$R_\pi(\delta_0)=\max_{\theta\in\Theta}R(\theta,\delta_0)$$

那么：

(1) $\delta_0$也是该决策问题的最小最大解。

(2) 如$\delta_0$是唯一的贝叶斯解，则也是唯一的最小最大解。

(3) 对任意别的先验$\pi_{any}(\theta)$有$R_\pi(\delta_0)\geqslant R_{\pi_{any}}(\delta_0)$。

**证明**：(1) 用反证法。若$\delta_0$不是该决策问题的最小最大解，则存在决策函数$\delta_1\in D$，对任$\theta\in\Theta$满足

$$R(\theta,\delta_1)\leqslant\max_{\theta\in\Theta}R(\theta,\delta_1)<\max_{\theta\in\Theta}R(\theta,\delta_0)=R_\pi(\delta_0)$$

于是

$$R_\pi(\delta_1)=E^{\pi(\theta)}R(\theta,\delta_1)\leqslant\max_{\theta\in\Theta}R(\theta,\delta_1)<\max_{\theta\in\Theta}R(\theta,\delta_0)=R_\pi(\delta_0)$$

这就是说，$\delta_1$在先验分布$\pi(\theta)$下的贝叶斯风险小于$\delta_0$在先验分布$\pi(\theta)$下的贝叶斯风险，这与$\delta_0$是先验分布$\pi(\theta)$下的贝叶斯解矛盾。

(2) 如果存在另一个决策函数$\delta_m\in D$也是最小最大解，则有

$$R_\pi(\delta_m)=E^{\pi(\theta)}R(\theta,\delta_m)\leqslant\max_{\theta\in\Theta}R(\theta,\delta_m)\leqslant\max_{\theta\in\Theta}R(\theta,\delta_0)=R_\pi(\delta_0)$$

由于$\delta_0$是先验分布$\pi(\theta)$下的贝叶斯解，故对任何$\delta\in D$有$R_\pi(\delta_0)\leqslant R_\pi(\delta)$，从而对任何$\delta\in D$有

$$R_\pi(\delta_m)\leqslant R_\pi(\delta_0)\leqslant R_\pi(\delta)$$

这就是说，$\delta_m$是先验分布$\pi(\theta)$下的贝叶斯解，这与$\delta_0$是唯一的贝叶斯解矛盾。

(3) 如果结论不成立，则存在先验$\pi_1(\theta)$使$R_\pi(\delta_0)<R_{\pi_1}(\delta_0)$，于是由定理条件，有

$$\max_{\theta\in\Theta}R(\theta,\delta_0)=R_\pi(\delta_0)<R_{\pi_1}(\delta_0)$$

另外

$$R_{\pi_1}(\delta_0)=E^{\pi_1}R(\theta,\delta_0)\leqslant E^{\pi_1}\max_{\theta\in\Theta}R(\theta,\delta_0)=\max_{\theta\in\Theta}R(\theta,\delta_0)$$

这就产生$\max\limits_{\theta\in\Theta}R(\theta,\delta_0)$要严格小于自身的荒唐结论。

**注**：从定理7.6的结论(3)我们看到，满足定理条件的先验分布$\pi(\theta)$并不那么招人喜

爱,因为在其下的贝叶斯解的贝叶斯风险大于等于这个贝叶斯解在任意先验分布下的贝叶斯风险。因而,我们把这个先验 $\pi(\theta)$ 称为**最不讨喜先验**[1]。

**推论 7.1** 在给定的贝叶斯决策问题中,决策函数类为 $D$,若 $\delta_0=\delta_0(\boldsymbol{x})$ 是先验分布 $\pi(\theta)$ 下的贝叶斯解,且其风险函数为常数,即

$$R(\theta,\delta_0)\equiv c$$

则 $\delta_0$ 也是该决策问题的最小最大解。

请将此证明作为练习。

**例 7.5** 设二项分布总体 $\mathrm{Bin}(n,\theta)$ 得到一个样本 $x$,参数 $\theta$ 的先验分布为贝塔分布 $\mathrm{Beta}(\alpha,\beta)$,损失函数为 $L(\theta,\delta)=(\delta-\theta)^2$。

(1) 求参数 $\theta$ 的贝叶斯估计(解)。

(2) 该贝叶斯估计是容许的吗?

(3) 该贝叶斯估计的风险函数何时为常数,从而估计也是最小最大估计?

(4) 将此最小最大估计与经典最大似然估计 $\delta_0(x)=x/n$ 进行比较。

**解**:(1) 我们已经知道贝塔分布是参数 $\theta$ 的共轭先验,所以 $\theta$ 的后验分布为 $\mathrm{Beta}(x+\alpha,n-x+\beta)$。当损失函数为 $L(\theta,\delta)=(\delta-\theta)^2$ 时,参数 $\theta$ 的贝叶斯估计为后验均值(参见定理 5.3 和定理 7.3)

$$\delta_{(\alpha,\beta)}(x)=\frac{x+\alpha}{n+\alpha+\beta}$$

(2) 不难验证定理 7.4 的条件全部满足,所以该贝叶斯估计是容许的。

(3) 二项分布总体 $X$ 的均值 $EX=n\theta$,方差 $\mathrm{Var}\,X=n\theta(1-\theta)$。由于样本量为 1,所以样本分布等于总体分布,于是(1)中得到的参数 $\theta$ 的贝叶斯估计的风险函数

$$\begin{aligned}
R(\theta,\delta_{(\alpha,\beta)})&=E\left(\frac{X+\alpha}{n+\alpha+\beta}-\theta\right)^2\\
&=E\left(\frac{X-EX}{n+\alpha+\beta}+\left(\frac{EX+\alpha}{n+\alpha+\beta}-\theta\right)\right)^2\\
&=\mathrm{Var}\left(\frac{X}{n+\alpha+\beta}\right)+\left(\frac{n\theta+\alpha}{n+\alpha+\beta}-\theta\right)^2\\
&=\frac{n\theta(1-\theta)}{(n+\alpha+\beta)^2}+\left(\frac{\alpha-(\alpha+\beta)\theta}{n+\alpha+\beta}\right)^2\\
&=\frac{n\theta(1-\theta)+[\alpha-(\alpha+\beta)\theta]^2}{(n+\alpha+\beta)^2}
\end{aligned}$$

上式要为常数即分子要为常数,从而解得 $\alpha=\beta=0.5\sqrt{n}$,此时该常数风险为

$$R(\theta,\delta_{(0.5\sqrt{n},0.5\sqrt{n})})=\frac{1}{4(1+\sqrt{n})^2}$$

而 $\theta$ 的贝叶斯估计为

$$\delta_{(0.5\sqrt{n},0.5\sqrt{n})}(x)=\frac{x+0.5\sqrt{n}}{n+\sqrt{n}}$$

---

① 英文术语是 least favorable prior,这里的译文应该是首译。

依推论7.1,此时该贝叶斯估计也是参数 $\theta$ 的最小最大估计。

(4) 我们首先求参数 $\theta$ 的最大似然估计 $\delta_0(x)=x/n$ 的风险函数

$$R(\theta,\delta_0)=EL(\theta,\delta_0(X))=E\left(\theta-\frac{X}{n}\right)^2=\frac{1}{n^2}E(n\theta-X)^2$$

$$=\frac{1}{n^2}E(X-EX)^2=\frac{1}{n^2}\mathrm{Var}X=\frac{1}{n}\theta(1-\theta)$$

而由(3),参数 $\theta$ 的最小最大估计的风险函数

$$R(\theta,\delta_{(0.5\sqrt{n},0.5\sqrt{n})})=\frac{1}{4(1+\sqrt{n})^2}$$

现在将两个风险函数在平面上画出,如图7.1所示,我们看到最大似然估计 $\delta_0(x)=x/n$ 的风险函数有一部分是大于最小最大估计的风险函数(常数)的,所以该最大似然估计不是最小最大估计,但对于多数 $\theta$ 而言,最大似然估计的风险函数是小于最小最大估计的风险函数的,因此,人们可能选用最大似然估计而不是最小最大估计。

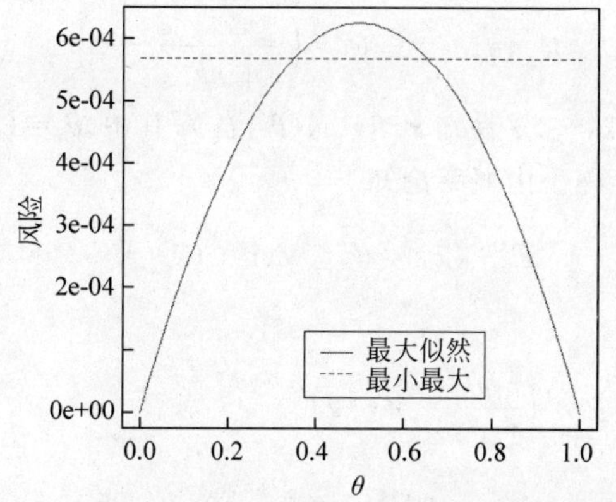


**图7.1　最大似然估计和最小最大估计的风险函数比较图**

在7.2.2小节,我们提出了最小最大解的定义,但是,直接用定义判断一个决策函数是否为最小最大解一般而言是很困难的,下面给出判断一个决策函数是否为最小最大解的定理。

**定理7.7**　在给定的贝叶斯决策问题中,决策函数类为 $D$,设 $\{\pi_k;k\geqslant 1\}$ 为 $\Theta$ 上的先验分布列,$\{\delta_k;k\geqslant 1\}$ 和 $\{R_k(\delta_k);k\geqslant 1\}$ 为相应的贝叶斯解列和贝叶斯风险列。如果 $\delta_0$ 是决策函数且它的风险函数满足

$$\max_{\theta\in\Theta}R(\theta,\delta_0)\leqslant\lim_{k\to\infty}R_k(\delta_k)<\infty$$

则 $\delta_0$ 是该决策问题的最小最大解。

**证明**:此处用反证法。若 $\delta_0$ 不是最小最大解,则存在一个决策函数 $\hat{\delta}$,它的最大风险要小于 $\delta_0$ 的最大风险

$$\max_{\theta\in\Theta}R(\theta,\hat{\delta})<\max_{\theta\in\Theta}R(\theta,\delta_0)$$

另外,由定理条件知 $\delta_k$ 是在先验分布 $\pi_k$ 下的贝叶斯解($k\geqslant 1$),故其相应的贝叶斯风险最小,从而有

$$R_k(\delta_k)\leqslant R_k(\hat{\delta})=\int_{\Theta}R(\theta,\hat{\delta})\pi_k(\theta)\mathrm{d}\theta\leqslant\max_{\theta\in\Theta}R(\theta,\hat{\delta})$$

于是

$$\lim_{k\to\infty}R_k(\delta_k)\leqslant\max_{\theta\in\Theta}R(\theta,\hat{\delta})<\max_{\theta\in\Theta}R(\theta,\delta_0)$$

这与定理给定的条件矛盾。

**例 7.6** 设 $\boldsymbol{x}=(x_1,\cdots,x_n)$ 是来自总体 $\mathrm{N}(\theta,1)$ 的简单随机样本，损失函数为平方损失函数 $L(\theta,\delta)=(\delta-\theta)^2$，试判断 $\bar{\boldsymbol{x}}=\sum_{i=1}^{n}x_i/n$ 是否为均值参数 $\theta$ 的最小最大估计。

**解**：利用定理7.7的思路来做。取 $\pi_k\sim\mathrm{N}(0,k^2),k\geqslant1$ 作为先验分布列，则依据例2.1和定理5.3，$\theta$ 的相应贝叶斯估计为后验期望

$$\delta_k(\boldsymbol{x})=E^{\pi_k(\theta|\boldsymbol{x})}(\theta)=\frac{nk^2}{1+nk^2}\bar{\boldsymbol{x}}$$

其风险函数为

$$R_k(\theta,\delta_k)=E^{\boldsymbol{x}|\theta}\left(\frac{nk^2}{1+nk^2}\bar{\boldsymbol{x}}-\theta\right)^2$$

由 $x_i|\theta\sim\mathrm{N}(\theta,1),i=1,2,\cdots,n$ 易知 $\boldsymbol{x}|\theta\sim\mathrm{N}(\boldsymbol{\theta},\boldsymbol{I}_n)$，其中，$\boldsymbol{\theta}=(\theta,\cdots,\theta)^{\mathrm{T}}$ 为全部由 $\theta$ 组成的列向量，$\boldsymbol{I}_n$ 为单位矩阵。由概率论知

$$E^{\boldsymbol{x}|\theta}(\bar{\boldsymbol{x}})=\theta,\quad \mathrm{Var}^{\boldsymbol{x}|\theta}(\bar{\boldsymbol{x}})=\frac{1}{n}$$

于是

$$\begin{aligned}R_k(\theta,\delta_k)&=E^{\boldsymbol{x}|\theta}\left(\frac{nk^2}{1+nk^2}\bar{\boldsymbol{x}}-\theta\right)^2\\&=\frac{1}{(1+nk^2)^2}E^{\boldsymbol{x}|\theta}[nk^2(\bar{\boldsymbol{x}}-\theta)-\theta]^2\\&=\frac{1}{(1+nk^2)^2}E^{\boldsymbol{x}|\theta}[n^2k^4(\bar{\boldsymbol{x}}-\theta)^2-2nk^2\theta(\bar{\boldsymbol{x}}-\theta)+\theta^2]\\&=\frac{1}{(1+nk^2)^2}\{E^{\boldsymbol{x}|\theta}[n^2k^4(\bar{\boldsymbol{x}}-\theta)^2]+\theta^2\}\\&=\frac{1}{(1+nk^2)^2}[n^2k^4\mathrm{Var}^{\boldsymbol{x}|\theta}(\bar{\boldsymbol{x}})+\theta^2]\\&=\frac{nk^4+\theta^2}{(1+nk^2)^2}\end{aligned}$$

从而 $\delta_k$ 的贝叶斯风险

$$R_k(\delta_k)=E^{\theta}\left(\frac{nk^4+\theta^2}{(1+nk^2)^2}\right)=\frac{nk^4+k^2}{(1+nk^2)^2}=\frac{k^2}{1+nk^2}$$

显然 $\bar{\boldsymbol{x}}$ 的风险函数

$$R(\theta,\bar{\boldsymbol{x}})=\mathrm{Var}^{\boldsymbol{x}|\theta}(\bar{\boldsymbol{x}})=\frac{1}{n}\leqslant\lim_{k\to\infty}R_k(\delta_k)=\lim_{k\to\infty}\frac{k^2}{1+nk^2}=\frac{1}{n}$$

由定理7.7可得，$\bar{\boldsymbol{x}}$ 为均值参数 $\theta$ 的最小最大估计。

# 本章要点小结

本章前一部分讨论经典统计决策问题，通过风险函数概念定义了一致最优决策函数，并将各种经典统计推断都表述为一个特殊的统计决策问题，加深了我们对经典统计推断的认识，然而，遗憾的是这个理论实际应用有限。为了克服一致最优解(决策函数)常常不存在的问题，我们还引入最小最大解(决策函数)的概念，虽然它是保守的，但在解决许多实际问题中却是必需的。另外，本章通过将风险函数对先验分布积分而引入决策函数的贝叶斯风险概念，特别是证明了贝叶斯风险准则与后验风险准则等价这一重要定理，从而把经典统计决策与贝叶斯统计决策联系起来，该等价性还使这两种准则下的最优决策函数可以统一称为贝叶斯决策函数(贝叶斯解、贝叶斯估计等)。最后，本章以几个定理的形式讨论了贝叶斯解的性质。

# 思考与练习

**7.1**　计算例 7.1 中余下的 5 个决策函数的风险函数并编程计算这 5 个风险函数在表 7.1 中的风险函数值。

**7.2**　设 $\boldsymbol{x}=(x_1,\cdots,x_n)$ 是来自正态分布总体 $\mathrm{N}(\mu,\sigma_0^2)$ 的样本，并且 $\sigma_0^2$ 已知，在给定显著性水平 $\alpha$ 下，对假设检验问题

$$H_0:\mu=\mu_0,\quad H_1:\mu\neq\mu_0$$

做 $u$ 检验，取行动集 $A=\{0(\text{接受 }H_0),1(\text{拒绝 }H_0)\}$。试在损失函数

$$L(\mu,0)=\begin{cases}0, & \mu=\mu_0\\ 1, & \mu\neq\mu_0\end{cases},\quad L(\mu,1)=\begin{cases}1, & \mu=\mu_0\\ 0, & \mu\neq\mu_0\end{cases}$$

下求 $u$ 检验的风险函数。

**7.3**　设样本 $\boldsymbol{x}=(x_1,\cdots,x_n)$ 来自正态分布总体 $\mathrm{N}(\theta,1)$，$c\in(0,1)$ 是任意常数，损失函数 $L(\theta,\delta)=(\delta-\theta)^2$，证明 $\delta_c(\boldsymbol{x})=c\bar{\boldsymbol{x}}$ 是容许的。

**7.4**　在给定的贝叶斯决策问题中，决策函数类为 $D$，若 $\delta_0=\delta_0(\boldsymbol{x})$ 是先验分布 $\pi(\theta)$ 下的贝叶斯解，且其风险函数为常数，即

$$R(\theta,\delta_0)\equiv c$$

证明 $\delta_0$ 也是该决策问题的最小最大解。

**7.5**　在例 7.1 的产品检查的问题中，若不合格品率 $\theta$ 的先验分布为

$$\pi(\theta)=\begin{cases}2.5, & 0<\theta\leqslant 0.04\\ 20.0, & 0.04<\theta\leqslant 0.08\\ 2.5, & 0.08<\theta\leqslant 0.12\\ 0, & \theta\notin(0,0.12]\end{cases}$$

计算它的 8 个决策函数的贝叶斯风险并确定贝叶斯解。

**7.6**　编程计算例 7.4 中决策函数 $\delta_3$、$\delta_4$、$\delta_5$、$\delta_6$ 的贝叶斯风险。

**7.7**　证明先验分布是离散情形的定理 7.3。

# 参考文献


[1] BAYES,T. An essay towards solving a problem in the doctrine of chances[J]. Philosophical Transactions of the Royal Society of London,1763,53：370-418.

[2] BERGER J. Statistical decision theory and Bayesian analysis[M]. 2nd ed. New York：Springer-Verlag,1993.

[3] BERGER J,INSUA D, RUGGERI F. Bayesian robustness [M]//INSUA D, RUGGERI F. Robust Bayesian analysis. New York：Springer,2000：1-32.

[4] BERNARDO J M. Reference posterior distributions for Bayesian inference (with discussion) [J]. Journal of Royal Statistical Society：Series B,1979,41(2)：113-128.

[5] BOLSTAD W. Introduction to Bayesian statistics[M]. 2nd ed. Hoboken,NJ：John Wiley & Sons,2007.

[6] BROOKS S,GELMAN A,JONES G,et al. Handbook of Markov Chain Monte Carlo [M]. London：Chapman and Hall/CRC,2011.

[7] CARLIN B,LOUIS T. Bayesian methods for data analysis[M]. 3rd ed. London：Chapman and Hall/CRC,2008.

[8] CASELLA G,BERGER R L. Statistical inference[M]. 2nd ed. New York：Thomson Learning,2001.

[9] EFRON B. Bayes' Theorem in the 21st Century[J]. Science,2013,340(6137)：1177-1178.

[10] GELFAND A,SMITH A. Sampling based approaches to calculating marginal densities[J]. Journal of the American Statistical Association,1990,85：398-409.

[11] GELMAN A,CARLIN J B, STERN H S, et al. Bayesian data analysis[M]. 3rd ed. London：Chapman and Hall/CRC,2013.

[12] GEMAN S,GEMAN D. Stochastic relaxation,Gibbs distributions and the Bayesian restoration of images[J]. IEEE Trans actions on pattern analysis and machine intelligence,1984(6)：721-741.

[13] GHOSH M. Objective priors：an introduction for frequentists[J]. Statistical science,2011,26(2)：187-202.

[14] GILKS W R,RICHARDSON S, SPIEGELHALTER D J. Markov Chain Monte Carlo in practice [M]. London：Chapman and Hall/CRC,1996.

[15] HASTINGS W. Monte Carlo sampling methods using Markov Chains and their application[J]. Biometrika,1970,57：97-109.

[16] JEFFREYS H. Theory of probability[M]. 3rd ed. Oxford：Clarendon Press,1961.

[17] KASS R,RAFTERY A. Bayes factors[J]. Journal of the American Statistical Association, 1995, 90(430)：773-795.

[18] KOCH K. Introduction to Bayesian statistics[M]. 2nd ed. Berlin：Springer-Verlag,2007.

[19] LIU J S. Monte Carlo strategies in scientific computing[M]. New York：Springer-Verlag,2001.

[20] METROPOLIS N,ROSENBLUTH A,ROSENBLUTH M,et al. Equations of state calculations by fast computing machines[J]. Journal of chemical physics,1953,21：1087-1092.

[21] METROPOLIS N, ULAM S. The Monte Carlo method[J]. Journal of the American Statistical Association,1949,44：335-341.

[22] RAIFFA H,SCHLAIFER R. Applied statistical decision theory[M]. Boston：Harvard University Press,1961.

[23] ROBERT C, CASELLA G. Introducing Monte Carlo methods with R [M]. New York：Springer,2010.

[24] PRATT W,RAIFFA H,SCHLAIFER R. Introduction to statistical decision theory[M]. Cambridge：MIT Press,1995.

[25] PRESS S J. Subjective and objective Bayesian statistics[M]. 2nd ed. Hoboken, NJ: John Wiley & Sons, 2003.
[26] SAVAGE L J. The foundations of statistics[M]. New York: Wiley, 1954.
[27] SILVER N. The signal and the noise: why most predictions fail but some don't[M]. New York: The Penguin Press, 2012.
[28] 茆诗松，汤银才. 贝叶斯统计[M]. 2版. 北京：中国统计出版社，2012.
[29] 陈希孺. 数理统计学简史[M]. 长沙：湖南教育出版社，2002.
[30] 伯杰. 统计决策论及贝叶斯分析[M]. 贾乃光，译. 北京：中国统计出版社，1998.
[31] 瓦尔特. 统计决策函数[M]. 张福保，译. 上海：上海科技出版社，1963.
[32] 韦来生，张伟平. 贝叶斯分析[M]. 合肥：中国科学技术大学出版社，2013.

附录

# 常用概率分布表

| | |
|---|---|
| **伯努利分布** | Bernoulli($\theta$) |
| 概率函数 | $P(X=x\mid\theta)=\theta^x(1-\theta)^{1-x}$，　$x=0,1$，　$\theta\in(0,1)$ |
| 数字特征 | $E(X)=\theta$，$\mathrm{Var}(X)=\theta(1-\theta)$ |
| 备　　注 | 伯努利分布也称为两点分布，是二项分布的特例 |
| **二项分布** | $\mathrm{Bin}(n,\theta)=\mathrm{Binom}(n,\theta)$ |
| 概率函数 | $P(X=x\mid n,\theta)=C_n^x\theta^x(1-\theta)^{n-x}$，$x=0,1,\cdots,n$，　$\theta\in(0,1)$ |
| 数字特征 | $E(X)=n\theta$，$\mathrm{Var}(X)=n\theta(1-\theta)$ |
| 备　　注 | $n=1$ 时，二项分布就化为伯努利分布 |
| **几何分布** | Geom($\theta$) |
| 概率函数 | $P(X=x\mid\theta)=\theta(1-\theta)^{x-1}$，$x=1,2,\cdots$，　$\theta\in(0,1)$ |
| 数字特征 | $E(X)=1/\theta$，$\mathrm{Var}(X)=(1-\theta)/\theta^2$ |
| 备　　注 | 如果 $X$ 服从几何分布，则 $X-1$ 服从负二项分布 NBin$(1,\theta)$ |
| **负二项分布** | $\mathrm{NBin}(r,\theta)=\mathrm{NBinom}(r,\theta)$ |
| 概率函数 | $P(X=x\mid r,\theta)=C_{r+x-1}^x\theta^r(1-\theta)^x$，$x=0,1,2,\cdots$，　$\theta\in(0,1)$ |
| 数字特征 | $E(X)=r(1-\theta)/\theta$，$\mathrm{Var}(X)=r(1-\theta)/\theta^2$ |
| **泊松分布** | $\mathrm{Poisson}(\lambda)=\mathrm{Pois}(\lambda)$ |
| 概率函数 | $P(X=x\mid\lambda)=\dfrac{\mathrm{e}^{-\lambda}\lambda^x}{x!}$，$x=0,1,2,\cdots$，　$\lambda>0$ |
| 数字特征 | $E(X)=\lambda$，$\mathrm{Var}(X)=\lambda$ |
| 备　　注 | 两个独立的泊松分布之和仍是泊松分布且参数满足 $\lambda=\lambda_1+\lambda_2$ |
| **多项分布** | $\mathrm{M}(n;\boldsymbol{\theta})=\mathrm{Multinom}(n;\boldsymbol{\theta})$，$\boldsymbol{\theta}=(\theta_1,\cdots,\theta_r)$ |
| 概率函数 | $P(\boldsymbol{x}\mid\boldsymbol{\theta})=\dfrac{n!}{x_1!\cdots x_r!}\theta_1^{x_1}\cdots\theta_r^{x_r}$，$\boldsymbol{x}=(x_1,\cdots,x_r)$，$x_i\geqslant 0$，$\sum_{i=1}^r x_i=n$，$\theta_i>0$，$\sum_{i=1}^r\theta_i=1$ |
| 数字特征 | $E(X_i)=n\theta_i$，$\mathrm{Var}(X_i)=n\theta_i(1-\theta_i)$，$\mathrm{Cov}(X_i,X_j)=-n\theta_i\theta_j$　$(i\neq j)$ |
| 备　　注 | $r=2$ 时，多项分布就化为二项分布 |
| **均匀分布** | $\mathrm{U}(a,b)=\mathrm{Unif}(a,b)$ |
| 密度函数 | $p(x\mid a,b)=1/(b-a)$，$x\in[a,b]$ |
| 数字特征 | $E(X)=(a+b)/2$，$\mathrm{Var}(X)=(b-a)^2/12$ |

续表

| | |
|---|---|
| **贝塔分布** | $\mathrm{Beta}(a,b)$ |
| 密度函数 | $p(x\mid a,b)=\dfrac{1}{\beta(a,b)}x^{a-1}(1-x)^{b-1}=\dfrac{\Gamma(a+b)}{\Gamma(a)\Gamma(b)}x^{a-1}(1-x)^{b-1},x\in(0,1),a,b>0$ |
| 数字特征 | $E(X)=\dfrac{a}{a+b},\mathrm{Var}(X)=\dfrac{ab}{(a+b)^2(a+b+1)}$,众数 $\mathrm{Mode}(X)=\dfrac{a-1}{a+b-2}$ |
| 备　注 | $a=b=1$ 时,贝塔分布就化为均匀分布 $\mathrm{U}(0,1)$,即 $\mathrm{Beta}(1,1)=\mathrm{U}(0,1)$ |
| **狄里克雷分布** | $\mathrm{D}(\alpha_1,\cdots,\alpha_r)=\mathrm{Dirichlet}(\alpha_1,\cdots,\alpha_r)$ |
| 密度函数 | $p(x_1,\cdots,x_r\mid\alpha_1,\cdots,\alpha_r)=\dfrac{\Gamma(\alpha_1+\cdots+\alpha_r)}{\prod_{i=1}^{r}\Gamma(\alpha_i)}x_1^{\alpha_1-1}\cdots x_r^{\alpha_r-1},\alpha_i>0,x_i\geqslant 0,\sum_{i=1}^{r}x_i=1$ |
| 数字特征 | $E(X_i)=\dfrac{\alpha_i}{\alpha},\mathrm{Var}(X_i)=\dfrac{\alpha_i(\alpha-\alpha_i)}{\alpha^2(\alpha+1)}$,其中 $\alpha=\sum_{i=1}^{r}\alpha_i$ |
| 备　注 | 当 $r=2$ 时,就化为贝塔分布 |
| **柯西分布** | $\mathrm{Cauchy}(\alpha,\beta)$ |
| 密度函数 | $p(x\mid\alpha,\beta)=\dfrac{\beta}{\pi(\beta^2+(x-\alpha)^2)},\quad -\infty<\alpha<\infty,\beta>0$ |
| 数字特征 | 期望和方差都不存在,$\mathrm{Mode}(X)=\alpha$ |
| 备　注 | 如果 $X$ 和 $Y$ 独立且都服从正态分布 $\mathrm{N}(0,1)$,则 $X/Y$ 服从柯西分布 |
| **卡方分布** | 自由度为 $n$ 的卡方分布 $\chi^2(n)=\mathrm{Chisq}(n)$ |
| 密度函数 | $p(x\mid n)=\dfrac{1}{2^{n/2}\Gamma(n/2)}x^{n/2-1}\mathrm{e}^{-x/2},x>0$ |
| 数字特征 | $E(X)=n,\mathrm{Var}(X)=2n,\mathrm{Mode}(X)=n-2,n\geqslant 2$ |
| 备　注 | $\chi^2(n)=\mathrm{Gamma}\left(\dfrac{n}{2},\dfrac{1}{2}\right)$,即伽玛分布的特例 |
| **逆卡方分布** | 自由度为 $n$ 的逆卡方分布 $\chi^{-2}(n)=\mathrm{IChisq}(n)$ |
| 密度函数 | $p(x\mid n)=\dfrac{1}{2^{n/2}\Gamma(n/2)}x^{-(n/2+1)}\exp\left(-\dfrac{1}{2x}\right),x>0$ |
| 数字特征 | $E(X)=\dfrac{1}{n-2},\mathrm{Var}(X)=\dfrac{2}{(n-2)^2(n-4)}$ |
| 备　注 | 如果 $X\sim\chi^2(n)$,则 $X^{-1}\sim\chi^{-2}(n)$ |
| **伽玛分布** | $\mathrm{Gamma}(\alpha,\lambda)$ |
| 密度函数 | $p(x\mid\alpha,\lambda)=\dfrac{\lambda^{\alpha}}{\Gamma(\alpha)}x^{\alpha-1}\mathrm{e}^{-\lambda x},x\geqslant 0,\alpha>0,\lambda>0$ |
| 数字特征 | $E(X)=\dfrac{\alpha}{\lambda},\mathrm{Var}(X)=\dfrac{\alpha}{\lambda^2},\mathrm{Mode}(X)=\dfrac{\alpha-1}{\lambda},\alpha>1$ |
| 备　注 | $\alpha=1$ 时,伽玛分布就化为指数分布 $\mathrm{Exp}(\lambda)$ |
| **逆伽玛分布** | $\mathrm{IGamma}(\alpha,\lambda)$ |
| 密度函数 | $p(x\mid\alpha,\lambda)=\dfrac{\lambda^{\alpha}}{\Gamma(\alpha)}x^{-\alpha-1}\exp\left(\dfrac{-\lambda}{x}\right),x>0,\alpha>0,\lambda>0$ |

续表

| | |
|---|---|
| 数字特征 | $E(X)=\frac{\lambda}{(\alpha-1)},\alpha>1,\mathrm{Var}(X)=\frac{\lambda^2}{(\alpha-1)^2(\alpha-2)},\alpha>2$ |
| 备　注 | 如果 $X\sim\mathrm{Gamma}(\alpha,\lambda)$,则 $X^{-1}\sim\mathrm{IGamma}(\alpha,\lambda)$ |
| **拉普拉斯分布** | $\mathrm{Laplace}(\mu,\sigma)$ |
| 密度函数 | $p(x\|\mu,\sigma)=\frac{1}{2\sigma}\exp\left(-\frac{\|x-\mu\|}{\sigma}\right),\sigma>0$ |
| 数字特征 | $E(X)=\mu,\mathrm{Var}(X)=2\sigma^2$ |
| 备　注 | 拉普拉斯分布也称为双指数(double exponential)分布 |
| **指数分布** | $\mathrm{Exp}(\lambda)$ |
| 密度函数 | $p(x\|\lambda)=\lambda^{-1}\mathrm{e}^{-x/\lambda},\lambda>0,x\geqslant 0$ |
| 数字特征 | $E(X)=\lambda,\mathrm{Var}(X)=\lambda^2$ |
| 备　注 | 指数分布具有无记忆性即 $P(X>t+s\|X>t)=P(X>s)$ |
| **正态分布** | $\mathrm{N}(\mu,\sigma^2)=\mathrm{Norm}(\mu,\sigma^2)$ |
| 密度函数 | $p(x\|\mu,\sigma^2)=\frac{1}{\sqrt{2\pi}\sigma}\exp\left\{-\frac{(x-\mu)^2}{2\sigma^2}\right\},\sigma>0$ |
| 数字特征 | $E(X)=\mu,\mathrm{Var}(X)=\sigma^2$ |
| 备　注 | 正态分布也称为高斯(Gauss)分布 |
| **对数正态分布** | $\mathrm{LN}(\mu,\sigma^2)=\mathrm{LNorm}(\mu,\sigma^2)$ |
| 密度函数 | $p(x\|\mu,\sigma^2)=\frac{1}{\sqrt{2\pi}\sigma x}\exp\left\{-\frac{(\log x-\mu)^2}{2\sigma^2}\right\},\sigma>0,x>0$ |
| 数字特征 | $E(X)=\mathrm{e}^{\mu+\sigma^2/2},\mathrm{Var}(X)=\mathrm{e}^{2(\mu+\sigma^2)}-\mathrm{e}^{2\mu+\sigma^2}$ |
| 备　注 | 如果 $X\sim\mathrm{LN}(\mu,\sigma^2)$,则 $\log X\sim\mathrm{N}(\mu,\sigma^2)$ |
| **多维正态分布** | $d$ 维正态分布 $\mathrm{N}_d(\boldsymbol{\mu},\boldsymbol{\Sigma})$ |
| 密度函数 | $p(\boldsymbol{x}\|\boldsymbol{\mu},\boldsymbol{\Sigma})=(2\pi)^{-d/2}\|\boldsymbol{\Sigma}\|^{-1/2}\exp\left\{-\frac{1}{2}(\boldsymbol{x}-\boldsymbol{\mu})'\boldsymbol{\Sigma}^{-1}(\boldsymbol{x}-\boldsymbol{\mu})\right\},\boldsymbol{x}=(x_1,\cdots,x_d)'$ |
| 数字特征 | $E(\boldsymbol{X})=\boldsymbol{\mu},\mathrm{Cov}(\boldsymbol{X})=\boldsymbol{\Sigma}$ |
| 备　注 | $\bar{\boldsymbol{X}}=\frac{1}{n}\sum_{i=1}^{n}\boldsymbol{X}_i\sim\mathrm{N}_d\left(\boldsymbol{\mu},\frac{1}{n}\boldsymbol{\Sigma}\right)$,其中 $\boldsymbol{X}_i\sim\mathrm{N}_d(\boldsymbol{\mu},\boldsymbol{\Sigma})$ i. i. d. ,$i=1,\cdots,n$ |
| ***t*-分布** | 自由度为 $\nu$ 的 $t$-分布 $t(\nu,\mu,\sigma^2)$ |
| 密度函数 | $p(x\|\nu,\mu,\sigma^2)=\frac{\Gamma((\nu+1)/2)}{\Gamma(\nu/2)\sqrt{\nu\pi}\sigma}\left[1+\frac{1}{\nu}\left(\frac{x-\mu}{\sigma}\right)^2\right]^{-\frac{\nu+1}{2}},\nu=1,2,\cdots$ |
| 数字特征 | $E(X)=\mu,v>1,\mathrm{Var}(X)=\nu\sigma^2/(\nu-2),\nu>2$ |
| 备　注 | $\mu=0,\sigma=1$ 时,分布为标准 $t$-分布 $t(\nu,0,1)$ |
| ***F*-分布** | 第一、二自由度分别为 $m$、$n$ 的 $F$-分布 $F(m,n)$ |
| 密度函数 | $p(x\|m,n)=\frac{\Gamma((m+n)/2)}{\Gamma(m/2)\Gamma(n/2)}m^{m/2}n^{n/2}x^{-1+m/2}(n+mx)^{-(m+n)/2},x\geqslant 0$ |
| 数字特征 | $E(X)=\frac{n}{n-2},n>2,\mathrm{Var}(X)=2\left(\frac{n}{n-2}\right)^2\frac{m+n-2}{m(n-4)},n>4$ |
| 备　注 | 如果卡方分布 $\chi^2(m)$、$\chi^2(n)$ 独立,则 $F(m,n)=[m^{-1}\chi^2(m)]/[n^{-1}\chi^2(n)]$ |

续表

| | |
|---|---|
| **帕累托分布** | Pareto$(\alpha,\beta)$ |
| 密度函数 | $p(x\|\alpha,\beta)=\beta\alpha^{\beta}x^{-1-\beta},x>\alpha,\alpha>0,\beta>0$ |
| 数字特征 | $E(X)=\dfrac{\beta\alpha}{\beta-1},\beta>1,\mathrm{Var}(X)=\dfrac{\beta\alpha^2}{(\beta-1)^2(\beta-2)},\beta>2,\mathrm{Mode}(X)=\alpha$ |
| **威布尔分布** | Weibull$(\alpha,\lambda)$ |
| 密度函数 | $p(x\|\alpha,\lambda)=\lambda\alpha x^{\alpha-1}\exp\{-\lambda x^{\alpha}\},\alpha>0,\lambda>0,x>0$ |
| 数字特征 | $E(X)=\lambda^{-1/\alpha}\Gamma(1+\alpha^{-1}),\mathrm{Var}(X)=\lambda^{-2/\alpha}[\Gamma(1+2\alpha^{-1})-\Gamma^2(1+\alpha^{-1})]$ |
| **维希特分布** | 自由度为 $n$ 的维希特分布 Wishart$(\boldsymbol{v},d,n)$ |
| 密度函数 | $p(\boldsymbol{x}\mid\boldsymbol{v},d,n)=\dfrac{1}{2^{nd/2}\mid\boldsymbol{v}\mid^{n/2}\Gamma_d(n/2)}\mid\boldsymbol{x}\mid^{(n-d-1)/2}\exp\left\{-\dfrac{1}{2}\mathrm{tr}(\boldsymbol{v}^{-1}\boldsymbol{x})\right\}$，$\Gamma_d(\cdot)$ 是多元伽玛函数 $\Gamma_d(n/2)=\pi^{d(d-1)/4}\prod_{j=1}^{d}\Gamma\left(\dfrac{n+1-j}{2}\right)$，$\boldsymbol{x}$、$\boldsymbol{v}$ 都是 $d\times d$ 正定矩阵 |
| 数字特征 | $E(\boldsymbol{X})=n\boldsymbol{v},\mathrm{Var}(X_{ij})=n(v_{ii}v_{jj}+v_{ij}^2),\mathrm{Cov}(X_{ij},X_{rs})=n(v_{ir}v_{js}+v_{is}v_{jr})$ |
| 备　　注 | 这是卡方分布的多维推广，$\boldsymbol{v}=1,d=1$ 时，转化为卡方分布$\chi^2(n)$ |
| **逆维希特分布** | 自由度为 $n$ 的逆维希特分布 IWishart$(\boldsymbol{v},d,n)$ |
| 密度函数 | $p(\boldsymbol{x}\|\boldsymbol{v},d,n)=\dfrac{\|\boldsymbol{v}\|^{n/2}}{2^{nd/2}\Gamma_d(n/2)}\|\boldsymbol{x}\|^{-(n+d+1)/2}\exp\left\{-\dfrac{1}{2}\mathrm{tr}(\boldsymbol{v}\boldsymbol{x}^{-1})\right\}$ |
| 数字特征 | $E(X)=\dfrac{\boldsymbol{v}}{n-d-1},\mathrm{Var}(X_{ij})=\dfrac{(n-d+1)v_{ij}^2+(n-d-1)v_{ii}v_{jj}}{(n-d)(n-d-1)^2(n-d-3)}$ |
| 备　　注 | 如果 $\boldsymbol{X}\sim$IWishart$(\boldsymbol{v},d,n)$，则 $\boldsymbol{X}^{-1}\sim$Wishart$(\boldsymbol{v}^{-1},d,n)$ |